U0348796

国家工科物理教学基地　国家级精品课程《大学物理》使用教材

大学物理教程系列教材

# 量子物理

吕智国　编

第二版

Quantum Physics

## 内容提要

本书是面向理工科学生的量子物理教材。本书着重阐述了量子物理的基本原理、基本方法和多方面的应用,超出了普通物理的原子物理部分。本书不过多展开量子力学繁琐的数学推导和严密证明,而以普通物理授课方式讲述量子物理。本书共分为6章,分别是量子物理基础、定态问题、双态系统、激光、固体物理基础、量子信息。本书为理工科学生建立起现代物理知识体系,可作为高等院校理工科专业学生的教科书或参考书,也适合作为非物理专业基础人才培养的教科书。

**图书在版编目(CIP)数据**

量子物理/ 吕智国编. -- 2版. -- 上海 : 上海交通大学出版社, 2025. 1. -- ISBN 978-7-313-32272-2

Ⅰ. O413

中国国家版本馆CIP数据核字第2025G80N81号

**量子物理(第二版)**

LIANGZI WULI(DI-ER BAN)

编　　者: 吕智国

出版发行: 上海交通大学出版社　　地　　址: 上海市番禺路951号

邮政编码: 200030　　电　　话: 021-64071208

印　　制: 上海景条印刷有限公司　　经　　销: 全国新华书店

开　　本: 710 mm×1000 mm　1/16　　印　　张: 14.5

字　　数: 289千字

版　　次: 2023年2月第1版　2025年1月第2版　　印　　次: 2025年1月第2次印刷

书　　号: ISBN 978-7-313-32272-2　　电子书号: ISBN 978-7-89564-183-9

定　　价: 55.00元

# 序

量子物理学是现代科学文明发展最重要的理论基础。自20世纪初量子论诞生以来，量子物理学直接促成了半导体和微电子学、激光和激光器、超导体和器件等相关科学技术的迅速发展。这为信息科学和技术建立了硬件基础，对理工科的许多研究前沿产生了重要影响。但在我们现行的非物理类专业大学物理学教材中，对于量子物理学的讲授相对局限于一些比较简化的概念和方法，不能很好地反映出量子物理学的新发展及其与新理科和新工科建设发展的深刻联系，逐步在大面积教学实践中解决这个问题是当前非物理类基础物理教学的重要任务。吕智国老师编写的《量子物理》在这方面做出了有益的尝试。

本书主要介绍了量子理论的基本概念和重要应用。量子物理基础章节通过对黑体辐射、光电效应、康普顿散射的讲解使读者了解到经典物理学的困难，同时讨论了波函数、态叠加原理、算符、表象变换等量子力学的基本数学概念。量子物理无论在原理还是技术层面都有广泛的应用，并扩展到众多领域，如化学、生命科学、材料科学和信息科学等，极大地促进了各学科的发展。量子双态系统是非常典型的例子，从量子共振、拉比振荡、微波激射到核磁共振都处处体现了该物理模型的精髓。激光是现代光学的基石，在各领域都有丰富的应用，如医疗、工业等领域。固体物理基础章节介绍半导体基本原理、PN结、晶体管和场效应管等，这些构成了当今各类电子元器件的基本单元，有助于学生将其应用到各自的专业领域中。量子信息是量子物理和信息科学结合产生的新学科，已经成为国家科技发展的重要领域，在基础物理教学中介绍量子信息的基础知识有利于提升学生的学科素养。

应新时代变革之力，需要在高校建立一种开放、交叉融合的教育新生态，充分利用量子物理中的方法论、从基础到应用的案例和科学家精神来建设课程内容和课程体系，这必将推动新理科和新工科人才的跨学科交融，促进学生的全面发展和创新素养的形成。

一本好的教材能让学生在学习中树立信心，激发学习兴趣，进而指引学生深入理解量子理论的基本概念和量子物理在各个学科领域科技发展中的应用。我相信，本书不仅可以使热爱物理并对物理充满兴趣的学生获得思维启迪、智力挑战，也将进一步推动学生在学科方面实现更好的发展，为今后科技创新和社会进步做出应有的贡献。

郑　杭

2025年1月

# 第二版前言

自《量子物理》第一版出版以来，得到了广大读者的厚爱和积极反馈。在过去三年的教学实践中本书被广泛应用，为帮助理工科学生理解和掌握量子力学这一重要学科奠定了基础。根据使用过程中收集的宝贵意见，我们对第一版内容进行了全面的审视和精心修订，推出第二版，以期更好地服务教学和研究。

第二版在保留第一版核心结构的基础上，重点增补了若干代表性例题和习题。这些新增内容经过精心设计，旨在帮助学生进一步熟悉和掌握量子力学的基本规律，深化对量子世界与经典物理区别的理解。同时，我们特别加入了引导学生学会分析和解决问题的内容，旨在培养其独立思考的能力。这一改动体现了我们对教育部 2023 年颁发的大学物理课程基本要求的高度重视，确保内容与最新的教学规范接轨。

在编写过程中，我们力求使内容更加清晰、准确，力争在概念表述、数学推导和物理意义阐释上做到深入浅出，便于学生理解。此外，书中的例题和习题在难度和广度上有所优化，既涵盖经典问题，又关注当代物理热点，努力让学生在学习过程中不仅掌握理论，还能够感受到量子物理学的魅力。

在此，我们衷心感谢读者和同行专家提出的宝贵意见，这些建议是我们不断改进的动力。同时，我们也欢迎广大读者对本书提出更多批评和建议，以帮助我们在未来的修订中进一步完善。

希望本书能够为读者带来更加优质的学习体验，并为培养新一代具有国际视野和创新能力的人才贡献绵薄之力。

吕智国

2024 年 11 月

# 前　言

量子力学是现代物理学的基石之一，推动了现代科学技术进步。量子理论的基础框架在20世纪前半叶就已经建立和完善，之后量子物理极大地推动了各学科的发展，如原子分子物理、固体物理、粒子物理、介观物理、凝聚态物理、天体物理，甚至在材料学、化学、生物学、医学、金融学等领域中有着精彩的应用。进入21世纪，量子计算、量子通信等科技名词进入了平常百姓的视野，这些原本陌生的名称让人们谈论和思考神奇的物理。而实际上，现代人们在日常生活中处处享受着量子理论的果实，如以半导体器件构成的手机为代表的各种电子设备等。

当前传统工科物理教学重视经典物理教学，而量子力学内容简单浅显，无法凸显量子力学的核心矛盾和主要发展——微观粒子运动行为和支配这些行为的规律。同时，应该注意到，现代物理不仅揭示了微观世界的物质运动规律，而且构成了现代工业的基础，直接推动了现代工业文明的发展，如固体物理是半导体技术基础，理论与技术交互，共生作用产生现代信息文明的重要载体——半导体芯片，新型光源LED技术，受激发射理论和微波技术产生的激光开启了现代光学；电磁场调控微观粒子运动诞生了磁共振，提供了现代医学的诊断手段；如今，量子物理和信息技术结合产生的量子信息正在催生新的工业技术，这些对于培养新时代本科生正确的科学思维有着十分重要的意义。纵观国内外先进的素质教育，无论本科生学习何种学科和专业，都应理解现代科技物理基础——量子物理的基本科学图像。随着高科技快速发展，量子理论必然在更宽广的非物理类领域中获得越来越多的应用。非物理类专业学生是未来这些领域中科技工作的主体，学习和懂得量子物理知识对未来工作是十分有益的。

学习量子物理并非易事，量子物理的研究对象是微观客体，没有直接的生活体验，并且量子物理的基本概念和理论框架与经典物理学不同，这就造成了初学者的困惑，尤其是算符运算、偏微分方程求解。目前已有的各种量子力学教材的编写对象是物理类专业的学生，这些教材不适合非物理类理工科学生学习。鉴于此，本教材用通俗的语言阐明量子力学的基本概念和规律，不涉及量子力学复杂的证明和烦琐的数学求解，尽量突出量子物理图像。对于初学的读者，只要学过普通物理的光学、微积分、线性代数，就可以顺利进行本课程的学习。量子力学的应用非常丰富,但受限于课时要求,本教材只挑选了一些有趣的内容。

本书介绍量子物理,遵循着历史脉络,但是不受限于历史发现顺序,大框架采用“基本理论+应用”的模式,章节内容采用发现的层次框架。第1章是量子物理基础,遵循以下路线:黑体辐射—光电效应—玻尔理论—物质波—薛定谔方程—波函数—自旋,同时介绍了逻辑严密的物理量、算符、表象变换。在应用方面,既先从学生易接受的量子定态问题入手,熟悉能量本征态的求解过程,认识量子化的结果。第3章着重从量子力学动力学分析简单双态量子系统,抛开了繁杂的数学,但能抓住量子力学最核心的量子共振和动力学调控的问题,通过氨分子、微波激射、磁共振等来分析这些动力学问题,这也突出了量子力学的发展带来的重大人类文明产物。第4章介绍激光理论和应用,并介绍激光应用的最新进展。第5章是固体物理基础,从能带理论引入,化繁为简,介绍半导体基本原理、PN结、晶体管、场效应管、超导物理,其中PN结就是现代计算机硬件基础——半导体电路的基本单元,这对每一个现代工科人才的知识储备是十分重要的。第6章是量子信息,这是现代信息技术与量子力学结合的产物,有着深远的现实意义,已日益成为各国高科技竞争的高地。

郑杭教授审阅了书稿,提出了很多有价值的意见。梁齐、向导、陈列文、李铜忠、袁晓忠、王先智、丁国辉、刘世勇、顾卫华、董占海、李向亭、何峰、陈民、冯仕猛等老师在书稿撰写过程中提出了宝贵的建议,在此深表感谢。

在上海交通大学、上海交通大学物理与天文学院和上海交通大学出版社的资助和支持下,本书得以出版,我为能尽自己的绵薄之力和为读者提供一本参考书而感到欣慰,希望本书能帮助读者学习量子物理,使读者能够理解并掌握基本概念和建立量子物理图像,进而引导读者对量子理论进行思考,使更多的人参与量子应用技术的开拓。由于本书编者学识有限,教材中可能有不足之处,恳请读者批评指正。

吕智国<br>2022.12

# 目　录

# 绪　　论

量子力学的研究对象是微观客体及运动状态，如电子、光子、原子、原子核、自旋等，量子力学用来描述这些对象的运动规律，揭示物质结构和各种特性。近代物理学各分支的基本理论都涉及量子力学，如原子、分子及量子化学理论、亚原子物理、固体物理、超导物理、材料物理、量子计算等，并在其基础上发展了各种技术，如半导体技术、量子信息技术和量子调控技术等。

量子物理发展的过程是人们对于微观世界认识逐步深化的过程，大致可以分为两个阶段。第一个阶段是旧量子论（1900 年—1923 年）；第二个阶段是量子力学，1930 年后发展了量子电动力学、量子场论等。

旧量子论建立起了重要的量子概念，微观运动过程中存在不连续概念，如能量量子化、角动量量子化、量子跃迁等。这些概念与传统物理学不相符，但这些概念的引入很好地解释了实验现象。

19 世纪末，经典物理学架构起了对世界的认识图像，分为微粒和场（电磁场或光波）。微粒运动满足牛顿运动定律，电磁场满足麦克斯韦方程。结合统计物理规律，可以用物质粒子在电磁场作用下的微观运动来说明物质的结构和宏观属性。

在开始叙述量子力学内容之前，我们将在绪论中陈述一些重要事实，以及用经典物理学解释这些事实时所遇到的困难，再简单地说明旧量子论如何解决这些困难，揭示出光的波粒二象性。

1）经典物理学遇到的困难

19 世纪时，经典物理学已经发展得非常成熟，经典力学、电动力学、光波动理论、热力学、统计物理等学科已经建立。通过这些经典理论，经典物理学已经取得了重大成就，但同时在实验中发现了一些新的现象，无法用经典物理学来解释。我们以黑体辐射谱为例，它不能利用经典电动力学、经典热力学来解释；虽然在解释谱的方面有两个重要的理论公式，即维恩公式和瑞利-金斯公式，但依然无法全面解释黑体辐射谱。同样，光电效应、原子光谱等现象也无法用经典物理学来解释。

2）普朗克常量和光的波粒二象性

经过长期研究和详细分析，普朗克于 1900 年发现，要获得与实验数据相符的黑体辐射公式，必须采用能量子假定：对于一定频率 $\nu$ 的辐射，物体只能以 $h\nu$ 为能量单位，发射或吸收这一频率的电磁辐射，其中

$$h = 6.626\ 075\ 5 \times 10^{-34}\ \text{J} \cdot \text{s}$$

式中,$h$ 称为普朗克常量,又称为作用量子。能量子假说意味着,物体发射或者吸收电磁辐射的过程不是经典理论所认为的以连续性方式进行,而是以不连续且不可分割的能量子为单元的方式进行,这就是光的粒子性。

爱因斯坦用光的粒子性成功解释了光电效应,光电效应直接证实物体发射或吸收的电磁辐射以微粒形式存在,而且以这种形式在空间传播。这种粒子就是光子。

3) 玻尔原子理论

20 世纪初,人们根据各种实验得出了原子结构概念:原子由带正电的原子核和带负电的电子组成;原子的大小为 0.1 nm;原子的质量绝大部分集中在原子核,原子核大小约为 $1\times10^{-14}$ m。受到原子核的库仑相互作用,电子围绕原子核运动,如同行星围绕太阳运动。而这样的原子模型,在经典理论(电动力学)中遇到了困难。根据加速运动的带电粒子运动规律,电子必然辐射电磁波,能量逐渐损失,从而导致电子绕原子核运动的速度越来越快,轨道则越来越小,最终可推论电子将掉入原子核中,但这个推论不符合原子在常态下稳定的事实。

此外,按照上述模型,电子发射电磁波,其频率是连续谱。但实际观察到的原子光谱却是线状的,即频率是分立的;而且频率的数值及其规律也完全不是经典理论所能解释的。

玻尔于 1913 年应用量子理论中的不连续性概念,提出了玻尔原子理论,成功地解释了原子光谱是线状光谱,并说明了原子结构的问题。这个理论最核心的一点是假定原子可以稳定地处在确定能量的运动状态上,这就是定态假设。原子处于某一定态,不辐射电磁波。只有当原子从一个定态跳跃到另一个定态时才会吸收或发出电磁波,其频率为

$$\nu = \frac{\Delta E}{h}$$

式中,$\Delta E$ 为两定态能量之差。

但是玻尔原子理论没有说明为什么存在定态,而且该理论用到了电子绕原子核做周期性运动的假设。对于复杂的原子结构,其理论计算与实验结果不甚符合。

旧量子论的这些不足促使 20 世纪一群智者进一步探寻新的符合客观事实的理论,量子力学就是这样建立起来的。量子力学的应用丰富多彩,本书主要介绍量子双态系统、激光、固体物理和量子信息。

# 第1章 量子物理基础

本章介绍量子力学的基础概念和原理。量子力学的原理与量子力学的基本假设密不可分,其基本图像是物质粒子的波粒二象性。

## 1.1 光量子、玻尔原子

### 1.1.1 黑体辐射与普朗克的量子假设

**1. 热辐射基本概念**

任何固体或液体都是由分子、原子构成的,由于热运动发射各种电磁波,称为热辐射。物体向周围辐射的能量称为辐射能。实验表明,热辐射具有连续的辐射谱,辐射能按照波长的分布主要决定于物体的温度。温度越高,所发射电磁波的能量越大,在光谱分布中,强度向较短波长转移。室温下,物体的辐射主要在红外区。例如把铁块放在炉子里加热,起初看不到光,却能感到辐射出来的热。随着温度不断升高,它发出了暗红色的可见光,逐渐转变为橙色,后变为黄白色,在温度极高时,变为青白色。这说明同一物体的热辐射谱在不同波长区域分布不均匀,温度越高,光谱中最大辐射对应的波长越短,同时辐射总能量增加。

**2. 基尔霍夫辐射定律**

为了描述热辐射规律,我们先介绍单色辐出度、总辐出度和单色吸收比。

(1) 单色辐出度。单位时间内,从物体表面单位面积上发射波长为 $\lambda \sim \lambda + \mathrm{d}\lambda$ 的辐射能 $\mathrm{d}E_\lambda$,与波长间隔成正比,$\mathrm{d}E_\lambda$ 与 $\mathrm{d}\lambda$ 的比值称为单色辐出度。单色辐出度用 $M(\lambda,\ T)$ 表示,即

$$M(\lambda,\ T) = \frac{\mathrm{d}E_\lambda}{\mathrm{d}\lambda} \tag{1-1}$$

热辐射实验表明,$M(\lambda,\ T)$ 与辐射物体的温度和辐射的波长有关,是 $\lambda$ 和 $T$ 的函数。它表示在单位时间内从物体表面单位面积内发射的波长在 $\lambda$ 附近单位波长间隔内的辐射能。单色辐出度反映了物体在不同温度下辐射能按波长分布的情况,它的单位是 $\mathrm{W/m^3}$。

(2) 总辐出度。单位时间内,从物体表面单位面积上所发射的各种波长的总

辐射能称为物体的总辐出度。显然,对于一个给定的物体,总辐出度只是温度的函数,常用 $M(T)$ 表示,单位是 $\mathrm{W/m^2}$。在一定温度 $T$ 时,物体的总辐出度与单色辐出度的关系为

$$M(T)=\int_0^{\infty} M(\lambda,\ T)\mathrm{d}\lambda \tag{1-2}$$

式(1-2)表明,在相同温度下,不同物体的 $M(\lambda,\ T)$ 不同,相应的 $M(T)$ 值也不同。

(3) 单色吸收比。任一物体向周围发射辐射能的同时,也吸收周围物体的辐射能。当辐射从外界入射到不透明物体时,一部分能量吸收,一部分能量反射,如果物体透明,还有一部分能量透射。吸收能量与入射能量之比称为物体的吸收比,在波长为 $\lambda \sim \lambda+\mathrm{d}\lambda$ 范围内的吸收比称为单色吸收比,用 $a(\lambda,\ T)$ 表示。如果物体在任意温度下,对任何波长的辐射吸收比都等于 1,则该物体称为绝对黑体,简称黑体。

基尔霍夫从理论上提出了物体的辐出度与吸收比关系的重要定律:在相同的温度下,不同物体对相同波长的单色辐出度与单色吸收比之间的比值都相等,并等于该温度下黑体对同一波长的单色辐出度。可以表示为

$$\frac{M_1(\lambda,\ T)}{a_1(\lambda,\ T)}=\frac{M_2(\lambda,\ T)}{a_2(\lambda,\ T)}=\cdots=M_0(\lambda,\ T) \tag{1-3}$$

式中,$M_0(\lambda,\ T)$ 是黑体单色辐出度。黑体是完全吸收体,也是理想的发射体。

自然界中的物体都不是绝对黑体。人们设计了一种黑体模型,使用带有小孔的封闭空腔体,腔壁涂有吸收率很高的材料(如烟熏过的炭黑或石墨),电磁波进入小孔后,在空腔壁上多次反射,射入电磁波的能量几乎全部被吸收,吸收比几乎为 1。所以,带小孔的空腔可以视为绝对黑体的模型,空腔内电磁辐射为黑体辐射。通过黑体辐射的实验结果和热力学理论,总结得到了两条黑体辐射的基本定律。

(1) 总辐出度满足斯特藩-玻尔兹曼定律,即

$$M_0(T)=\sigma T^4 \tag{1-4}$$

式中,$\sigma=5.67\times10^{-8}\ \mathrm{W/(m^2\cdot K^4)}$,总辐出度随着绝对温度的升高而快速增加。

(2) 单色辐出度的峰值波长 $\lambda_{\mathrm{m}}$ 满足维恩位移定律,即

$$\lambda_{\mathrm{m}} T=b \tag{1-5}$$

式中,$b=2.897\times10^{-3}\ \mathrm{m\cdot K}$。随着温度的增加,热辐射的峰值波长向短波移动。

利用这个规律可以分析、解释很多现象并做出判断。例如,应用红外遥感技术测定地球表面的热辐射,从而勘探资源;通过测量黑体单色辐射度最大值所对应的波长,就可以算出黑体的温度,例如太阳光谱中 $\lambda_{\mathrm{m}}=490\ \mathrm{nm}$,假设太阳是黑体,用

该定律可算出太阳的表面温度近似为 5 900 K；宇宙背景辐射峰值波长约为 1.0 mm，这个强度分布曲线恰好与黑体辐射在 2.725 K 的能谱曲线相吻合，所以又称为 3 K 背景辐射（见图 1－1）。1964 年，美国射电天文学家阿诺·彭齐亚斯和罗伯特·威尔逊偶然发现了宇宙微波背景，它是宇宙学中“大爆炸”遗留下来的热辐射，因为这一发现，两人于 1978 年获得诺贝尔物理学奖。

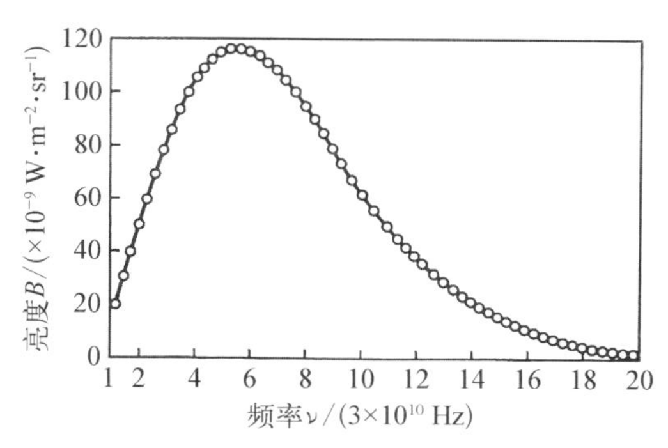


图 1－1　宇宙背景辐射

**3. 普朗克能量子假说**

黑体单色辐出度的实验结果不断积累，促使理论探索日渐成熟。19 世纪末，物理学家从经典物理学出发，研究黑体单色辐出度与波长、温度的关系，试图找到符合实验的曲线函数 $M_0(\lambda, T)=f(\lambda, T)$。1900 年，普朗克给出了黑体辐射满足实验结果的公式：

$$M_0(\lambda, T)=2\pi hc^2\lambda^{-5}\frac{1}{e^{hc/k_BT\lambda}-1} \tag{1-6}$$

式中，$c$ 是光速；$k_B$ 是玻尔兹曼常量；$h$ 是新引入的常量，后称为普朗克常量，是一个普适常量。当波长很短或温度较低时，普朗克公式可近似写成

$$M_0(\lambda, T)=2\pi hc^2\lambda^{-5}e^{-hc/k_BT\lambda} \tag{1-7}$$

这就是维恩公式。将黑体空腔壁分子或原子当成线性谐振子，维恩用经典热力学物理证明了 $M_0(\lambda, T)=c^5\lambda^{-5}\phi(\lambda, T)$，假设黑体辐射能谱与麦克斯韦速率分布相类似，可得出公式 $M_0(\lambda, T)=C_1\lambda^{-5}e^{-C_2/T\lambda}$，其中 $C_1$ 和 $C_2$ 是两个常数。通过对比可知，$C_1=2\pi hc^2$，$C_2=hc/k_B$。当波长较长或温度较高时，普朗克公式可近似写成

$$M_0(\lambda, T)=2\pi k_Bc\lambda^{-4}T \tag{1-8}$$

这就是瑞利-金斯公式。瑞利和金斯从能量均分定律出发，每个谐振子自由度的平均能量等于 $k_BT$，从而得到了理论公式 $M_0(\lambda, T)=C_3\lambda^{-4}T$。当波长很长时，计算结果与实验结果相符，但在短波紫外区方面，随着波长趋向于零而 $M_0(\lambda, T)$ 趋向于无穷大，则计算结果与实验数据不吻合，这一结果被称为“紫外灾难”。

从式（1－6）中可以看到，无论是短波还是长波，普朗克公式的计算结果都与实验结果一致（见图 1－2）。从理论上推导该公式时，普朗克采用了当时物理认识上一个非同寻常的假设：谐振子能量值只取某个最小能量的整数倍，即

$$\varepsilon,\ 2\varepsilon,\ 3\varepsilon,\ \cdots,\ n\varepsilon \tag{1-9}$$

式中，$n$ 为正整数，称为量子数。对于频率为 $\nu$ 的谐振子，最小能量是 $\varepsilon = h\nu$。在辐射或吸收能量时，振子从这些状态中的一个状态跃迁到另一个状态，即振子只能跳跃式地辐射或吸收能量。1900 年 12 月 14 日，普朗克在柏林物理年会上发表了他的理论，这一天标志着量子物理的诞生。普朗克因此获得 1918 年诺贝尔物理学奖。

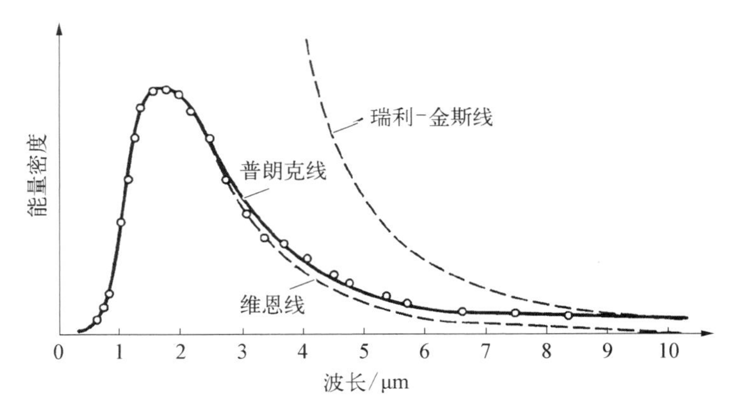


**图 1-2　热辐射的理论公式与实验结果的对比**

爱因斯坦后来这样评价这一工作:"普朗克的推导勇敢无比。"但是普朗克本人并没有立刻领悟到他曾是多么勇敢，他说:"我立即试着把基本作用量子以某种方式纳入经典理论框架，但是面对我的这些努力，这个常数表现得很'残酷'。将基本作用量子纳入经典理论的工作持续了好些年，却毫无结果，它们耗费了我大量的精力。"这一段话表明，在某种程度上，做出发现与理解发现有很大的不同。

马克斯·普朗克简介

## 1.1.2　光的波粒二象性

普朗克将空腔壁中振子的能量量子化，但他仍将空腔内辐射作为电磁波来处理，爱因斯坦在对光电效应的分析中，第一次指出光具有粒子性，光的波动图像不适用于分析光电效应。1923 年，康普顿效应进一步证实了光的粒子性。

阿尔伯特·爱因斯坦简介

### 1. 光电效应

1）光电效应的实验规律

当光照射在金属表面上，使电子从金属中脱出的现象，称作光电效应。图 1-3 所示为研究光电效应的实验装置。在抽成真空的容器中，K 是阴极，A 是阳极。当光通过石英窗照射到金属板 K 上时，金属板释放电子，这种电子称为光电子。如果在 A、K 两端加上电势差，则电子在加速电场的作用下，飞向阳极 A，电路中出现电

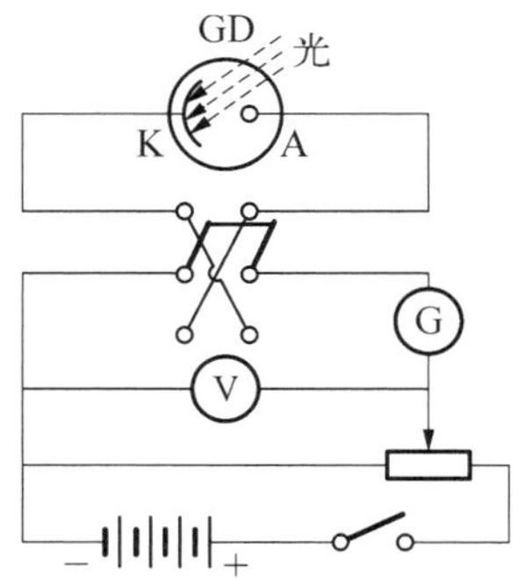


**图 1-3　研究光电效应的实验装置**

流，成为光电流，电流计可测出这个光电流。光电效应实验描述了光电发射中集中变量的关系，这些变量是光电流、光束强度、光的频率、出射电子的动能，以及金属表面的化学性质。实验结果如下：

（1）饱和电流。

实验表明，当入射光强度不变，加速电势差 $U=U_A-U_K$ 越大，光电流 $I$ 也越大，当电势差增大到一定值时，光电流达到饱和值（见图 1-4），此时的光电流称为饱和电流。若改变入射光强，饱和电流的大小与入射光强成正比，说明从阴极逸出的电子数全部飞到阳极，单位时间从金属表面逸出的电子数与入射光强成正比。

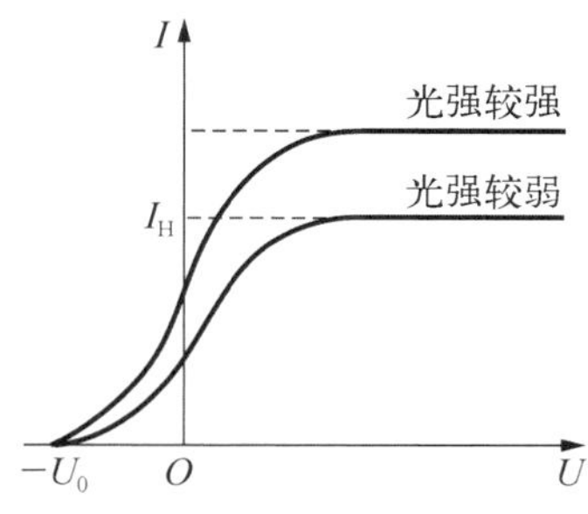


**图 1-4　光电效应的伏安特性曲线**

（2）遏制电势差。

当 A、K 两极的电势差为零时，光电流不为零，这说明从金属表面逸出的电子有初始动能；当负电势差不大时，尽管存在电场阻碍，但依然有部分电子可能到达阳极；如果负电势差足够大，从阴极表面逸出的具有最大速度的电子也不能到达 A 极，则光电流变为零。只有改变电压 $U=-U_0$ 时，光电流为零，$U_0$ 称为遏制电势差。光电子从表面逸出的最大初速度 $v_m$ 满足

$$\frac{1}{2}mv_m^2=eU_0 \tag{1-10}$$

式中，$e$ 和 $m$ 分别为电子电荷量和质量。最大初动能与入射光的强度无关。

（3）红限频率。

实验发现，改变入射光的频率，遏止电势差与入射光的频率之间具有线性关系，即

$$U_0=K\nu-U_1 \tag{1-11}$$

式中，$K$ 是不随金属种类变化的普适恒量；$U_1$ 随金属种类不同而变化。将式(1-10)代入式(1-11)得

$$\frac{1}{2}mv_m^2=eK\nu-eU_1 \tag{1-12}$$

光电子从金属表面逸出时的最大初动能随着入射光的频率线性增加，如图 1-5 所示。从式(1-12)可看出，电子初动能必须是正的，光照射金属逸出电子的条件是光的频率 $\nu\geqslant U_1/K$。令 $\nu_0=U_1/K$，$\nu_0$ 称为光电效应的红限频率。这意味着无论光的强度多大，当入射光的频率小于 $\nu_0$ 时，都不会发生光电效应。

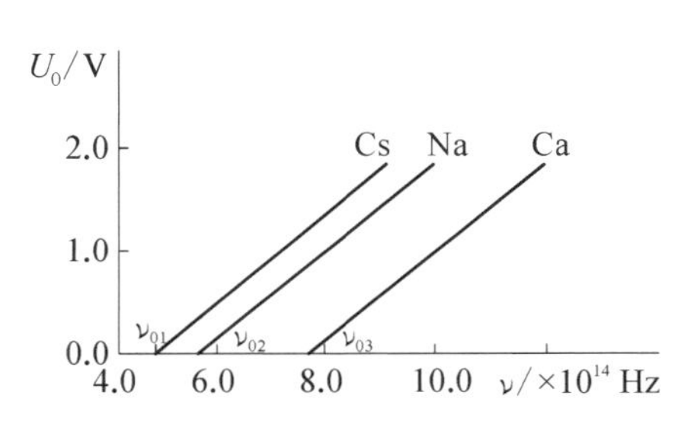


**图 1-5　遏止电势差与入射频率的关系**

(4) 弛豫时间。

实验证明,无论入射光的强度如何,入射光照射到金属释放电子几乎是瞬时的,弛豫时间不超过 $1\times10^{-9}$ s。

但经典电磁理论存在一些无法解释光电效应的地方:

(Ⅰ) 波动理论认为,光电子的动能应随着光强的增大而增大,但实验表明光电子最大初动能与光的强度无关。

(Ⅱ) 波动理论认为,只要光强足够大,对于任何频率的光,光电效应都会发生。实验表明,光照射金属发生光电效应有一个特征红限频率 $\nu_0$。当光的频率小于红限频率时,不管光强多大,光电效应都不会发生。

(Ⅲ) 如果光足够弱,从光照射金属到光电子出射应该经过一个可测的弛豫时间,在这段时间内,电子从光束中吸收能量,直到所积累的能量足以使它逸出金属表面。但实际上无论光强多么弱,只要频率大于红限频率,光电子几乎立刻发射,这个弛豫时间小于 $1\times10^{-9}$ s。

2) 爱因斯坦的光子理论

爱因斯坦从普朗克的能量子假设中得到了启发,他认为光的能量以颗粒形式在空间传播,这种颗粒形式的光能量称为光量子或光子,一束光就是以光速运动的光子流。每个光子的能量是 $\varepsilon = h\nu$,不同频率的光子具有不同的能量,光的能流密度 $S$ 决定于单位时间内通过该单位面积的光子数 $N$。频率为 $\nu$ 的单色光的能流密度 $S = Nh\nu$。

按照光子理论,光电效应的解释如下:当金属中一个电子从入射光中吸收一个频率为 $\nu$ 的光子后,就获得能量 $h\nu$,如果 $h\nu$ 大于电子从金属表面逸出所需的逸出功$A$,那么这个电子就可以从金属中飞出。根据能量守恒定律,则有爱因斯坦光电效应方程

$$h\nu = \frac{1}{2}mv_{\mathrm{m}}^2 + A \tag{1-13}$$

式中,$\frac{1}{2}mv_{\mathrm{m}}^2$ 是光电子的最大初动能。爱因斯坦光电效应方程表明光电子初动能与入射光频率之间的线性关系,并解释了实验所得到的规律,即式(1-11)。如果出射电子动能为零,$\nu_0 = A/h$,这表明频率为 $\nu_0$ 的光子具有发射光电子的最小能量。如果光子频率低于红限频率 $\nu_0$,不管有多少光子,单个光子都没有足够的能量去发射光电子,所以当光电子吸收的能量全部消耗于电子的逸出功时,入射光的频率对应于红限频率。当光子频率大于红限频率 $\nu_0$,光的强度增加时,光子数目增大,单位时间内发射的光电子数目也将增大,这说明了饱和电流与光的强度之间的正比关系。另外,当光子能量被电子全部吸收后,不需要积累能量的时间,这说明了光电效应发生的瞬时性。由于爱因斯坦发展了普朗克的思想,提出了光子理

论，成功地解释了光电效应的实验规律，爱因斯坦获得1921年诺贝尔物理学奖。

3）光的波粒二象性

光子本性是波粒二象性。光子不仅具有能量，还具有质量、动量等一般粒子共有的特性。光子质量可由爱因斯坦质能关系得到，表示为

$$m = \frac{\varepsilon}{c^2} = \frac{h\nu}{c^2} \tag{1-14}$$

光子质量是由光子能量决定的。光子的动量为

$$p = mc = \frac{h\nu}{c} = \frac{h}{\lambda} \tag{1-15}$$

由于光子有动量，光照射到物体上时，就对物体表面施加了压力，这就是光压，这已被实验所证实。光的波动理论已被光的干涉和衍射实验所证实，而光子理论成功解释了光电效应，并且能解释光的波动理论无法解释的其他现象。因此光既有波动性又有粒子性，光具有双重性质，即光的波粒二象性。光子的能量和动量是描述粒子性的，而频率和波长是描述波动性的，式(1-14)和式(1-15)联系了光的波动性和粒子性。

**2. 康普顿效应**

康普顿研究了X射线经物质散射的实验，为光子的粒子性概念提供了有力证据。图1-6为康普顿的实验装置示意图。X射线源发出一束波长为$\lambda_0$的X射线，照射到一块石墨上。经石墨散射后，散射的X射线的波长和强度可以由晶体和探测器所组成的摄谱仪来测定。改变散射角$\theta$，再进行同样的测量。康普顿发现，散射光谱中除了有与入射波长$\lambda_0$相同的射线，还有波长$\lambda > \lambda_0$的射线（见图1-7），这种改变波长的散射称为康普顿效应。1923年—1926年，我国物理学家吴有训对不同的散射物质进行了研究，全面证实了康普顿效应的普适性（见图1-8）。

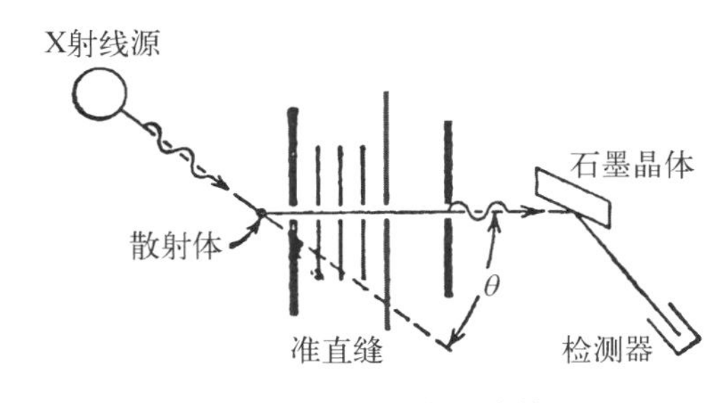


图1-6　康普顿的实验装置

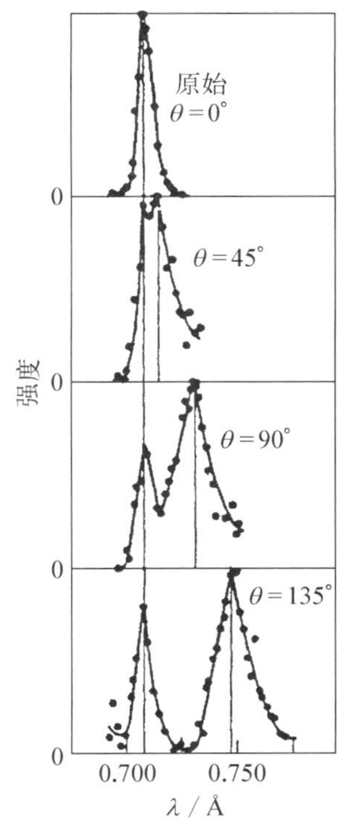


图1-7　康普顿散射与散射角的关系

阿瑟·霍利·康普顿和吴有训简介

实验结果归纳如下：

（Ⅰ）波长差 $\Delta\lambda=\lambda-\lambda_0$ 随着散射角的改变而改变。散射角增大时，波长差也随着增加，而且随着散射角的增大，原波长的谱线强度减小，而新波长的谱线强度增大（见图1-7）。

（Ⅱ）在同一散射角下，对于所有散射物质，波长差都相同，但原波长的谱线强度随着散射物质的原子序数的增大而增加，新波长的谱线强度随之减小（见图1-8）。

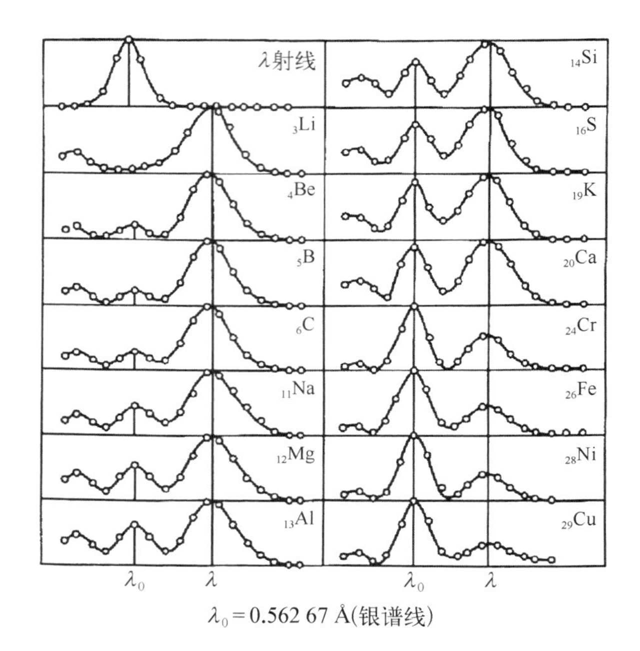


**图1-8　康普顿散射与原子序数的关系**

这种X射线的散射效应与光学中的瑞利散射很不同。按照电磁波理论，电磁波进入物体使得电子做受迫振动，电子振动频率等于入射光的频率，电子发射频率也等于入射光的频率，所以波动理论无法解释康普顿效应。

采用爱因斯坦光子理论，一个光子和散射体中的一个自由电子或束缚微弱电子（原子的外层电子）发生碰撞后，从散射体射出光子的方向就是康普顿散射的方向；电子吸收一个光子能量后，发射一个散射光子，电子同时受到反冲而获得一定的能量和动量。在碰撞过程中，动量和能量守恒，入射光子的能量一部分给了电子，因此，散射光子能量比入射光子能量低；又根据光子满足的关系 $E=h\nu$，则散射光的频率小于入射光的频率，意味着散射光的波长大于入射光的波长。如果光子与原子中束缚很紧的电子（原子的内层电子）碰撞，光子将与整个原子做弹性碰撞。因为原子的质量比光子的质量大很多，散射光的能量不会显著减小，从而散射光的频率也不会发生显著变化，康普顿移动非常小，所以实验散射线中有与入射光波长相同的射线。

我们利用能量守恒和动量守恒定律来定量解释散射光子的波长改变。一个光子与一个自由电子碰撞，电子一开始处于静止状态，如图 1-9 所示。频率为 $\nu_0$ 的一束光沿着 $x$ 方向照射物体表面，具有能量 $h\nu_0$ 和动量 $\frac{h\nu_0}{c}$ 的光子与电子碰撞后被散射，之后光子与原入射光子方向成 $\theta$ 角，散射光子能量为 $h\nu$，动量为 $\frac{h\nu}{c}$。同时，反冲电子获得一个与光速差不多的速率并沿着某一角度 $\varphi$ 飞出，电子能量从静止时的 $m_e c^2$ 变成了 $mc^2$，动量变为 $m\boldsymbol{v}$，其中 $m=\frac{m_e}{\sqrt{1-v^2/c^2}}$，电子动能要用相对论公式表示。根据碰撞中遵守能量守恒和动量守恒定律，有

$$h\nu_0 = h\nu + (m - m_e)c^2 \tag{1-16}$$

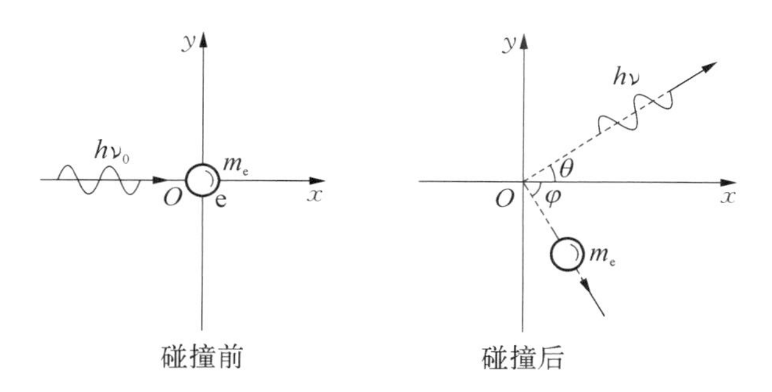


**图 1-9　光子与电子碰撞**

$x$ 方向的动量守恒方程写为

$$\frac{h\nu_0}{c} = \frac{h\nu}{c}\cos\theta + mv\cos\varphi \tag{1-17}$$

$y$ 方向的动量守恒方程写为

$$0 = \frac{h\nu}{c}\sin\theta - mv\sin\varphi \tag{1-18}$$

利用 $p=\frac{h\nu}{c}=\frac{h}{\lambda}$ 关系，求得

$$\Delta\lambda = \lambda - \lambda_0 = \frac{h}{m_e c}(1-\cos\theta) = 2\lambda_c \sin^2\frac{\theta}{2} \tag{1-19}$$

式中，$\lambda_c=\frac{h}{m_e c}=2.43\times10^{-12}$ m，$\lambda_c$ 称为电子的康普顿波长。上式说明波长差 $\Delta\lambda$ 与散射物质以及入射光的波长无关，仅决定于散射方向，$\Delta\lambda$ 随着散射角度的增大而增大，计算得到的理论值与实验结果相符。这不仅有力地证实了光子理论，说明了光子的粒子性(有质量、能量、动量的光量子)，整个散射过程是单个光子与个别电子的碰撞；还说明在微观过程中，微观粒子的相互作用也严格遵守了能量守恒和动量守恒定律。正如在空腔辐射和光电效应中，康普顿效应中的普朗克常量起着主要作用，揭示了光具有粒子性。可以这么说，光电效应揭示了光子能量与频率的关系，而康普顿效应则进一步揭示了光子动量与波长的关系。1927 年，康普顿因发现康普顿效应而获得诺贝尔物理学奖。

**例 1-1** 波长为 0.1 nm 的 X 射线与静止电子碰撞。现在从与入射方向成 90°的方向去观察散射辐射。求：① 散射 X 射线的波长；② 反冲电子获得的能量；③ 反冲电子的动量。

**解** ① 散射后 X 射线波长的改变为

$$\Delta\lambda=\lambda-\lambda_0=\frac{h}{m_e c}(1-\cos\theta)=2.43\times10^{-12}\ \text{m}$$

则散射 X 射线的波长为

$$\lambda=\Delta\lambda+\lambda_0=1.0243\times10^{-10}\ \text{m}$$

② 根据能量守恒，反冲电子获得的能量就是入射光子与散射光子能量的差值，则

$$\begin{aligned}E_k&=\frac{hc}{\lambda_0}-\frac{hc}{\lambda}=\frac{hc\Delta\lambda}{\lambda\lambda_0}\\&=\frac{6.63\times10^{-34}\times3\times10^8\times2.43\times10^{-12}}{1.0\times10^{-10}\times1.0243\times10^{-10}}\\&=4.72\times10^{-17}\ \text{J}=295\ \text{eV}\end{aligned}$$

③ 根据动量守恒，有

$$p_e\cos\varphi=\frac{h}{\lambda_0}$$

$$p_e\sin\varphi=\frac{h}{\lambda}$$

则

$$p_e=h\sqrt{\frac{\lambda^2+\lambda_0^2}{\lambda^2\lambda_0^2}}=9.26\times10^{-24}\ \text{kg}\cdot\text{m/s}$$

$$\cos\varphi = \frac{h}{p_e\lambda_0} = 0.715$$

$$\varphi \approx 42°21'$$

### 1.1.3　玻尔原子理论

原子是如何组成的是 20 世纪初一个亟待解决的问题。玻尔原子模型将光量子概念与原子结构联系起来。1911 年，卢瑟福根据 α 粒子散射实验结果在理论上提出原子的有核模型，即原子的正电荷以及几乎全部的质量集中在原子中心很小的区域中，形成原子核，带负电的电子围绕原子核旋转，类似于太阳系中行星绕太阳旋转一样，但原子核与电子之间服从库仑定律。此模型很好地解释了 α 粒子的大角度偏转，但也遇到了几个困难：

尼尔斯·玻尔简介

(1) 缺乏合理表征原子大小的量。19 世纪统计物理学研究表明，原子的大小约为 $1\times10^{-10}$ m。在卢瑟福模型中没有合理表征稳定原子大小的量。

(2) 原子的稳定性问题。电子围绕着原子核沿着圆形或椭圆形轨道运动，这是加速运动，根据经典电动力学，电子将不断发射电磁波，辐射电磁波带走了电子的能量，电子自身能量没有补充，电子的轨道半径不断缩小，最后被吸引到原子核上，原子最终坍缩。

(3) 无法解释原子光谱。当电子轨道缩小时，周期随之不断减小，于是它发射的电磁波频率不断增大，对应光谱是连续光谱，但事实上电子可以在核周围处于无辐射状态，原子光谱是线光谱。如氢光谱的任意谱线波数 $\tilde{\nu}$（即波长的倒数）满足

$$\tilde{\nu} = \frac{1}{\lambda} = R_H\left(\frac{1}{m^2} - \frac{1}{n^2}\right) = T(m) - T(n) \tag{1-20}$$

这就是里德伯方程，式中，$R_H$ 是里德伯常量；$T(n)$ 称为光谱项；$n$、$m$ 都是正整数，且 $n>m$。氢的所有谱线都可以用这个方程表示，其中 $R_H=109\ 677.58\ \text{cm}^{-1}$，当 $m=2$，$n$ 取不同值时，就得到了氢原子光谱的巴耳末线系。

以上三点都与经典理论的推论冲突。在原子结构这个问题上，经典理论与实验结果有着直接尖锐的矛盾。但矛盾能够预示新机遇，也能召唤新理论。

**1. 玻尔理论**

为解决在原子结构这个问题上实验与经典理论的矛盾，玻尔汲取了普朗克能量子假说、爱因斯坦光子理论、卢瑟福模型的思想，认识到经典电动力学不适用于分析原子中的电子运动，认为普朗克常量 $h$ 是解决原子结构问题的关键。他构造出一个长度量纲表征原子的大小，即

$$a = \frac{\varepsilon_0 h^2}{\pi m_e e^2} \tag{1-21}$$

这个量后来被称为玻尔半径。这符合统计物理中对原子大小的估计。

1913 年初,玻尔在得知原子线状光谱的规律后,提出了革命性的理论。该理论包括两条基本假设:

(1) 原子能够且只能稳定处于与一些分立的能量相对应的状态上,这些状态称为定态。原子处于定态中,不发射也不吸收电磁辐射。

(2) 当原子从一个定态跃迁到另一个定态时,以发射或吸收特定频率 $\nu$ 的光子与电磁场交换能量(分立定态的能量值称为能级,两个定态能量分别对应能级 $E_n$、$E_m$,假设 $E_n > E_m$),且满足

$$h\nu = E_n - E_m \tag{1-22}$$

这是频率条件。

简而言之,玻尔理论的核心思想可概括为原子具有分离能量的定态概念,以及两个定态之间的量子跃迁和频率条件。这些创建来源于他对原子光谱规律和原子稳定性的深刻认识。比较式(1-20)和式(1-22)可以看出,原子辐射频率与两个定态能量之差的联系对应着原子光谱的组合规则,所以

$$T(n) = -\frac{E_n}{hc},\ T(m) = -\frac{E_m}{hc} \tag{1-23}$$

光谱项与分立的定态能量联系起来,这样氢原子能级应具有以下形式

$$E_n = -\frac{hcR_{\mathrm{H}}}{n^2} \tag{1-24}$$

为了将原子分立能级确定下来,玻尔提出对应原理,即在大量子数极限情况下,量子体系的行为将趋于与经典系统相同。根据对应原理,玻尔提出质量为 $m_{\mathrm{e}}$ 的电子绕质子做半径为 $r$ 的圆周运动,电子角动量满足量子化条件:

$$L = n\frac{h}{2\pi} = n\hbar,\ n = 1, 2, 3, \cdots \tag{1-25}$$

式中,$n$ 为正整数,称为量子数;$\hbar = h/2\pi$ 为约化普朗克常量。索末菲后来把玻尔角动量量子化条件推广为

$$\oint \boldsymbol{p}\,\mathrm{d}q = nh \tag{1-26}$$

式中,$q$ 是电子的广义坐标;$\boldsymbol{p}$ 是广义动量;积分沿着电子轨道运行一周。式(1-26)称为玻尔-索末菲量子化条件。电子受到氢原子的带正电质子的库仑引力作用,由牛顿定律得

$$\frac{1}{4\pi\varepsilon_0}\frac{e^2}{r^2} = m_{\mathrm{e}}\frac{v^2}{r} \tag{1-27}$$

根据角动量量子化条件 $L=m_e vr=n\hbar$，消去式(1-27)中的 $v$，得

$$r_n=\frac{4\pi\varepsilon_0\hbar^2}{m_e e^2}n^2 \tag{1-28}$$

这就是原子中第 $n$ 个稳定轨道的半径。$n$ 只能取正整数，轨道是分立的。当 $n=1$，给出 $r_1=0.529$ Å，这是氢原子的核外电子最小轨道半径，称为玻尔半径。当电子在半径为 $r_n$ 的轨道上，氢原子系统的能量等于电子质子系统的静电势能与电子的动能之和，如以电子无穷远处静电势能为零，则

$$E_n=-\frac{1}{4\pi\varepsilon_0}\frac{e^2}{r_n}+\frac{1}{2}m_e v_n^2=-\frac{1}{8\pi\varepsilon_0}\frac{e^2}{r_n}$$

利用式(1-28)得到

$$E_n=-\frac{m_e e^4}{8\varepsilon_0^2 h^2}\frac{1}{n^2} \tag{1-29}$$

该式表示电子在第 $n$ 个稳定轨道运动时氢原子系统的能量。氢原子能量是不连续的，这就是能量量子化。以 $n=1$ 代入式(1-29)得 $E_n=-13.6$ eV，这是氢原子的最低能级，称为基态能级。若定义基态能级的能量为零，将氢原子基态电子移动到无限远时所需要的能量就是氢原子电离能，实验室方法测得氢原子电离能与基态能量值符合得很好。对于 $n>1$ 的各稳定态，其能量大于基态能量，随着量子数 $n$ 的增大而增大，能量间隔减小，这种状态称为激发态。当 $n\to\infty$ 时，$r_n\to\infty$，$E_n\to 0$，能级趋于连续。$E>0$ 时，原子处于电离状态，能量可连续变化。将能量表达式(1-29)代入式(1-24)，得到里德伯常量的理论值：

$$R_H=\frac{m_e e^4}{8\varepsilon_0^2 h^3 c}=1.097\ 373\ 1\times 10^7\ \mathrm{m}^{-1}$$

它与实验值符合得很好。

**2. 玻尔理论的成功和局限**

玻尔理论不仅成功地解释了氢原子的光谱，对类氢离子（仅有一个电子围绕核运动的离子，如 $He^+$、$Li^{2+}$ 等）的光谱也能很好地做出解释。1914 年，弗兰克和赫兹在电子与汞原子的碰撞实验中，利用两者之间的非弹性碰撞，将汞原子从低能级激发到高能级，在实验上证实了原子具有离散能级的概念。由于对研究原子结构和原子辐射的贡献，玻尔荣获 1922 年诺贝尔物理学奖。

弗兰克-赫兹实验

玻尔理论存在的问题和局限性后来被逐渐揭示。首先，该理论无法解释复杂原子的光谱，例如氦原子光谱。其次，玻尔理论无法系统地计算光谱线的相对强度，即便是氢原子的光谱线强度；也不能处理非束缚态问题，例如散射问题。最后，从理论体系上看，玻尔理论与经典力学不相容，如角动量量子化、能量量子化等，但

詹姆斯·弗兰克和古斯塔夫·路德维希·赫兹简介

这些结果并没有揭示出不连续的本质。量子力学就是在克服这些困难和局限性的过程中逐渐发展成一个完整的理论体系。

**例 1-2** 辐射跃迁中的能量和动量守恒。

**解** 玻尔公式(1-22)是原子辐射过程中的能量守恒方程。但是,进一步的分析表明,它需要稍加修正。根据光的波粒二象性特征,光子除能量 $h\nu$ 之外,还带有动量 $h/\lambda = h\nu/c$;而且,在从一个态到另一个态的辐射跃迁中,能量和动量都必须守恒。我们首先考虑一个静止原子的发射光子情况。在跃迁之前,它的动量为零。跃迁之后,原子必然反冲,其动量 $\boldsymbol{P}$ 与光子的动量 $\boldsymbol{p}$ 是等值而反向,就是说,$0 = \boldsymbol{p} + \boldsymbol{P}$,或从数值上而言,

$$P_{原子} = p_{光子} = \frac{h\nu}{c} \quad ①$$

现在考虑跃迁中能量守恒。开始时,有一个处在能量为 $E_i$ 的定态中的静止原子;跃迁之后,有一个处在定态 $E_f$ 中的具有动能 $P_{原子}^2/2M$ 的原子,和一个能量为 $h\nu$ 的光子。因此,能量守恒要求

$$E_i = E_f + \frac{P_{原子}^2}{2M} + h\nu$$

利用光子动量关系,得

$$E_i - E_f = h\nu\left(1 + \frac{h\nu}{2Mc^2}\right) \quad ②$$

当 $h\nu$ 比 $2Mc^2$ 小很多时,上式中最后一项可忽略不计,于是上面方程化为方程 $E_i - E_f = h\nu$。这就是原子和分子跃迁的情况。一般地讲,$h\nu$ 小于 $Mc^2$,我们可以把上式②写作如下形式:

$$h\nu = (E_i - E_f)\left(1 + \frac{h\nu}{2Mc^2}\right)^{-1} = (E_i - E_f)\left(1 - \frac{h\nu}{2Mc^2}\right) \quad ③$$

在这里利用了展开式 $(1+x)^{-1} = 1 - x + \cdots$,而 $x = h\nu/2Mc^2$ 是一个比 1 小得多的量。在最后一项中,我们可用 $E_i - E_f$ 代替 $h\nu$,得到

$$h\nu = E_i - E_f - \frac{(E_i - E_f)^2}{2Mc^2} \quad ④$$

上式中最后一项实质上就是原子的反冲能。因此在发射过程中,所发射的光子的能量稍小于发射体(原子、分子或原子核等)的两个能级之差。这个差值等于发射体的反冲能。

另一方面,对于吸收过程,能量守恒方程改写为

$$E_i+h\nu=E_f+\frac{P_{原子}^2}{2M}$$

因为现在初态中(而不是在末态中)有一个光子。动量守恒要求原子动量 $\boldsymbol{P}$ 的大小等于光子动量 $\boldsymbol{p}$，上面方程就变为

$$h\nu=(E_f-E_i)\left(1-\frac{h\nu}{2Mc^2}\right)^{-1}=(E_f-E_i)\left(1+\frac{h\nu}{2Mc^2}\right) \quad ⑤$$

或

$$h\nu=E_f-E_i+\frac{(E_f-E_i)^2}{2Mc^2} \quad ⑥$$

因此,为了使吸收能够发生,被吸收光子的能量必须稍大于吸收体的两个能级之间的能量差,以提供吸收体的反冲动能。

由上述分析可得,一个系统(原子、分子或原子核)在 $a\rightarrow b$ 跃迁中发射的一个光子,不能被另一个相同的系统吸收而发生相反的跃迁 $b\rightarrow a$，所以系统的发射谱与吸收谱并不等同。在原子和分子跃迁的情况下，$E_f-E_i$ 的量级为几个电子伏，$Mc^2$ 的量级为 $10^{11}$ eV,方程④和方程⑥中的改正项约为 $10^{-10}$ eV,因此可忽略不计。另一方面,在核跃迁的情况下，$E_f-E_i$ 的量级可为 $10^6$ eV，$Mc^2$ 的量级与原子跃迁情况下相同,所以改正项约为 10 eV,这就比较重要而不能忽略不计了。

## 1.2　物质波

### 1.2.1　物质波

路易・维克多・德布罗意简介

法国人德布罗意认为光有波粒二象性,物质或许也有波粒二象性。当时一般认为物质是由粒子构成的,德布罗意的假设启示了人们认识物质的波动性。1923—1924 年,他提出物质波假说:一个能量为 $E$、动量为 $p$ 的粒子具有波动性,其波长 $\lambda$ 由动量 $p$ 确定,频率 $\nu$ 则由能量 $E$ 确定,即

$$\lambda=\frac{h}{p},\ \nu=\frac{E}{h} \quad (1-30)$$

这与光的波粒二象性的关系相同。式(1-30)把波的概念与粒子的概念联系起来。第一个关系称为德布罗意关系。这种与实物粒子相联系的波称为德布罗意波,或称为物质波。

物质波的波长有着十分重要的意义。如电子的物质波波长与障碍物尺寸相比决定着衍射程度,由于 $h$ 很小,通常实物粒子波长非常短,波动性无法表现。但是在原子世界中,就显现出微观粒子的波动性。

**例 1-3**　电子动能为 100 eV,电子物质波波长为多大?

**解**　电子的速度由 $E=\frac{1}{2}m_e v^2$ 得,即

$$v=\sqrt{\frac{2E}{m_e}}=\sqrt{\frac{2\times 100\times 1.6\times 10^{-19}}{9.1\times 10^{-31}}}=5.9\times 10^{6}\ \mathrm{m/s}$$

可得电子的动量为

$$p=m_e v=5.4\times 10^{-24}\ \mathrm{kg\cdot m/s}$$

可得电子的波长为

$$\lambda=\frac{h}{p}=1.2\times 10^{-10}\ \mathrm{m}$$

克林顿·约瑟夫·戴维孙简介

这个波长与固体中原子之间的距离具有相同的量级,仿照 X 射线的波动性方法,让一束能量适当的电子射向晶体材料,可以探测其电子的物质波。晶体的三维原子阵列对于电子波就起到衍射栅的作用,可以预言在特定方向上有强的衍射峰。1927 年,克林顿·约瑟夫·戴维孙和雷斯特·革末做了电子衍射实验,证实了电子的波动性,如图 1-10(a)所示。电子枪发射的电子经电场加速,投射到镍单晶的晶面上,当加速电压为 54 V 时,在衍射角度 $\theta=50^\circ$ 探测到一个明显的电子束强度极大值。仿照 X 射线对晶体衍射方法来分析,设晶格常数为 $d$,散射加强的平面间距 $a=d\sin\frac{\theta}{2}$,这样相邻晶面的射线程差为 $2a\cos\frac{\theta}{2}=d\sin\theta$,满足条件,如图 1-10(b)所示。

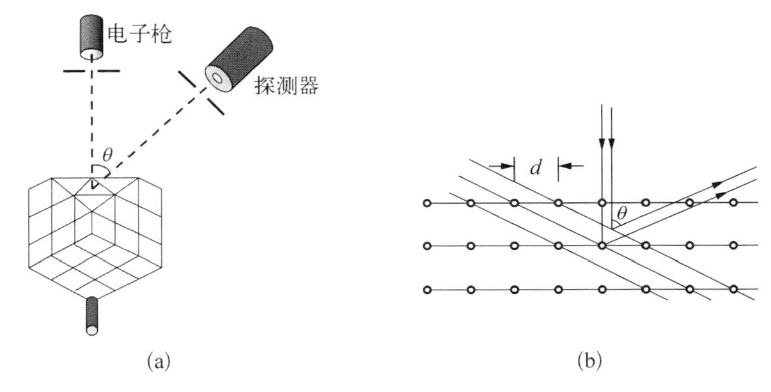


**图 1-10　戴维孙-革末实验**

(a) 电子衍射实验;(b) 电子在晶面上散射

布拉格公式:

$$d\sin\theta=k\lambda \tag{1-31}$$

式中，$k=1, 2, 3, \cdots$。按照德布罗意物质波长关系 $\lambda=\frac{h}{p}=\frac{h}{\sqrt{2m_e eU}}$，代入式(1-31)得

$$d\sin\theta=\frac{kh}{\sqrt{2m_e eU}} \tag{1-32}$$

对镍而言，$d=2.15\times10^{-10}$ m，当代入加速电压 $U=54$ V，得

$$\sin\theta=0.777k \tag{1-33}$$

式中，$k$ 只能取1，求得 $\theta=50.9°$，这与实验测量数值相符。这证明电子具有波动性，也验证了德布罗意波长关系的正确性。

我们知道用连续谱的X射线照射多晶，得到的是环状德拜相。同理，用电子束照射多晶材料，会得到电子衍射的德拜相，图1-11所示为电子通过银箔所得的衍射图样。1937年，克林顿·约瑟夫·戴维孙和乔治·佩吉特·汤姆森因发现晶体对电子的衍射获得诺贝尔物理学奖。

乔治·佩吉特·汤姆森简介

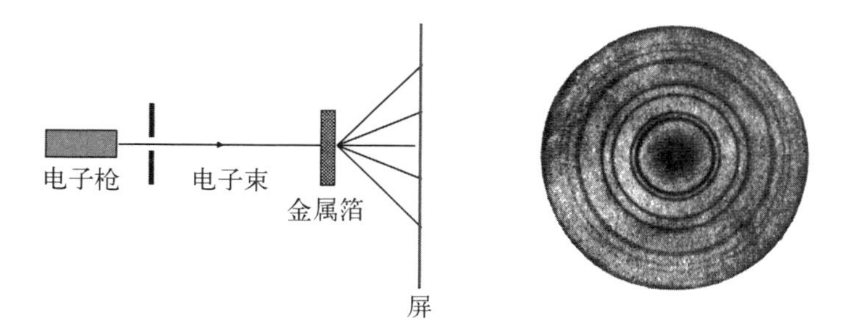


**图1-11 多晶的电子衍射实验和衍射图**

后来，大量的事实证明，实物粒子的波动性是普遍的，不仅电子、质子、中子、原子具有波动性，甚至小分子、团簇等也都具有波动性。由此可见，实物粒子波动性满足德布罗意关系，该关系揭示了微观粒子波粒二象性的统一性。德布罗意因为创立物质波理论，获得1929年诺贝尔物理学奖。

**例1-4** 用物质波概念求玻尔氢原子的量子化条件。

**解** 电子的物质波绕氢原子的圆轨道传播。当满足驻波条件时，物质波才能在圆轨道上持续地传播，这才是稳定的轨道。设 $r$ 为电子稳定轨道的半径，则有

$$2\pi r=n\lambda \qquad n=1, 2, 3, \cdots$$

将物质波波长 $\lambda=\frac{h}{p}$ 代入，即得

$$rp=n\frac{h}{2\pi} \qquad n=1, 2, 3, \cdots$$

这正是玻尔理论中电子轨道角动量量子化的条件。

**例 1-5**　在电子显微镜中,加速电压为 50 kV,求电子的德布罗意波长。

**解**　光学显微镜是利用可见光(400～760 nm)经过介质时的折射现象,通过玻璃制成的透镜组汇聚,从而达到成像和放大的目的。电子显微镜是利用电子波在不均匀电场和磁场组成的静电透镜和磁透镜上发生偏转,使电子波折射后重新聚焦成像并放大。根据显微镜分辨本领与波长成反比,对于光学显微镜,即便用可见光波长最短的紫光,能观察到的最小物体也不能小于 200 nm。但电子的德布罗意波长可以通过改变电子动量而变短,利用电子束成像可以获得很高的分辨率。典型电子显微镜用加速电势差 50 kV 把电子加速到 50 keV 的能量,与电子静能 0.511 MeV 相比,动能约是静能的十分之一,则不需要考虑相对论效应,可以用非相对论计算动量。

$$\lambda=\frac{h}{p}=\frac{h}{\sqrt{2m_{e}E}}\approx 0.005\,5\ \text{nm}$$

从计算可知,电子的德布罗意波长很短,利用电子束成像可以得到极高的分辨率。现在电子显微镜不仅可以观察到蛋白质、病毒等,还能分辨单个原子的尺度,为研究分子、原子、材料表面形貌提供了强有力的工具。

### 1.2.2　不确定度关系

在经典力学中,一个粒子的位置和动量可以同时确定,而且知道了某一时刻粒子的位置和动量,原则上可以预言以后任意时刻粒子的位置和动量。然后,微观粒子(如电子等)的衍射实验已经表明微观粒子有明显的波性。粒子位置是不确定的,出现在某区域,例如出现在 $\Delta x\Delta y\Delta z$ 范围内,可以称 $\Delta x$、$\Delta y$、$\Delta z$ 为粒子位置不确定量。粒子的动量、角动量等力学量也是如此。例如,一般物质波不是单色波,而是由一定波长范围 $\Delta\lambda$ 的许多单色波组成,波长有一定的范围,这就使得粒子动量不确定。由 $p=\dfrac{h}{\lambda}$ 算出动量的可能范围 $\Delta p$,$\Delta p$ 就是动量不确定量。

不确定度关系的实验探索

沃纳·海森堡简介

海森堡发现物理量的不确定量受到普朗克常量支配。他在 1927 年提出了微观粒子的位置和动量两者的不确定量满足

$$\Delta x\Delta p_{x}\geqslant\frac{\hbar}{2},\quad \Delta y\Delta p_{y}\geqslant\frac{\hbar}{2},\quad \Delta z\Delta p_{z}\geqslant\frac{\hbar}{2}\qquad(1-34)$$

式(1-34)称为位置和动量的不确定度关系。它的物理意义是客观上微观粒子不可能同时具有确定的坐标位置和相应的动量,粒子的位置不确定量 $\Delta x$ 越小,动量不确定量 $\Delta p_{x}$ 就越大,反之亦然。在这个关系中,普朗克常量 $h$ 是关键量,因为 $h$ 很小,不确定度关系在宏观世界不能得到直接体现,但在分析微观世界的现象时,

无论是定性分析还是估算，不确定度关系都有用。为了说明这点，我们举两个例子。

(1) 电子显像管中电子加速电压为 10 kV，电子枪的口径为 0.01 cm，电子射出枪口后位置不确定度 $\Delta x = 0.01\ \text{cm}$，可以用不确定关系求横向速度的不确定量为

$$\Delta v \geqslant \frac{\hbar}{2m_e \Delta x} = 0.58\ \text{m/s}$$

电子经过 10 kV 的电压加速后，速度 $v = 6 \times 10^7\ \text{m/s}$，由于 $\Delta v \ll v$，所以电子速度仍是相对确定的，波动性没有起到什么实际影响，电子运动问题仍可以用经典力学处理。

(2) 如果电子在原子中运动，取原子线度为 $10^{-10}$ m，电子位置不确定量 $\Delta r = 10^{-10}$ m，电子的速度不确定量可以由不确定度关系求得，即

$$\Delta v \geqslant \frac{\hbar}{2m_e \Delta r} = 5.8 \times 10^5\ \text{m/s}$$

由玻尔理论可以知道，氢原子中电子的轨道速度约为 $10^6$ m/s。可见速度的不确定量与速度大小的数量级基本相同。因此，原子中电子没有完全确定的位置和速度，也就没有“电子在轨道运动”的概念。此时电子不能再看成经典粒子，其波动性已经非常明显。所以波粒二象性的电子需要用新的运动方程来描述其运动。

**例 1-6** 估计某人坐着看书时的速度不确定量，假设某人的位置不确定量为 $10^{-10}$ m。

**解** 按照不确定度关系，并假定某人的质量为 60 kg，得

$$\Delta v \geqslant \frac{\hbar}{2m \Delta r} = 8.8 \times 10^{-27}\ \text{m/s}$$

这个量非常小，所以无法观察到某人的运动，或者说某人坐在那里没有动。

综上所述，微观粒子具有物质波的属性，其运动受限于不确定性原理，如式(1-34)所示。尽管粒子的运动遵循动量、能量和角动量守恒定律，但不确定性原理使得经典力学无法有效描述微观粒子的行为。因此，需要一个能够包含新物理概念和表达方式，并与实验观测结果一致的理论框架，这一框架就是量子力学，它为微观世界提供了完整而一致的描述。

## 1.3 薛定谔方程

埃尔温·薛定谔简介

量子力学的基本方程通常指薛定谔方程。它也是量子力学的基本假设，我们所做的只能是求出不同物理问题中该方程的结果，并将结果与实验结果做详细对照，检验是不是符合实验结果。它的正确性已经随着量子物理在各方面的广泛应

用而得以确认。

经典力学中,通过求解牛顿方程来研究质点运动状态,包括质点的位置、速度等,而在量子力学中,则应用薛定谔方程来求解描述粒子的波函数 $\boldsymbol{\Psi}(\boldsymbol{r}, t)$。粒子的波动方程含有波函数的空间和时间的微商。一维自由粒子的波函数是平面波:

$$\Psi = A\mathrm{e}^{\frac{\mathrm{i}}{\hbar}(px-Et)}$$

式中,$\hbar = h/2\pi$;$A$ 为系数。对波函数求时间的偏微商,得

$$\frac{\partial \Psi}{\partial t} = -\frac{\mathrm{i}}{\hbar}E\Psi \tag{1-35}$$

对波函数求空间坐标的偏微商,得

$$\frac{\partial \Psi}{\partial x} = \frac{\mathrm{i}}{\hbar}p\Psi \tag{1-36}$$

如果现在利用经典力学中自由运动粒子的动量和能量满足的关系:

$$E = \frac{p^2}{2m} \tag{1-37}$$

该关系对量子物理中的非相对论粒子仍然成立。如果利用该关系消去 $E$ 和 $p$,需对坐标求二次偏微商,得到

$$\frac{\partial^2 \Psi}{\partial x^2} = \left(\frac{\mathrm{i}}{\hbar}p\right)^2 \Psi \tag{1-38}$$

利用式(1-37),从式(1-35)和式(1-38)中消去 $E$ 和 $p$,可得到

$$\mathrm{i}\hbar \frac{\partial \Psi}{\partial t} = -\frac{\hbar^2}{2m}\frac{\partial^2 \Psi}{\partial x^2} \tag{1-39}$$

推广到三维情况,一个自由电子平面波的复数表达式是

$$\Psi = A\mathrm{e}^{\frac{\mathrm{i}}{\hbar}(\boldsymbol{p}\cdot\boldsymbol{r}-Et)} \tag{1-40}$$

式中,$\boldsymbol{p}$ 是电子动量;$E$ 是能量。两者满足下列关系

$$E = \frac{p^2}{2m} = \frac{p_x^2 + p_y^2 + p_z^2}{2m} \tag{1-41}$$

对式(1-40)求 $t$ 的一次偏导数,对 $x$、$y$、$z$ 分别求二次偏导数,然后利用式(1-41)消去 $E$ 和 $p$,得到三维的自由粒子运动方程

$$\mathrm{i}\hbar \frac{\partial \Psi}{\partial t} = -\frac{\hbar^2}{2m}\left(\frac{\partial^2 \Psi}{\partial x^2} + \frac{\partial^2 \Psi}{\partial y^2} + \frac{\partial^2 \Psi}{\partial z^2}\right) = -\frac{\hbar^2}{2m}\nabla^2\Psi$$

式中，$\nabla^2=\frac{\partial^2}{\partial x^2}+\frac{\partial^2}{\partial y^2}+\frac{\partial^2}{\partial z^2}$ 是拉普拉斯算符。为了得到粒子在一般势场中的波动方程，假定式(1-35)和式(1-36)的三维推广式也成立，并把它们写成如下算符形式：

$$E \sim \mathrm{i}\hbar \frac{\partial}{\partial t}, \quad \boldsymbol{p} \rightarrow -\mathrm{i}\hbar\nabla \tag{1-42}$$

粒子(如电子)在外部势场 $V(\boldsymbol{r})$ 中运动，满足能量-动量关系，$E=\frac{p^2}{2m}+V(\boldsymbol{r}, t)$，所以

$$\mathrm{i}\hbar \frac{\partial \Psi}{\partial t}=-\frac{\hbar^2}{2m}\nabla^2\Psi+V(\boldsymbol{r}, t)\Psi \tag{1-43}$$

式(1-43)通常称为含时的薛定谔方程。

$$\hat{H}=-\frac{\hbar^2}{2m}\nabla^2+V(\boldsymbol{r}, t) \tag{1-44}$$

式中，$\hat{H}$ 称为哈密顿量算符。哈密顿量是刻画系统特征的力学量，系统状态随时间的演化由它决定。

从式(1-43)的推导过程可以看到，这个方程不是由实验结果总结和归纳得到的，因此，它的正确与否主要是看由此推论出来的结果是否符合客观实际，并与实验结果进行对比来检验。在以下几章中我们将在具体的问题中应用该方程，用结果来说明它的正确性。

通常情况下，系统由多粒子组成，粒子之间存在着相互作用，该系统仍然满足薛定谔方程。假定系统由 $N$ 个粒子组成，粒子质量分别为 $m_i(i=1, 2, 3, \cdots, N)$。系统的波函数为 $\Psi(\boldsymbol{r}_1, \cdots, \boldsymbol{r}_N, t)$。设第 $i$ 个粒子受到的外场为 $V_i(\boldsymbol{r}_i, t)$，粒子之间相互作用为 $U(\boldsymbol{r}_1, \cdots, \boldsymbol{r}_N)$，则薛定谔方程为

$$\begin{aligned}&\mathrm{i}\hbar \frac{\partial}{\partial t}\Psi(\boldsymbol{r}_1, \cdots, \boldsymbol{r}_N, t)\\&=\left\{\sum_{i=1}^{N}\left[-\frac{\hbar^2}{2m}\nabla_i^2+V_i(\boldsymbol{r}_i, t)\right]+U(\boldsymbol{r}_1, \cdots, \boldsymbol{r}_N)\right\}\Psi(\boldsymbol{r}_1, \cdots, \boldsymbol{r}_N, t)\end{aligned}$$

式中，$\nabla_i^2=\frac{\partial^2}{\partial x_i^2}+\frac{\partial^2}{\partial y_i^2}+\frac{\partial^2}{\partial z_i^2}$。例如带有 $N$ 个电子的原子系统，电子间相互作用为库仑排斥作用，即

$$U(\boldsymbol{r}_1, \cdots, \boldsymbol{r}_N)=\sum_{i<j}^{N}\frac{e^2}{4\pi\varepsilon_0|\boldsymbol{r}_i-\boldsymbol{r}_j|}$$

而原子核(带 $+Ze$ 电荷)对第 $i$ 个电子的库仑吸引作用为

$$V_i(\boldsymbol{r}_i)=-\frac{Ze^2}{4\pi\varepsilon_0 \boldsymbol{r}_i}$$

## 1.4　波函数和态叠加原理

我们以微观粒子波粒二象性为出发点,引进描述微观粒子状态的波函数,讨论波函数的性质,并给出波函数的统计解释和量子态的态叠加原理。

为了表示微观粒子的波粒二象性,德布罗意用平面波描述自由粒子。平面波的频率和波长与粒子的能量和动量满足式(1-30)。自由粒子的动量和能量不随着时间或位置改变,如果粒子在某一势场中运动,它的动量和能量随着时间变化,这时不能用平面波来描写,而要用复杂的波来描写,即波函数 $\Psi(\boldsymbol{r}, t)$。

### 1.4.1　波函数

我们用电子的衍射实验来说明波函数描写的波粒二象性。电子波碰到晶体表面后发生衍射,衍射在各个方向上,如果认为电子是一个物质波包,则在空间中从不同方向上观测只能看到电子的一部分,这与实验上测量总是记录一个个电子的结果相矛盾。实验上得到的电子具有一定质量和电荷属性,这是物质波的粒子性特征,但没有确定轨道概念。物质波也不是由它描写的粒子组成的。

马克斯·玻恩简介

波函数的统计解释是由玻恩首先提出的。为了说明波函数的统计解释,我们考察电子的衍射实验。一束电子由确定的动量电子组成,射向衍射屏,衍射屏后的观察屏(探测仪器)出现明暗相间的衍射图。类比光的衍射概念,衍射纹明亮程度代表着德布罗意波的强度 $|\Psi(\boldsymbol{r}, t)|^2$,明纹相当于 $|\Psi(\boldsymbol{r}, t)|^2$ 极大值,而暗纹对应的 $|\Psi(\boldsymbol{r}, t)|^2$ 较小。通过减小电子入射粒子流强度,延长实验时间,足够多的电子投射到观察屏上可以得到同样的衍射图样。如果是一个个电子射到屏上,经长时间累积,与前面电子束短时间得到的衍射图样则并无不同,当然这需要保证电子束中电子的运动是独立、不关联的,这样就可以得到相同的衍射图样。实验结果如图 1-12 所示。起初屏上电子束不多,它们的分布是星星点点的,似乎是任意的、无规则的、随机的。随着通过电子数目的增多,则逐渐显现出了衍射图样。

电子的密度,即屏上任一处单位区域的电子数,与该处电子的德布罗意波的强度成比例。如果只关注通过衍射屏的一个电子,可以肯定地说,它落在观察屏上时只落在一点,不是一条线或一片,但究竟落在何处,无法确切地预言,电子到达屏上某处附近区域的概率与该处的 $|\Psi(\boldsymbol{r}, t)|^2$ 成比例。玻恩提出了波函数的统计解释,即波函数在空间中某一点的强度(波函数模的平方)与在该点找到粒子的概率

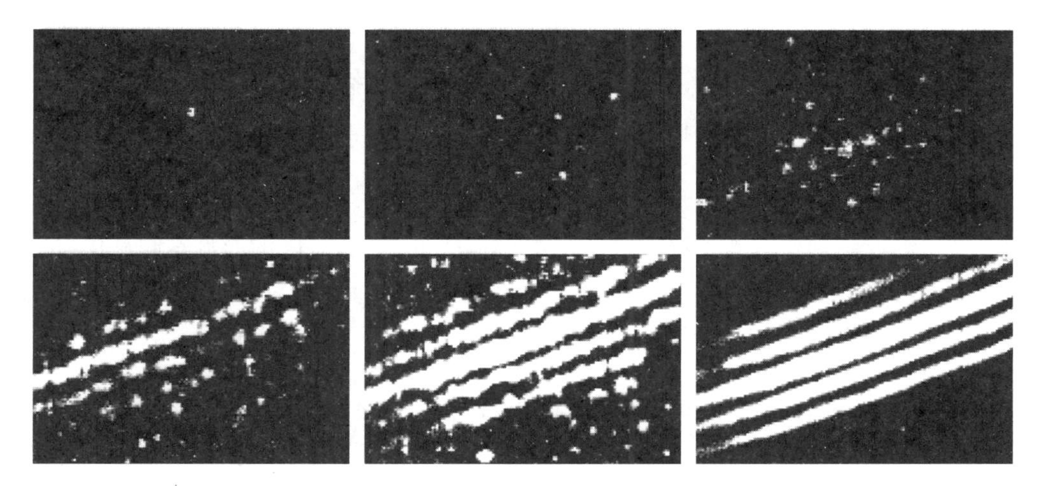

**图 1－12　通过电视屏观察到的电子双缝衍射图样**

成比例。按照这种解释,描述粒子的物质波既不是机械波,也不是电磁波,而是概率波,其意义有以下两点:

(1) $|\Psi(\boldsymbol{r}, t)|^2$ 与在 $t$ 时刻粒子出现在空间 $\boldsymbol{r}$ 位置单位体积的概率成正比;

(2) $|\Psi(\boldsymbol{r}, t)|^2 \mathrm{d}\tau$ 与在 $t$ 时刻粒子出现在空间 $\boldsymbol{r}$ 位置一个体积元 $\mathrm{d}\tau$ 内的概率成正比,而 $|\Psi(\boldsymbol{r}, t)|^2$ 则为概率密度。

由于粒子在空间各点出现概率的总和等于 1,因而总的概率等于 1。若已知描写微观体系的波函数,可由波函数振幅模的平方求出粒子在空间任意位置出现的概率。粒子必定在空间某位置出现,例如衍射实验中电子到达屏上某处。粒子出现在空间各点的概率决定于波函数在空间各点强度的比例,而不决定于强度的绝对大小。也就是说,设 $C$ 是任意常数,$C\Psi(\boldsymbol{r}, t)$ 和 $\Psi(\boldsymbol{r}, t)$ 描述的相对概率分布是完全相同的,它们描述的是同一个概率波,所描写的粒子状态没有不同,这是量子力学中概率波的性质,与经典波的性质不一样。经典波的波函数乘以 $C$ 意味着振幅增大了 $|C|$ 倍,相应的能量将增大 $|C|^2$ 倍。

按照统计解释,在 $t$ 时刻,在空间 $\mathrm{d}\tau$ 区域中找到粒子的概率为

$$\rho(\boldsymbol{r}, t)\mathrm{d}\tau = |\Psi(\boldsymbol{r}, t)|^2 \mathrm{d}\tau = \Psi^*(\boldsymbol{r}, t)\Psi(\boldsymbol{r}, t)\mathrm{d}\tau \tag{1-45}$$

式中,$\Psi^*$ 表示 $\Psi$ 复共轭函数。无论粒子在何处,找到粒子的总概率必定等于 1,将式(1－45)对整个空间积分后,有

$$\iiint \rho(\boldsymbol{r}, t)\mathrm{d}\tau = 1 \tag{1-46}$$

此式称为归一化条件。满足这个条件的波函数是归一化波函数。$\rho(\boldsymbol{r}, t)$ 为概率密度,$\rho(\boldsymbol{r}, t) = \Psi^*(\boldsymbol{r}, t)\Psi(\boldsymbol{r}, t)$,$\Psi(\boldsymbol{r}, t)$ 称为概率振幅。波函数的模平方在整个空间是可以积分的。

我们可以根据物质波统计解释来解释衍射实验。在电子衍射图样中,衍射极大的地方,概率波的强度大,每一个粒子出现在这里的概率大,因而到达这里的粒子数多;衍射极小的地方,由于概率波在这里互相抵消,波的强度很小,所以粒子到达这里的概率也很小,粒子到达这里的数目很少。

综上所述,用来描写微观粒子的波函数是时间和空间的单值函数。根据波函数的统计解释,则要求波函数必须是处处连续的、单值的、有限的而且是归一化的。

### 1.4.2 概率守恒

如果粒子没有产生和湮灭现象,在随着时间演化的过程中,粒子数目保持不变,在全空间中找到它的概率之和与时间无关,即 $\frac{\mathrm{d}}{\mathrm{d}t}\iiint\rho(\boldsymbol{r},\ t)\mathrm{d}\tau=0$。这个结论可以用薛定谔方程进行论证。

$$\frac{\partial\rho}{\partial t}=\Psi^{*}\ \frac{\partial\Psi}{\partial t}+\frac{\partial\Psi^{*}}{\partial t}\Psi \tag{1-47}$$

由薛定谔方程[式(1-43)]和它的共轭复数方程[注意:$V(\boldsymbol{r})$ 是实数],有

$$\frac{\partial\Psi}{\partial t}=\frac{\mathrm{i}\hbar}{2m}\ \nabla^{2}\Psi+\frac{1}{\mathrm{i}\hbar}V(\boldsymbol{r})\Psi \tag{1-48}$$

及

$$\frac{\partial\Psi^{*}}{\partial t}=-\frac{\mathrm{i}\hbar}{2m}\ \nabla^{2}\Psi^{*}-\frac{1}{\mathrm{i}\hbar}V(\boldsymbol{r})\Psi^{*} \tag{1-49}$$

将式(1-48)和式(1-49)代入式(1-47)中,有

$$\frac{\partial\rho}{\partial t}=\frac{\mathrm{i}\hbar}{2m}(\Psi^{*}\nabla^{2}\Psi-\Psi\nabla^{2}\Psi^{*})=\frac{\mathrm{i}\hbar}{2m}\ \nabla\cdot(\Psi^{*}\ \nabla\Psi-\Psi\nabla\Psi^{*}) \tag{1-50}$$

则式(1-50)可写为

$$\frac{\partial\rho}{\partial t}+\nabla\cdot\boldsymbol{J}=0 \tag{1-51}$$

其中 $\boldsymbol{J}$ 称为概率流(粒子流)密度,且

$$\boldsymbol{J}=-\frac{\mathrm{i}\hbar}{2m}(\Psi^{*}\nabla\Psi-\Psi\nabla\Psi^{*}) \tag{1-52}$$

式(1-51)方程是连续性方程,它是概率守恒微分形式,为了更清楚说明此式意义,在一个任意体积 $V$ 中积分此方程,此时有

$$\int_V \frac{\partial \rho}{\partial t}\mathrm{d}\tau = \frac{\partial}{\partial t}\int_V \rho \mathrm{d}\tau = -\int_V \nabla \cdot \boldsymbol{J}\mathrm{d}\tau$$

并利用矢量分析中的高斯定理，将式右边写为面积分，得到

$$\frac{\mathrm{d}}{\mathrm{d}t}\int_V \rho \mathrm{d}\tau = -\oiint_S \boldsymbol{J} \cdot \mathrm{d}\boldsymbol{S} \tag{1-53}$$

式(1-53)左边为单位时间内 $V$ 中找到粒子的总概率的增加，右边表示单位时间内从封闭面 $S$ 流入 $V$ 内的概率；$\boldsymbol{J}$ 为概率流密度矢量。式(1-53)是概率守恒的积分表达式。现在将积分扩展到整个找到粒子全空间(对应 $V$ 无限大)，此空间表面上没有粒子从外部流入。如果波函数在无穷远处为零，则式(1-53)右边面积分为零，所以

$$\frac{\mathrm{d}}{\mathrm{d}t}\int_V \rho \mathrm{d}\tau = 0 \tag{1-54}$$

整个空间中找到粒子的概率保持不变，即归一化不随着时间变化。在物理上这表示粒子既未产生，也不湮灭。现在证明了粒子数守恒定律之后，就可以对波函数满足的条件进行说明了。由于概率密度和概率流密度应当连续，所以波函数必须在变量变化的全部区域内是有限的和连续的，并且有连续的微商(在有限个点上，$\Psi$ 和它的微商在保持积分为可积的条件下可以趋于无限大)。此外，由于 $\rho$ 是粒子出现的概率，应该是位置和时间的单值函数，这样才能使粒子的概率在时刻 $t$、在 $\boldsymbol{r}$ 点有唯一的确定值。综上可知，波函数在全部区域内通常应满足三个条件：单值性、有限性和连续性。这三个条件称为波函数的标准条件。以后将看到，波函数的标准条件在解量子力学问题中具有很重要的地位。

**例1-7**　求下列自由粒子波函数的概率流密度。

(1) $\boldsymbol{\Psi}_1(x, t) = A\mathrm{e}^{\mathrm{i}kx}\mathrm{e}^{-\frac{\mathrm{i}}{\hbar}Et}$ 是 $x$ 轴正方向传播的平面波；

(2) $\boldsymbol{\Psi}_2(x, t) = A\mathrm{e}^{-\mathrm{i}kx}\mathrm{e}^{-\frac{\mathrm{i}}{\hbar}Et}$ 是 $x$ 轴负方向传播的平面波。

其中，$A$ 是系数；$k$ 是波数；$E$ 是能量。

**解:**

(1) $x$ 轴正方向传播的平面波概率流密度

$$\boldsymbol{J} = -\frac{\mathrm{i}\hbar}{2m}(\boldsymbol{\Psi}_1^* \nabla \boldsymbol{\Psi}_1 - \boldsymbol{\Psi}_1 \nabla \boldsymbol{\Psi}_1^*) = \frac{\hbar k}{m}|A|^2\boldsymbol{i}$$

(2) $x$ 轴负方向传播的平面波概率流密度

$$\boldsymbol{J} = -\frac{\mathrm{i}\hbar}{2m}(\boldsymbol{\Psi}_2^* \nabla \boldsymbol{\Psi}_2 - \boldsymbol{\Psi}_2 \nabla \boldsymbol{\Psi}_2^*) = -\frac{\hbar k}{m}|A|^2\boldsymbol{i}$$

概率流密度是粒子的速度 $\frac{\hbar k}{m}$ 和概率密度 $|A|^2$ 的乘积,且不依赖于时间。$\boldsymbol{J}$ 表示沿速度方向单位横截面上单位时间内通过的粒子数。因此,这两个波函数行进方向不同。粒子的波函数不能简单归一化,它是一种散射态,粒子可到无穷远处。

### 1.4.3　态叠加原理

电子的干涉实验

波函数的统计解释对微观粒子运动的描述是统计性的。这样的描写区别于对经典力学质点的运动描述,尽管量子力学中依然沿用描述经典粒子的力学量来表述微观粒子的运动,但微观粒子的波粒二象性决定了该描述的统计性。统计性的描写需要通过一系列参数的统计分布来表达被统计对象的状态。微观粒子的运动态完全用波函数来表达,或者说 $\Psi(\boldsymbol{r},t)$ 代表微观粒子的态。不同的波函数给出不同的统计分布,相当于不同的态;$\Psi(\boldsymbol{r},t)$ 随着时间变化表达了态的变化,也就表示了粒子的运动过程。波函数就是量子态的数学表述。

量子态具有一个重要性质:态叠加原理。如果波函数 $\psi_1$,$\psi_2$,…,$\psi_n$ 描写微观体系的几个可能的状态,则由这些波函数线性叠加得到的波函数为

$$\Psi = c_1\psi_1 + c_2\psi_2 + \cdots + c_n\psi_n = \sum_i c_i\psi_i \tag{1-55}$$

其中 $c_i(i=1,2,\cdots,n)$ 是任意的复数,式(1-55)所描写的也是这个体系的一个可能的状态。这就是量子力学的态叠加原理。

以粒子(如电子)的双缝实验为例来说明态(波函数)的叠加原理。量子系统与其他统计系统有一个重大差别,即普通统计理论中有一条法则,互相排斥事件的任何一件发生的概率等于每个事件单独发生的概率之和。这个法则不适用于量子系统,而要由叠加原理来代替。考虑如图1-13所示的双缝干涉实验。入射粒子总是作为整体颗粒的形式通过带有狭缝A和狭缝B的屏到达观察屏(仪器测量),得到如波一样的干涉条纹。令通过狭缝A的粒子其波函数为 $\psi_1$,通过狭缝B的粒子其波函数为 $\psi_2$。对一个粒子来说,它可能通过狭缝A,也可能通过狭缝B,即在通过之后,它可能处在态 $\psi_1$,也可能处在态 $\psi_2$。实验结果是由概率振幅 $\Psi = c_1\psi_1 + c_2\psi_2$ 决定的,其概率为

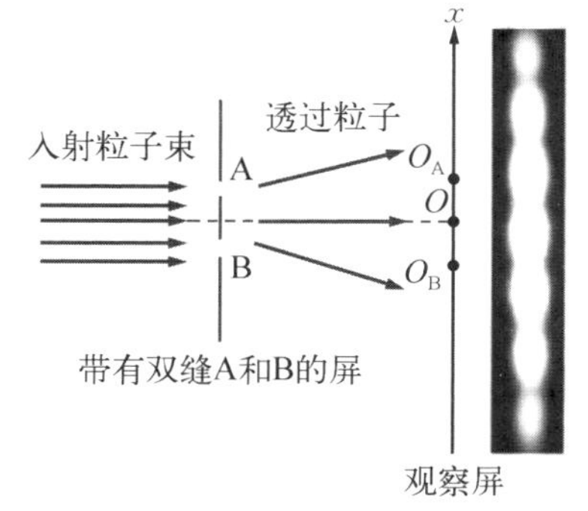


**图1-13　双缝干涉实验(电子的双缝干涉图样)**

$$\rho = |c_1\psi_1 + c_2\psi_2|^2 = |c_1\psi_1|^2 + |c_2\psi_2|^2 + (c_1^* c_2 \psi_1^* \psi_2 + c_2^* c_1 \psi_2^* \psi_1) \tag{1-56}$$

这决定了干涉图样，而不是由 $|\psi_1|^2$ 和 $|\psi_2|^2$ 分别决定两个衍射图样的叠加 $|\psi_1|^2+|\psi_2|^2$。需要指出的是，前者是量子力学的概率振幅或者态叠加原理的结果，后者仅是概率相加。对于微观粒子满足态叠加原理，很明显，这是粒子的波动性所必须要求的，$|c_1\psi_1+c_2\psi_2|^2$ 与 $|c_1\psi_1|^2+|c_2\psi_2|^2$ 相差干涉项

$$c_1^* c_2 \psi_1^* \psi_2 + c_2^* c_1 \psi_2^* \psi_1$$

正是因为有了这个干涉项，图 1-14(a)由单缝的衍射图样(图中照片为电子的单缝衍射图)变为实际的干涉图样[见图 1-14(b)](图中照片为电子的双缝干涉图)。

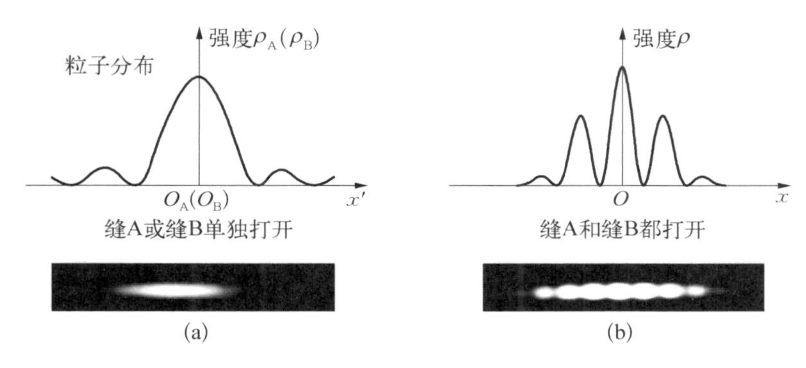


**图 1-14 电子的单缝衍射和双缝干涉实验**

(a) 单缝衍射(强度随与 $O_A$ 或 $O_B$ 中心相对距离的变化)；(b) 双缝干涉

当用波函数来描述微观粒子的状态时，波函数既可以表现粒子的波动性又能体现粒子的粒子性。电子双缝干涉实验中，波函数 $c_1\psi_1+c_2\psi_2$ 线性叠加的概率密度出现了干涉项，表现出了电子的波动性。当电子通过双缝时，被特定设备检测到，电子要么处于 $\psi_1$ 态，要么处于 $\psi_2$ 态，无论处于哪一个状态，所测电子是完整的电子，即电子拥有电子本征特性(如电荷、自旋、质量等属性)，这展示了电子的粒子性。

**1. 平面波的叠加**

以电子衍射为例来说明平面波的叠加。一束速度给定的电子射到晶体表面上，因为衍射而向各个方向散开。对于某一个电子而言，衍射后它沿着各个方向运动都有可能，每一个方向的运动用一个平面波表示：

$$C(\boldsymbol{p})\mathrm{e}^{\frac{\mathrm{i}}{\hbar}(\boldsymbol{p}\cdot\boldsymbol{r}-Et)}$$

式中，$\boldsymbol{p}$ 是电子的动量；$E$ 是电子的能量；$m$ 是电子质量；$C(\boldsymbol{p})$ 是复数振幅；波沿着动量 $\boldsymbol{p}$ 的方向传播，波矢量为 $\boldsymbol{p}/\hbar$，频率为 $E/\hbar$。因此，衍射后电子的波函数 $\boldsymbol{\Psi}(\boldsymbol{r},t)$ 是不同动量平面波的叠加，有

$$\boldsymbol{\Psi}(\boldsymbol{r},t)=\frac{1}{(2\hbar\pi)^{3/2}}\iiint C(\boldsymbol{p})\mathrm{e}^{\frac{\mathrm{i}}{\hbar}(\boldsymbol{p}\cdot\boldsymbol{r}-Et)}\mathrm{d}p_x\mathrm{d}p_y\mathrm{d}p_z \tag{1-57}$$

由于标识不同平面波的 $\boldsymbol{p}$ 是连续变化的(分量为 $p_x$, $p_y$, $p_z$),叠加表现为积分形式。前面系数是波函数归一化而引进的。

**2. $C(p)$ 的物理意义**

衍射后的电子,其动量 $\boldsymbol{p}$ 可取各种不同值,而取某一特定值的概率应与相应平面波的强度成正比,即与 $|C(\boldsymbol{p})|^2$ 成正比。平面波的叠加适用于一般电子的运动。原则上,描述任何运动状态的波函数 $\Psi(\boldsymbol{r}, t)$ 都可以表示为平面波的叠加:

$$\Psi(\boldsymbol{r}, t)=\frac{1}{(2\hbar\pi)^{3/2}}\iiint C(\boldsymbol{p}, t)\mathrm{e}^{\frac{\mathrm{i}}{\hbar}(\boldsymbol{p}\cdot\boldsymbol{r}-Et)}\mathrm{d}p_x\mathrm{d}p_y\mathrm{d}p_z \tag{1-58}$$

式中,系数 $C(\boldsymbol{p}, t)$ 是由波函数决定的,对于不同的波函数,该系数不同。根据傅里叶积分,有

$$C(\boldsymbol{p}, t)=\frac{1}{(2\hbar\pi)^{3/2}}\iiint \Psi(\boldsymbol{r}, t)\mathrm{e}^{-\frac{\mathrm{i}}{\hbar}(\boldsymbol{p}\cdot\boldsymbol{r}-Et)}\mathrm{d}x\mathrm{d}y\mathrm{d}z \tag{1-59}$$

$|C(\boldsymbol{p}, t)|^2$ 是指 $\Psi(\boldsymbol{r}, t)$ 态的电子在 $t$ 时刻、动量为 $\boldsymbol{p}$ 时的概率密度。这说明计算动量概率时,可以把 $C(\boldsymbol{p}, t)$ 看作波函数。

**例 1-8** 假设粒子在一维空间运动,它的状态可用波函数表示为

$$\psi(x, t)=\begin{cases}0, & x<0,\ x>a \\ A\mathrm{e}^{-\frac{\mathrm{i}}{\hbar}Et}\sin\dfrac{\pi}{a}x, & 0\leqslant x\leqslant a\end{cases}$$

求:① 归一化波函数;② 概率密度及其最大位置。

**解** ① 由归一化条件得

$$\int_{-\infty}^{+\infty}|\psi(x, t)|^2\mathrm{d}x=1$$

代入波函数为

$$\int_{-\infty}^{0}|\psi(x, t)|^2\mathrm{d}x+\int_{0}^{a}|\psi(x, t)|^2\mathrm{d}x+\int_{a}^{\infty}|\psi(x, t)|^2\mathrm{d}x=1$$

$$A^2\int_0^a\left(\mathrm{e}^{-\frac{\mathrm{i}}{\hbar}Et}\sin\frac{\pi}{a}x\right)\left(\mathrm{e}^{\frac{\mathrm{i}}{\hbar}Et}\sin\frac{\pi}{a}x\right)\mathrm{d}x=1$$

所以

$$A^2\int_0^a\sin^2\frac{\pi}{a}x\,\mathrm{d}x=1$$

$$A=\sqrt{\frac{2}{a}}$$

归一化波函数为

$$\psi(x, t)=\begin{cases}0, & x<0,\ x>a \\ \sqrt{\frac{2}{a}}\mathrm{e}^{-\frac{\mathrm{i}}{\hbar}Et}\sin\frac{\pi}{a}x, & 0\leqslant x\leqslant a\end{cases}$$

② 概率密度：

$$\rho(x)=|\psi(x, t)|^2=\begin{cases}0, & x<0,\ x>a \\ \frac{2}{a}\sin^2\frac{\pi}{a}x, & 0\leqslant x\leqslant a\end{cases}$$

由式②可知，在区间 $[0, a]$ 之外找到粒子的概率为零；在区间 $[0, a]$ 内概率最大的位置可由

$$\frac{\mathrm{d}\rho}{\mathrm{d}x}=\frac{\mathrm{d}|\psi(x, t)|^2}{\mathrm{d}x}=0$$

求解得到，在 $x=\frac{a}{2}$ 处概率最大。

### 1.4.4 定态薛定谔方程

一般情况下，势函数是时间和位置的函数，若微观粒子处在稳定的势场中，则势能函数与时间无关，这类问题称为定态问题。

当势能 $V(\boldsymbol{r})$ 与时间无关而只是位置的函数时，可用分离变量法求解薛定谔方程。令

$$\Psi(\boldsymbol{r}, t)=\psi(\boldsymbol{r})f(t) \tag{1-60}$$

将式(1-60)代入薛定谔方程[式(1-43)]，并适当整理，可得

$$\left[-\frac{\hbar^2}{2m}\nabla^2\psi(\boldsymbol{r})+V(\boldsymbol{r})\psi(\boldsymbol{r})\right]\frac{1}{\psi(\boldsymbol{r})}=\mathrm{i}\hbar\frac{\partial f(t)}{\partial t}\frac{1}{f(t)} \tag{1-61}$$

因为式(1-61)的左边只是位置的函数，而右边只是时间 $t$ 的函数，所以只有两边都等于同一个常数时，等式才成立。这是采用分离变量方法的原因。以 $E$ 表示这个常数，则一个偏微分方程化为两个方程：

$$\mathrm{i}\hbar\frac{\mathrm{d}f(t)}{\mathrm{d}t}=Ef(t) \tag{1-62}$$

$$\left[-\frac{\hbar^2}{2m}\nabla^2\psi(\boldsymbol{r})+V(\boldsymbol{r})\psi(\boldsymbol{r})\right]=E\psi(\boldsymbol{r}) \tag{1-63}$$

对式(1-62)积分,可得

$$f(t) \sim e^{-\frac{i}{\hbar}Et} \tag{1-64}$$

由于指数只能是无量纲的纯数,可见 $E$ 必定具有能量的量纲。式(1-63)就是定态薛定谔方程,又可以表示为

$$\hat{H}\psi(\boldsymbol{r}) = E\psi(\boldsymbol{r}) \tag{1-65}$$

由于波函数 $\boldsymbol{\Psi}$ 含有 $t$ 的因子是 $e^{-\frac{i}{\hbar}Et}$,所以相应概率密度

$$|\boldsymbol{\Psi}|^2 = \boldsymbol{\Psi}^* \boldsymbol{\Psi} = |\psi(\boldsymbol{r})|^2 \tag{1-66}$$

不随时间变化。满足这个性质的态称为定态。

从数学角度分析,式(1-65)是算符 $\hat{H}$ 的本征值方程,根据一定的边界条件求解得到描述粒子运动的波函数。为了使波函数 $\psi$ 合理,总能量 $E$ 只能取特定值才有解,这些值称为能量本征值,对应的波函数是本征函数。本征值可能有多个,甚至无穷多。这些本征值可能是分立的,也可能是连续的。所有本征值的总体称为本征值谱。

分立的本征值谱记为 $\{E_n\}$, $n=1, 2, 3, \cdots$,对应一个 $E_n$,有一个或多个本征函数,本征函数全体称为本征函数系。考虑一个本征值对应一个本征函数的情况,记为 $\{\phi_n\}$, $n=1, 2, 3, \cdots$。含时薛定谔方程的解可以表示为

$$\boldsymbol{\Psi}(\boldsymbol{r}, t) = \sum_n C_n \phi_n(\boldsymbol{r}) e^{-\frac{i}{\hbar}E_n t} \tag{1-67}$$

以一维无限深势阱为例说明粒子的定态波函数和能量本征值,其势能函数可简化为

$$V = \begin{cases} 0, & 0 \leqslant x \leqslant L \\ +\infty, & x < 0, x > L \end{cases} \tag{1-68}$$

其哈密顿量为

$$\hat{H} = \begin{cases} -\dfrac{\hbar^2 d^2}{2m dx^2}, & 0 \leqslant x \leqslant L \\ -\dfrac{\hbar^2 d^2}{2m dx^2} + \infty, & x < 0, x > L \end{cases} \tag{1-69}$$

在势阱内,定态薛定谔方程为

$$-\frac{\hbar^2 d^2}{2m dx^2}\psi_i(x) = E\psi_i(x) \tag{1-70}$$

令

$$k^2=\frac{2mE}{\hbar^2} \tag{1-71}$$

得

$$\frac{d^2\psi_i}{dx^2}+k^2\psi_i=0$$

该方程的一般解写为

$$\psi_i(x)=C\sin(kx+\delta) \tag{1-72}$$

式中,待定常数 $C$ 和 $\delta$ 由波函数的自然条件确定。在势阱外,定态薛定谔方程为

$$\left(-\frac{\hbar^2 d^2}{2m dx^2}+\infty\right)\psi_e(x)=E\psi_e(x) \tag{1-73}$$

按照波函数的自然条件,对任意 $x$,方程的右边应是有限的,左边也应有限,这要求乘积 $\infty\psi_e(x)$ 有限,所以波函数在阱外只能是零,即

$$\psi_e(x)\equiv 0 \tag{1-74}$$

根据波函数的连续性条件,阱内波函数在阱壁上应为零,即

$$\psi_i(0)=\psi_e(0)=0 \tag{1-75}$$

$$\psi_i(L)=\psi_e(L)=0 \tag{1-76}$$

由式(1-75)可得

$$C\sin\delta=0$$

由于 $C$ 不为零,得

$$\delta=0$$

由式(1-76)可得

$$C\sin kL=0$$

由上式有

$$kL=n\pi$$

或

$$k=\frac{n\pi}{L} \tag{1-77}$$

式中，$n$ 为正整数。波函数的系数 $C$ 由归一化条件确定：

$$\int_{-\infty}^{+\infty}\rho(x)\mathrm{d}x=1$$

即

$$\int_{-\infty}^{+\infty}|\psi(x)|^2\mathrm{d}x=\int_0^L C^2\sin^2\frac{n\pi x}{L}\mathrm{d}x=1$$

由此式可得

$$C=\sqrt{\frac{2}{L}} \tag{1-78}$$

最后，将式(1-72)、式(1-74)、式(1-77)和式(1-78)合并起来，可得

$$\psi_n(x)=\begin{cases}\sqrt{\dfrac{2}{L}}\sin\dfrac{n\pi}{L}x, & 0\leqslant x\leqslant L\\ 0, & x<0,\ x>L\end{cases} \tag{1-79}$$

在式(1-79)中加了下标 $n$，$n$ 对应不同的态。粒子在势阱中的概率分布为

$$\rho_n(x)=\psi_n^2(x)=\begin{cases}\dfrac{2}{L}\sin^2\dfrac{n\pi}{L}x, & 0\leqslant x\leqslant L\\ 0, & x<0,\ x>L\end{cases} \tag{1-80}$$

由式(1-71)和式(1-77)可得粒子的能量本征值为

$$E_n=\frac{k^2\hbar^2}{2m}=n^2E_1 \tag{1-81}$$

式中，$E_1=\dfrac{\pi^2\hbar^2}{2mL^2}$。式(1-79)是该问题的本征函数系，而式(1-81)对应于分立的本征值谱，分立能量本征值对应着能量量子化。这个量子化结果是由波函数所满足的边界条件[式(1-75)和式(1-76)]导致的。注意 $n=0$ 时给出的波函数为零，无物理意义。

图 1-15 所示是 $n=1, 2, 3, 4$ 时的定态波函数及其模平方在势阱中的分布。这些波函数如同弦的振动模式，在阱壁处一定是波节，而边界条件要求阱的宽度满足半波长的整数倍，这对应着波数 $k$ 满足式(1-77)。阱中粒子的能量不同于弦的能量，对于弦的每一振动模式，振幅增大而能量增大，而阱中粒子能量随着波函数振荡频率的增大而增大，与波函数归一化给出的系数 $C$ 无关。

我们由上面的结果做一些讨论：

(1) 式(1-81)说明，势阱中粒子能量取分立值，能量是量子化的，不同能量对

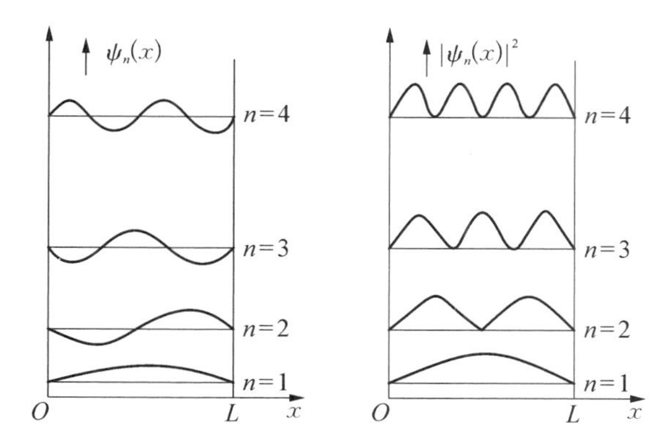


**图1-15 定态波函数和粒子的概率密度分布**

应不同的能级，能量间隔为

$$\Delta E_n = E_{n+1} - E_n = (2n+1)E_1 = (2n+1)\frac{\pi^2\hbar^2}{2mL^2}$$

（2）一方面，能级间隔与粒子质量有关。微观粒子的质量越小，粒子的能级间隔越大，量子效应越明显；当粒子质量变大，粒子的能级间隔越小；对于宏观粒子，能级间隔趋于零，粒子的能量可以连续取值，量子效应消失。另一方面，能级间隔与势阱宽度有关。势阱宽度越小，能级间隔越大，量子效应明显；当势阱宽度变大，能级间隔减小；如果 $L \to \infty$，能级间隔趋于零，粒子的能量可以连续取值，即自由粒子的能量可以取任意值。

束缚在势阱中的粒子，能量的最小值不能任意取值，有一个下限，称为最低能量或零点能。对无限深势阱中的粒子，零点能为 $n=1$ 时对应的能量为

$$E_1 = \frac{\pi^2\hbar^2}{2mL^2}$$

可见零点能不为零，这是粒子波动性的必然结果，这就是量子效应。

（3）对于任意 $E$ 值，定态薛定谔方程都有解，但不是一切 $E$ 所得的波函数 $\psi(\boldsymbol{r})$ 都会满足物理上的要求。在这些要求中，有的是根据波函数的统计解释提出的条件，有的是根据具体情况而提出的条件。比如，对于无限深势阱的情况下，存在束缚态边界条件，波函数满足这个条件，只有某些 $E$ 值才是可以接受的，这些 $E$ 值称为体系能量本征值，对应的波函数称为能量本征函数，定态薛定谔方程就是势场 $V(\boldsymbol{r})$ 中粒子的能量本征值方程。

可以证明，若在初始时刻，系统处于某一个能量本征态，其能量本征值为 $E_n$，即 $\Psi(\boldsymbol{r},0)=\psi_n(\boldsymbol{r})$，则

$$\Psi(\boldsymbol{r},t) = \psi_n(\boldsymbol{r})\mathrm{e}^{-\mathrm{i}\frac{E_n}{\hbar}t}$$

形式如上式的波函数所描述的态称为定态。定态下粒子在空间的概率密度和概率流密度不随时间改变。如果系统初始状态不是能量本征态,而是若干能量本征态的叠加,即

$$\Psi(\boldsymbol{r},\ 0)=\sum_{n} C_{n}\psi_{n}(\boldsymbol{r})$$

不难证明

$$\Psi(\boldsymbol{r},\ t)=\sum_{n} C_{n}\psi_{n}(\boldsymbol{r})\mathrm{e}^{-\mathrm{i}\frac{E_{n}}{\hbar}t}$$

这种状态是非定态,它是含时薛定谔方程的解。

**例 1-9** 证明式(1-79)波函数满足正交和归一化。

**证明** 由波函数归一化条件求得系数 $C=\sqrt{\frac{2}{L}}$,得到该组波函数已满足归一化,即

$$\int_{-\infty}^{\infty}\psi_{n}^{*}\psi_{n}\mathrm{d}x=\frac{2}{L}\int_{0}^{L}\sin\frac{n\pi x}{L}\sin\frac{n\pi x}{L}\mathrm{d}x=1$$

这组波函数还满足正交性条件。当 $m\neq n$ 时,

$$\begin{aligned}\int_{-\infty}^{\infty}\psi_{m}^{*}\psi_{n}\mathrm{d}x&=\frac{2}{L}\int_{0}^{L}\sin\frac{m\pi x}{L}\sin\frac{n\pi x}{L}\mathrm{d}x\\&=\frac{1}{L}\int_{0}^{L}\left[\cos\frac{(m-n)\pi x}{L}-\cos\frac{(m+n)\pi x}{L}\right]\mathrm{d}x\\&=\frac{\sin[(m-n)\pi]}{(m-n)\pi}-\frac{\sin[(m+n)\pi]}{(m+n)\pi}\\&=0\end{aligned}$$

引入克罗内克符号(通常用字母 $\delta_{mn}$ 表示,当 $m=n$, $\delta_{mn}$ 定义为 1,而当 $m\neq n$,它为零),可以将波函数的正交归一化性质表达为

$$\int_{-\infty}^{\infty}\psi_{m}^{*}\psi_{n}\mathrm{d}x=\delta_{mn}=\begin{cases}1, & m=n\\0, & m\neq n\end{cases}$$

这是哈密顿算符的本征函数满足的基本性质。本征函数 $\psi_n$ 形成了完整的系列,类比一个矢量(如力,速度,加速度等)可以通过正交矢量 $\boldsymbol{i}, \boldsymbol{j}, \boldsymbol{k}$ 的线性叠加来表达,任意的波函数 $\Psi$ 可以表达为 $\psi_n$ 的线性叠加

$$\Psi(x)=\sum_{n=1}^{\infty} C_{n}\psi_{n}(x)$$

对于禁锢在无限深势阱的粒子,波函数可以表示为

$$\Psi(x)=\sum_{n=1}^{\infty}C_n\sqrt{\frac{2}{L}}\sin\frac{n\pi x}{L}\quad 0<x<L$$

这是一个傅里叶级数。

**例 1－10**　(能量平均值或期望值)由式(1－79)波函数叠加得到的归一化的波函数

$$\Psi(x,t)=\sum_{n=1}^{\infty}A_n\mathrm{e}^{-\frac{\mathrm{i}}{\hbar}E_nt}\psi_n(x)$$

式中，$A_n$ 是系数；$E_n=\dfrac{n^2\pi^2\hbar^2}{2mL^2}$ 。验证系数 $A_n$ 满足 $\sum\limits_{n=1}^{\infty}|A_n|^2=1$，并求此态的能量平均值 $\langle E\rangle$。

**解**　已知 $\psi_n(x)$ 构成完全正交归一化的函数系，且 $\Psi(x,t)$ 波函数满足归一化，得

$$\begin{aligned}
1&=\int_{-\infty}^{\infty}|\Psi(x,t)|^2\mathrm{d}x\\
&=\int_{-\infty}^{\infty}\Psi^*(x,t)\Psi(x,t)\mathrm{d}x\\
&=\int_0^L\sum_{m=1}^{\infty}A_m^*\mathrm{e}^{\frac{\mathrm{i}}{\hbar}E_mt}\sqrt{\frac{2}{L}}\sin\frac{m\pi x}{L}\sum_{n=1}^{\infty}A_n\mathrm{e}^{-\frac{\mathrm{i}}{\hbar}E_nt}\sqrt{\frac{2}{L}}\sin\frac{n\pi x}{L}\mathrm{d}x\\
&=\sum_{m=1}^{\infty}A_m^*\mathrm{e}^{\frac{\mathrm{i}}{\hbar}E_mt}\sum_{n=1}^{\infty}A_n\mathrm{e}^{-\frac{\mathrm{i}}{\hbar}E_nt}\ \frac{2}{L}\int_0^L\sin\frac{m\pi x}{L}\sin\frac{n\pi x}{L}\mathrm{d}x\\
&=\sum_{m=1}^{\infty}A_m^*\mathrm{e}^{\frac{\mathrm{i}}{\hbar}E_mt}\sum_{n=1}^{\infty}A_n\mathrm{e}^{-\frac{\mathrm{i}}{\hbar}E_nt}\delta_{mn}\\
&=\sum_{n=1}^{\infty}A_n^*A_n\\
&=\sum_{m=1}^{\infty}|A_n|^2
\end{aligned}$$

这里第四行中应用了本征函数的正交归一化性质，最后得

$$\sum_{n=1}^{\infty}|A_n|^2=1 \qquad ①$$

能量算符的平均值 $\langle E\rangle$ 就是哈密顿算符的平均值，所以

$$\begin{aligned}
\langle E\rangle&=\int_0^L\Psi(x,t)^*\hat{H}\Psi(x,t)\mathrm{d}x\\
&=\int_0^L\sum_{m=1}^{\infty}A_m^*\mathrm{e}^{\frac{\mathrm{i}}{\hbar}E_mt}\psi_m^*(x)\hat{H}\sum_{n=1}^{\infty}A_n\mathrm{e}^{-\frac{\mathrm{i}}{\hbar}E_nt}\psi_n(x)\mathrm{d}x
\end{aligned}$$

$$= \sum_{m,\, n=1}^{\infty} A_m^* A_n \mathrm{e}^{\frac{\mathrm{i}}{\hbar}(E_m - E_n)t} \int_0^L \psi_m^*(x) \hat{H} \psi_n(x) \mathrm{d}x$$

$$= \sum_{m,\, n=1}^{\infty} A_m^* A_n \mathrm{e}^{\frac{\mathrm{i}}{\hbar}(E_m - E_n)t} E_n \delta_{m,\, n}$$

$$= \sum_{n=1}^{\infty} A_n^* A_n E_n$$

$$= \sum_{n=1}^{\infty} | A_n |^2 E_n$$

在此态中,粒子能量不是精确地确定的,而是以某一概率取任一 $E_n$ 数值,这个概率由第 $n$ 态的叠加中所出现的强度决定。如果测量处于这个态函数 $\Psi$ 中粒子的能量,那测量得出 $E_n$ 值概率等于

$$P_n = | A_n |^2$$

这样式①保证了

$$\sum_{n=1}^{\infty} P_n = 1$$

因为每次测量粒子能量时只能测到粒子可能的能量(哈密顿算符的本征值) $E_1$, $E_2$, $E_3$, …中某一个,所以我们得到粒子处于这个态 $\Psi$ 的能量期望值

$$\langle E \rangle = \sum_{n=1}^{\infty} | A_n |^2 E_n \tag{②}$$

如果粒子的波函数 $\Psi$ 是哈密顿算符的本征函数 $\psi_n$,则 $\langle E \rangle = E_n$。这时平均值和本征值一致。由于 $\Psi$ 是本征态,其能量测量值总是 $E_n$。总结,定态波函数是时空变量可以分立的波函数 $\Psi(x,\, t) = \psi(x) \mathrm{e}^{-\frac{\mathrm{i}}{\hbar}E_n t}$,其中 $\psi(x)$ 是哈密顿算符的本征函数,而 $E_n$ 为相应的本征值。不含时间的 $t$ 的任何力学量,对于定态的期望值是不随时间变化,各种可能观察值出现的概率分布也不随时间变化。含时薛定谔方程的一般解是定态波函数的线性叠加。

**例 1-11** (量子态演化)粒子处于 $0 \leqslant x \leqslant L$ 的无限深势阱中。当 $t = 0$ 时,归一化波函数为 $\Psi(x,\, 0) = \sqrt{\dfrac{8}{5L}} \left(1 + \cos \dfrac{\pi x}{L}\right) \sin \dfrac{\pi x}{L}$。求:

(1) 演化到某一时刻 $t$ 的波函数;

(2) 在 $t = 0$ 和 $t = t_0$ 时体系的能量;

(3) 在 $t_0$ 时粒子处于 $0 \leqslant x \leqslant L/2$ 内的概率。

**解** (1) 已知 $t = 0$ 的 $\Psi(x,\, 0)$,有

$$\Psi(x,\, t = 0) = \sum_{n=1}^{\infty} A_n \psi_n(x)$$

等式的左右两边乘以 $\psi_m^*(x)$，并对整个空间求积分，得

$$\int_0^L \psi_m^*(x)\Psi(x,0)\mathrm{d}x=\sum_{n=1}^{\infty}A_n\int_0^L \psi_m^*(x)\psi_n(x)\mathrm{d}x$$

根据 $\psi_n(x)$ 的正交归一性质，右边变为 $A_m$，所以

$$\begin{aligned}A_m&=\int_0^L \psi_m^*(x)\Psi(x,0)\mathrm{d}x\\&=\sqrt{\frac{16}{5L^2}}\int_0^L \sin\frac{m\pi x}{L}\left(\frac{1}{2}\sin\frac{2\pi x}{L}+\sin\frac{\pi x}{L}\right)\mathrm{d}x\\&=\sqrt{\frac{1}{5}}\delta_{m,2}+\sqrt{\frac{4}{5}}\delta_{m,1}\end{aligned}$$

$$\Psi(x,t=0)=\sqrt{\frac{4}{5}}\psi_1(x)+\sqrt{\frac{1}{5}}\psi_2(x)$$

对于给定粒子的波函数，体系处于第 1 定态概率振幅 $A_1=\sqrt{\frac{4}{5}}$，第 2 定态的概率振幅 $A_2=\sqrt{\frac{1}{5}}$，其他定态概率振幅 $A_i$ 均为零($i=3, 4, \cdots$)。所以，某一时刻 $t$ 的波函数为

$$\Psi(x,t)=\sqrt{\frac{4}{5}}\mathrm{e}^{-\frac{\mathrm{i}}{\hbar}E_1 t}\psi_1(x)+\sqrt{\frac{1}{5}}\mathrm{e}^{-\frac{\mathrm{i}}{\hbar}E_2 t}\psi_2(x)$$

其中 $E_n=\frac{n^2\pi^2\hbar^2}{2mL^2}$。

(2) 已知能量本征值 $E_n=\frac{n^2\pi^2\hbar^2}{2mL^2}$，在 $t=0$ 和 $t=t_0$ 时测量体系的能量得到 $E_1$ 概率都是$\frac{4}{5}$，得到 $E_2$ 概率是$\frac{1}{5}$。所以

$$\langle E\rangle=\sum_{n=1}^{\infty}|A_n|^2E_n=\frac{4}{5}E_1+\frac{1}{5}E_2=\frac{4\pi^2\hbar^2}{5mL^2}$$

(3) 在 $t=t_0$ 时粒子处于 $0\leqslant x\leqslant L/2$ 的概率为

$$\int_0^{\frac{L}{2}}|\Psi(x,t_0)|^2\mathrm{d}x=\frac{1}{2}+\frac{16}{15\pi}\cos\frac{3\pi^2\hbar t_0}{2mL^2}$$

## 1.5　物理量与算符

由于微观客体的运动具有统计规律性(表现为概率波)，测量一个与微观运动

相关的物理量时,一般就不像在经典的宏观物理中那样具有确定值。例如,一个电子的位置在经典物理中是完全可以确定的,无论是理论计算还是实验方法,均可以测定它。但是电子具有波粒二象性,位置一般不确定,按照统计规律分布于空间,因而只能表达为电子的平均位置。设电子处于 $\Psi(\boldsymbol{r}, t)$,$\boldsymbol{r}$:$(x, y, z)$ 表示其位置,则在 $t$ 时刻,电子的位置在 $x \to x+\mathrm{d}x$,$y \to y+\mathrm{d}y$,$z \to z+\mathrm{d}z$ 之间的概率正比于 $|\Psi(\boldsymbol{r}, t)|^2 \mathrm{d}x\mathrm{d}y\mathrm{d}z$,因此电子的平均位置用 $\langle \boldsymbol{r} \rangle$ 表示为

$$\langle \boldsymbol{r} \rangle = \frac{\iiint \boldsymbol{r} \, |\Psi(\boldsymbol{r}, t)|^2 \mathrm{d}x\mathrm{d}y\mathrm{d}z}{\iiint |\Psi(\boldsymbol{r}, t)|^2 \mathrm{d}x\mathrm{d}y\mathrm{d}z} \tag{1-82}$$

如果 $\Psi(\boldsymbol{r}, t)$ 是归一化的,则 $\iiint |\Psi(\boldsymbol{r}, t)|^2 \mathrm{d}x\mathrm{d}y\mathrm{d}z = 1$,于是

$$\langle \boldsymbol{r} \rangle = \iiint \boldsymbol{r} \, |\Psi(\boldsymbol{r}, t)|^2 \mathrm{d}x\mathrm{d}y\mathrm{d}z \tag{1-83}$$

同理,对于任意只与电子位置有关的物理量 $f(\boldsymbol{r})$,如氢原子电子势能,其平均值

$$\langle f(\boldsymbol{r}) \rangle = \iiint f(\boldsymbol{r}) \, |\Psi(\boldsymbol{r}, t)|^2 \mathrm{d}x\mathrm{d}y\mathrm{d}z \tag{1-84}$$

在量子力学的发展过程中,人们发现,各个力学量在量子力学中都表现为作用于波函数的某种算符,如动量算符、角动量算符、能量算符、自旋算符等。因此,作为量子力学基本假设之一而提出:每一个力学量(不限于经典的力学量,如自旋)都与一个算符相对应。算符对波函数的作用就是把一个波函数(态)变换为另一个波函数(态)。

### 1.5.1 算符的一般性质

由前面的内容知道,$\boldsymbol{p} \to -\mathrm{i}\hbar\nabla$,即力学量相当于算符。设有某种运算 $\hat{F}$,把某一函数 $\Psi$ 变成另一函数 $\phi$:

$$\hat{F}\Psi = \phi \tag{1-85}$$

式中,$\hat{F}$ 称为算符。例如 $\frac{\partial}{\partial x}$ 等。

1) 线性算符

设任意两个函数 $\phi_1$、$\phi_2$,$\hat{F}$ 满足

$$\hat{F}(c_1\phi_1 + c_2\phi_2) = c_1\hat{F}\phi_1 + c_2\hat{F}\phi_2 \tag{1-86}$$

式中,$c_1$、$c_2$ 为任意常数;$\hat{F}$ 称为线性算符。显然,$\frac{\partial}{\partial x}$ 和 $x$ 为线性算符,而 $\sqrt{\quad}$

就不是。量子力学中只讨论线性算符。

2) 算符相等

对任意 $\phi_1$，若

$$\hat{F}\phi_1=\hat{G}\phi_1 \tag{1-87}$$

则称两个算符相等,即 $\hat{F}=\hat{G}$。

3) 算符加法

对任意 $\phi$，若

$$(\hat{F}+\hat{G})\phi=\hat{F}\phi+\hat{G}\phi=(\hat{G}+\hat{F})\phi \tag{1-88}$$

则称 $\hat{F}+\hat{G}$ 为算符 $\hat{F}$ 和 $\hat{G}$ 之和,且满足 $\hat{F}+\hat{G}=\hat{G}+\hat{F}$。

4) 算符的乘法

两个算符相乘，$(\hat{F}\hat{G})\phi=\hat{F}(\hat{G}\phi)$，满足下列规律：

$$(\hat{F}+\hat{G})\hat{R}=\hat{F}\hat{R}+\hat{G}\hat{R}\text{(分配律)} \tag{1-89}$$

$$\hat{F}\hat{G}\hat{R}=(\hat{F}\hat{G})\hat{R}=\hat{F}(\hat{G}\hat{R})\text{(结合律)} \tag{1-90}$$

但算符乘法交换律一般不成立,即

$$\hat{F}\hat{G}\neq\hat{G}\hat{F} \tag{1-91}$$

$$\hat{F}\hat{G}-\hat{G}\hat{F}\equiv[\hat{F},\hat{G}]\neq 0 \tag{1-92}$$

式中,[ , ] 称为对易括号,例如 $\hat{F}=x$，$\hat{G}=\hat{p}_x=-\mathrm{i}\hbar\dfrac{\partial}{\partial x}$，有 $[x,\hat{p}_x]=\mathrm{i}\hbar$。经典物理中的位置和动量等力学量都是数值变量，$xp_x$ 与 $p_xx$ 并无不同,而在量子力学中,力学量之间的运算是算符的运算，$x\hat{p}_x$ 和 $\hat{p}_xx$ 作用于波函数会得到不一样的结果,即 $x\hat{p}_x\neq\hat{p}_xx$，也就是说，$x$ 和 $\hat{p}_x$ 不对易。若 $\hat{F}\hat{G}-\hat{G}\hat{F}\equiv[\hat{F},\hat{G}]=0$，则说明 $\hat{F}$、$\hat{G}$ 是彼此对易的。例如 $xy-yx\equiv[x,y]=0$。所以算符的代数运算与一般数字运算不同,即乘法交换律不成立。不难验证

$$[\hat{F},\hat{G}]=-[\hat{G},\hat{F}] \tag{1-93}$$

$$[\hat{F},\hat{G}+\hat{R}]=[\hat{F},\hat{G}]+[\hat{F},\hat{R}] \tag{1-94}$$

$$[\hat{F},\hat{G}\hat{R}]=[\hat{F},\hat{G}]\hat{R}+\hat{G}[\hat{F},\hat{R}] \tag{1-95}$$

$$[\hat{F},[\hat{G},\hat{R}]]+[\hat{G},[\hat{R},\hat{F}]]+[\hat{R},[\hat{F},\hat{G}]]=0 \tag{1-96}$$

5) 厄米算符

与力学量对应的算符是线性厄米算符,在任何状态下,算符所代表的力学量平均值都是实数,即

$$\langle \hat{A} \rangle = \iiint \psi^* \hat{A}\psi \mathrm{d}x\,\mathrm{d}y\,\mathrm{d}z = \text{实数} \tag{1-97}$$

取式(1-97)的复数共轭

$$\iiint \psi^* \hat{A}\psi \mathrm{d}x\,\mathrm{d}y\,\mathrm{d}z = \iiint (\hat{A}\psi)^* \psi \mathrm{d}x\,\mathrm{d}y\,\mathrm{d}z \tag{1-98}$$

这也是力学量的平均值。

若线性算符 $\hat{F}$ 满足

$$\iiint \psi^* \hat{F}\varphi \mathrm{d}x\,\mathrm{d}y\,\mathrm{d}z = \iiint (\hat{F}\psi)^* \varphi \mathrm{d}x\,\mathrm{d}y\,\mathrm{d}z \tag{1-99}$$

则 $\hat{F}$ 称为自厄(厄米)算符,其中 $\psi$、$\varphi$ 是任意两个波函数(模平方可积函数)。例如 $x$、$\hat{p}_x$ 为厄米算符。力学量算符必须是线性厄米算符。

### 1.5.2 算符的本征值与本征函数

一个力学量的平均值是同一条件下多次测量的结果。“在同一条件下多次测量”意味着对同样制备的许多物理体系进行测量,而不是对一种体系反复测量,因为对微观体系测量后一般是要改变其状态的。以光通过电气石偏振态为例说明(见图1-16)。实验表明,自然光相继通过透振方向互相平行的电气石,通过第一片晶体后,光成为线偏振光,然后通过第二片晶体后,光强基本不变。如果两片晶体透振方向互相垂直,自然光通过第一片晶体后,成为线偏振光,光强减弱,但第二片后面没有通过的光。这说明通过第一片晶体后的偏振光完全被第二片晶体所吸收。当两个晶体透振方向之间的夹角为 $\theta$ 时,$x$ 轴沿 $P_2$ 的透振方向,通过 $P_1$ 后的线偏振光分解为 $x$ 和 $y$ 两个分量。$y$ 分量被 $P_2$ 吸收,$x$ 分量通过,则通过第二片晶体 $P_2$ 后,光强与通过第一片后的光强之比为 $\cos^2\theta$,第二片中的光强吸收部分与通过第一片后的光强之比为 $\sin^2\theta$。如何用光子解释这个现象?透过第一片晶体的光子,要么全部通过第二片,要么被第二片吸收,不会有一部分通过、一部分吸收的情况。用量子力学表述,当一个偏振方向与透振方向成 $\theta$ 角的光子射入晶体后,它有可能通过,概率为 $\cos^2\theta$;也有可能被吸收,概率为 $\sin^2\theta$。这样的结果是统计规律,需要通过大量光子在同样的条件下射入晶体才能得到,而对每一个通过的光子,其偏振方向必然变成平行于透振方向。

保罗·狄拉克简介

量子力学函数空间和狄拉克符号

下面用狄拉克符号来表示波函数。这里引入 $|x\rangle$ 表示波函数是狄拉克发明的,$|x\rangle$ 称为右矢,而 $\langle x|$ 称为左矢,符号 $\langle x|y\rangle$ 表示 $\langle x|$ 与 $|y\rangle$ 的内积。内积满足 $\langle x|y\rangle = \langle y|x\rangle^*$,$\langle x|x\rangle = \langle x|x\rangle^* =$ 实数。

波函数 $|x\rangle$ 表示光子偏振方向平行于透振方向的态,波函数 $|y\rangle$ 表示光子偏振方向垂直于透振方向的态,则进入第二片晶体前,波函数 $|\psi\rangle$ 应由 $|x\rangle$ 和 $|y\rangle$

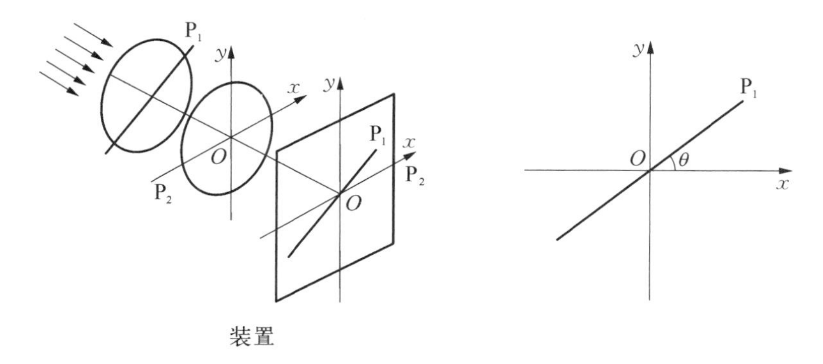


**图1-16 偏振态的分解**

组合来表示

$$|\psi\rangle = C_1 |x\rangle + C_2 |y\rangle \tag{1-100}$$

式中，系数 $C_1$ 和 $C_2$ 满足

$$\frac{|C_1|^2}{|C_2|^2} = \frac{\cos^2\theta}{\sin^2\theta} \tag{1-101}$$

这里满足 $\langle x|x\rangle = \langle y|y\rangle = 1$。式(1-100)表明偏振方向与透振方向之间成 $\theta$ 角的光子态是两个态，即 $|x\rangle$ 和 $|y\rangle$，按照一定比例的叠加。进入晶体之前，光子既在 $|x\rangle$ 态，也在 $|y\rangle$ 态。但经过晶体后，光子要么透过晶体处在 $|x\rangle$ 态，要么被吸收。

光子的偏振态 $|x\rangle$ 和 $|y\rangle$ 相当于坐标架上的基矢，$\langle x|\psi\rangle$、$\langle y|\psi\rangle$ 相当于矢量 $|\psi\rangle$ 在坐标轴上的投影，即它们的投影分量，即 $C_1 = \langle x|\psi\rangle$，$C_2 = \langle y|\psi\rangle$，将 $C_1$ 和 $C_2$ 代入式(1-100)可得

$$|\psi\rangle = C_1 |x\rangle + C_2 |y\rangle = \langle x|\psi\rangle |x\rangle + \langle y|\psi\rangle |y\rangle = (|x\rangle\langle x| + |y\rangle\langle y|)|\psi\rangle$$

上式对于任意 $|\psi\rangle$ 都成立，所以 $|x\rangle\langle x| + |y\rangle\langle y| = 1$。$|x\rangle\langle x|$ 作用于 $|\psi\rangle$ 意味着将 $|\psi\rangle$ 投影到 $|x\rangle$，$C_1 = \langle x|\psi\rangle$ 是 $|\psi\rangle$ 在 $|x\rangle$ 的投影值。正如普通矢量空间中通常选取正交坐标轴和单位基矢，在量子态矢空间通常选取的态基 $[|e_i\rangle(i = 1, 2, 3, \cdots)]$ 满足正交归一条件

$$\langle e_i|e_j\rangle = \delta_{ij} \equiv \begin{cases} 1, & i = j \\ 0, & i \neq j \end{cases} \tag{1-102}$$

式中，$\delta_{ij}$ 称为克罗内克符号。任何态矢 $|\psi\rangle$ 的线性叠加可以表示为基矢的线性叠加，即 $|\psi\rangle = \sum_i C_i |e_i\rangle$。

实验表明，测量的结果只有两种：光子通过晶体，偏振方向与透振方向平行；光子被吸收，偏振方向与透振方向垂直。我们把这两种可能的测量值称为光子偏

振的本征值(通常称为$+1$和$-1$),而把相应的波函数$|x\rangle$和$|y\rangle$表示的偏振态称为本征态,两个波函数则称为偏振这个力学量的本征函数。

对于任意偏振态$|\chi\rangle$,有

$$|\chi\rangle=|x\rangle\langle x|\chi\rangle+|y\rangle\langle y|\chi\rangle=\sum_i|e_i\rangle\langle e_i|\chi\rangle \tag{1-103}$$

式中,$\langle e_i|\chi\rangle$是处于$|\chi\rangle$的光子处在$|e_i\rangle$基的概率幅,则$|\langle e_i|\chi\rangle|^2$为该光子处在$|e_i\rangle$基的概率,且有$\sum\limits_i|e_i\rangle\langle e_i|=1$,称为恒等变化算符。

于是,人们从实验事实总结出量子力学的另一基本假设:在任何状态下测一个力学量,单次测量的结果必是这个力学量的某一本征值,而经过测量后,原先的状态转变为与这个特殊本征值相应的本征态。如果在这个本征态下测量同一力学量,测得的当然是同一本征值。力学量的本征态具有一个重要的基本特性,即在本征态下测量这个力学量,测量值是确定的。一般的态总可以表示为本征态的叠加,这也是本征态的一个重要和基本的特性。

若算符$\hat{F}$作用于某个函数$u$有

$$\hat{F}u=\lambda u \tag{1-104}$$

所得结果是一常数$\lambda$与$u$的乘积,则$\lambda$称为算符的本征值,$u$称为算符的本征函数。一般而言,对应于不同的本征值,算符有不同的本征函数。为了强调本征值与本征函数的关系,我们说$u$是算符$F$属于本征值$\lambda$的本征函数。方程(1-104)称为算符$\hat{F}$的本征值方程。本征值方程的解不仅取决于算符的本身性质,还取决于函数所满足的边界条件。

算符$\hat{F}$的本征方程的本征值数目可以是有限的,也可以是无限的。本征值的分布可以是分立的,也可以是连续的。这些都由算符的性质和本征函数满足的边界条件决定。算符本征值的集合称为本征值谱。如果本征值是一些分立值,则称这些本征值组成分立谱;如果本征值是连续分布的,则称这些本征值组成连续谱。

对于一个本征值,若只有一个本征函数,则称为无简并。若同一本征值,对应$f$个线性无关本征函数,则该本征值有简并,简并度为$f$。对应同一本征值的$f$个本征函数的任意线性组合,有

$$\hat{F}(C_1u_1+C_2u_2+\cdots+C_fu_f)=\lambda(C_1u_1+C_2u_2+\cdots+C_fu_f) \tag{1-105}$$

$C_i(i=1,\ 2,\ \cdots,\ f)$是系数。所以仍为$\hat{F}$的本征函数,本征值不变。

如果$\hat{F}$是厄米算符,它的本征值是实数。设$\lambda$和$\psi$表示$\hat{F}$的一个特征值和相应的本征函数,满足本征方程[式(1-104)],以$\psi^*$左乘本征方程,并对全空间积分,得到

$$\int \psi^* \hat{F}\psi \mathrm{d}\tau = \lambda \int \psi^* \psi \mathrm{d}\tau \tag{1-106}$$

而

$$\int (\hat{F}\psi)^* \psi \mathrm{d}\tau = \lambda^* \int \psi^* \psi \mathrm{d}\tau \tag{1-107}$$

由此得到

$$\lambda = \lambda^* \tag{1-108}$$

所以 $\lambda$ 是实数。

量子力学的基本功能之一就是从理论上告诉我们一个力学量的本征值是什么,本征态是什么,以及在任何一个状态下测这个力学量时,各不同本征值出现的概率。下面来讨论求一个力学量的本征值和本征函数的方程。为此,我们讨论在状态 $u$ 下测力学量 $\hat{F}$ 的结果。如果 $u$ 不是本征态,则如上面所说,各次测量的结果不尽相同,多次测量的平均值为

$$\langle \hat{F} \rangle = \int u^* \hat{F} u \mathrm{d}\tau \equiv \langle u \mid \hat{F} \mid u \rangle \tag{1-109}$$

式中,$\langle u \mid \hat{F} \mid u \rangle$ 是狄拉克符号的表示。对于单次测量来说,测得的应该是某一特定的本征值 $F'$,它与平均值之差是 $F' - \langle \hat{F} \rangle$。在多次测量中,差值有正有负,平均为零,因此取其平方 $(F' - \langle \hat{F} \rangle)^2$ 来讨论。

按照算符的函数与其平均值的关系,$(F' - \langle \hat{F} \rangle)^2$ 的平均值应当是算符的平均值,即

$$\overline{(F' - \langle \hat{F} \rangle)^2} = \langle (\hat{F} - \langle \hat{F} \rangle)^2 \rangle = \int u^* (\hat{F} - \langle \hat{F} \rangle)^2 u \mathrm{d}\tau \tag{1-110}$$

如果 $u$ 是本征态,每次测得的数值是同一本征值 $F'$,多次测量的平均值 $\langle \hat{F} \rangle$ 就是 $F'$,因此

$$\int u^* (\hat{F} - \langle \hat{F} \rangle)^2 u \mathrm{d}\tau = 0 \tag{1-111}$$

由于 $\hat{F}$ 是厄米算符,$\hat{F} - \langle \hat{F} \rangle$ 也是厄米算符,上式可以写成

$$\int [(\hat{F} - \langle \hat{F} \rangle) u]^* (\hat{F} - \langle \hat{F} \rangle) u \mathrm{d}\tau = \int \mid (\hat{F} - \langle \hat{F} \rangle) u \mid^2 \mathrm{d}\tau = 0 \tag{1-112}$$

所以

$$(\hat{F} - F') u = 0 \tag{1-113}$$

这就是我们要找的一个力学量的本征值和本征函数满足的本征方程。它表明,算符 $\hat{F}$ 作用于其本征函数,结果等于它的本征值乘以本征函数,而本征态不变。

给定一个力学量的对应算符,求满足方程(1-113)并满足一定物理条件(符合波函数概率诠释的要求)的函数 $u$ 与参数 $F'$ 之值的问题称为本征值问题,这是量子力学的基本问题之一。例如求定态波函数的方程,对应的力学量算符——哈密顿算符(能量算符)

$$\hat{H}=\frac{\hat{p}^2}{2m}+V(\boldsymbol{r}) \tag{1-114}$$

的本征值问题:$\hat{H}u=Eu$,第一项是动能算符,第二项是势能算符。对应不同的势能函数,能量本征态不同(我们将在第 2 章重点讨论)。

(1) 动量算符本征值问题。

对于任意实矢量 $\boldsymbol{p}$,方程

$$\hat{p}\psi=-\mathrm{i}\hbar\nabla\psi=\boldsymbol{p}\psi \tag{1-115}$$

有解

$$\psi=C\mathrm{e}^{\frac{\mathrm{i}}{\hbar}\boldsymbol{p}\cdot\boldsymbol{r}} \tag{1-116}$$

这是单色平面波,代表着有确定的动量。

(2) 位置矢量算符的本征值问题。

对于任意实矢量 $\boldsymbol{r}_0$,方程

$$\boldsymbol{r}\psi(\boldsymbol{r})=\boldsymbol{r}_0\psi(\boldsymbol{r}) \tag{1-117}$$

有解

$$\psi(\boldsymbol{r})=C\delta(\boldsymbol{r}-\boldsymbol{r}_0) \tag{1-118}$$

对于每一个实矢量 $\boldsymbol{p}$ 或 $\boldsymbol{r}_0$,都有一个相应的本征函数。$\delta$ 函数性质见附录。

### 1.5.3 力学量的本征值和本征函数的普遍特性

量子力学的力学量都用线性厄米算符来表示,可以证明动量算符是线性厄米算符。厄米算符的本征函数性质在量子理论中有着重要地位。

(1) 厄米算符本征函数的正交性。两个不同本征值的本征函数总是正交的,证明如下。

当两个函数 $\psi_1$ 和 $\psi_2$ 满足下列关系:

$$\int\psi_1^*\psi_2\mathrm{d}\tau=\langle\psi_1\mid\psi_2\rangle=0 \tag{1-119}$$

式中变量在全部区域进行积分,则称两函数相互正交。$\langle\psi_1\mid\psi_2\rangle$ 称为两个函数的内积。

设 $u_1, u_2, \cdots, u_n, \cdots$ 是厄米算符 $\hat{F}$ 的本征函数,它们所属的本征值 $\lambda_1, \lambda_2, \cdots, \lambda_n, \cdots$ 互不相等,我们要证明

$$\int u_k^* u_l \mathrm{d}\tau = \langle u_k \mid u_l \rangle = 0 \tag{1-120}$$

已知

$$\hat{F}u_k = \lambda_k u_k \tag{1-121}$$

$$\hat{F}u_l = \lambda_l u_l \tag{1-122}$$

当 $k \neq l$ 时,$\lambda_k \neq \lambda_l$。因为 $F$ 是厄米算符,本征值是实数,$\lambda_k = \lambda_k^*$。

式(1-121)的共轭方程是

$$(\hat{F}u_k)^* = \lambda_k u_k^* \tag{1-123}$$

以 $u_l$ 右乘上式两边,并对变数的整个区域积分,得

$$\int (\hat{F}u_k)^* u_l \mathrm{d}\tau = \lambda_k \int u_k^* u_l \mathrm{d}\tau = \lambda_k \langle u_k \mid u_l \rangle \tag{1-124}$$

以 $u_k^*$ 左乘式(1-122)的两边,并对变量的整个区域积分,得

$$\int u_k^* (\hat{F}u_l) \mathrm{d}\tau = \lambda_l \int u_k^* u_l \mathrm{d}\tau = \lambda_l \langle u_k \mid u_l \rangle \tag{1-125}$$

由厄米算符的定义,可得

$$\int u_k^* (\hat{F}u_l) \mathrm{d}\tau = \int (\hat{F}u_k)^* u_l \mathrm{d}\tau \tag{1-126}$$

所以式(1-124)和式(1-125)两式的左边相等,因而两式右边也相等,即

$$(\lambda_k - \lambda_l) \int u_k^* u_l \mathrm{d}\tau = (\lambda_k - \lambda_l) \langle u_k \mid u_l \rangle = 0 \tag{1-127}$$

因为 $k \neq l$,$\lambda_k - \lambda_l \neq 0$,所以

$$\int u_k^* u_l \mathrm{d}\tau = \langle u_k \mid u_l \rangle = 0 \tag{1-128}$$

如果 $\hat{F}$ 的本征值 $\lambda_1, \lambda_2, \cdots, \lambda_n, \cdots$ 组成分立谱,则本征函数 $u_1, u_2, \cdots, u_n, \cdots$ 可以归一化

$$\int u_k^* u_k \mathrm{d}\tau = 1 \qquad k = 1, 2, \cdots, n \tag{1-129}$$

所以有一组正交归一化的本征函数,满足

$$\int u_k^* u_l \mathrm{d}\tau = \langle u_k \mid u_l \rangle = \delta_{kl}, \ \delta_{kl} = \begin{cases} 1, & k = l \\ 0, & k \neq l \end{cases} \tag{1-130}$$

上述讨论是本征值无简并的情况,有简并时,属于同一本征值的本征函数可以不正交,但可以通过线性组合的方法使之正交化。

(2) 厄米算符本征函数的完备性。厄米算符 $\hat{F}$ 所对应的一组本征函数 $u_1$, $u_2$, …, $u_n$ 是完备的。即对任意模平方可积函数 $\psi$, 可表示为

$$|\psi\rangle = \sum_l C_l |u_l\rangle \tag{1-131}$$

式中, $C_l$ 为展开系数。这里假定本征值是分立的,即量子化的,因而叠加表现为求和。

如果全体本征函数都是非简并的,式(1-131)展开系数可以利用本征函数的正交性求出(假定所有本征函数都是归一化的),做内积

$$\langle u_n | \psi\rangle = \sum_l C_l \langle u_n | u_l\rangle = \sum_l C_l \delta_{nl} = C_n \tag{1-132}$$

因此

$$|\psi\rangle = \sum_l \langle u_l | \psi\rangle |u_l\rangle \tag{1-133}$$

这种展开与傅里叶展开类似,因此称为广义傅里叶展开。如果本征值是连续的,则展开系数是积分形式。

关于这种展开系数的物理意义,在讨论平面波叠加时已经提到。现在的展开虽然是普遍的,物理意义仍与之前相似。

设 $u_l$ 是力学量 $\hat{F}$ 的本征态,相应本征值为 $\lambda_l$, 则式(1-131)中展开系数 $C_l = \langle u_l | \psi\rangle$ 的模方

$$|C_l|^2 = |\langle u_l | \psi\rangle|^2 \tag{1-134}$$

正比于在 $\psi$ 下测得力学量 $\hat{F}$ 的值为 $\lambda_l$ 的概率。这一结论从下面可以得到: 假定 $\psi$ 是归一化的,则在 $\psi$ 态中,力学量的平均值

$$\begin{aligned}\langle \hat{F}\rangle &= \langle \psi | \hat{F} | \psi\rangle = \sum_{l,m} C_m^* C_l \langle u_m | \hat{F} | u_l\rangle \\ &= \sum_{l,m} C_m^* C_l \lambda_l \delta_{m,l} = \sum_l |C_l|^2 \lambda_l\end{aligned} \tag{1-135}$$

如果波函数随着时间变化,则展开系数 $C_l$ 也是时间的函数,即

$$|\psi(t)\rangle = \sum_l C_l(t) |u_l\rangle \tag{1-136}$$

这种情况下,测得概率 $|C_l(t)|^2$ 将随着时间变化。我们将在双态系统中具体讨论。

若 $\psi$ 已经归一化,则

$$\begin{aligned}1&=\int\psi^*\psi\mathrm{d}\tau\\&=\sum_{m,l}C_m^*C_l\langle u_m\mid u_l\rangle\\&=\sum_{m,l}C_m^*C_l\delta_{m,l}=\sum_l|C_l|^2\end{aligned}$$

所得结果是归一化条件,就是总的概率等于1。由此可见,测量力学量 $\hat{F}$ 测得的可能值必定是 $\hat{F}$ 的本征值中的一个。系统状态发生改变,从 $\psi$ 变成了某一个本征态 $u_l$,称为波包坍缩。对处于同一状态 $\psi$ 的大量体系(纯系综)进行测量,每次可能给出不同测量值,但测量的平均值(期待值)为 $\sum_l|C_l|^2\lambda_l$。测量有确定值的条件:当体系处于 $\hat{F}$ 某一本征态时,即初态 $\psi=u_l$,测量后依然处在 $u_l$,测量值为 $\lambda_l$,测量前后状态不变。

**例1-12** 波函数

$$\Psi(x,t)=\frac{1}{\sqrt{2}}\mathrm{e}^{-\mathrm{i}\frac{E_1t}{\hbar}}\psi_1(x)+\frac{1}{\sqrt{2}}\mathrm{e}^{-\mathrm{i}\frac{E_2t}{\hbar}}\psi_2(x)$$

式中,$\psi_1(x)$ 和 $\psi_2(x)$ 分别是式(1-79)的 $n=1$, $n=2$ 时的波函数。证明波函数是归一化的,并计算这个态的 $\langle E\rangle$。

**解** 测量得到能量 $E_1$ 的概率是

$$|C_1|^2=\left|\frac{1}{\sqrt{2}}\mathrm{e}^{-\mathrm{i}\frac{E_1t}{\hbar}}\right|^2=\frac{1}{2}$$

测量得到能量 $E_2$ 的概率是

$$|C_2|^2=\left|\frac{1}{\sqrt{2}}\mathrm{e}^{-\mathrm{i}\frac{E_2t}{\hbar}}\right|^2=\frac{1}{2}$$

所以 $|C_1|^2+|C_2|^2=1$, $\Psi(x,t)$ 是归一化的。这个态能量的期望值是

$$\langle E\rangle=|C_1|^2E_1+|C_2|^2E_2=\frac{1}{2}(E_1+E_2)$$

它是不随时间变化的。

**例1-13** 已知力学量 $A$ 的算符 $\hat{A}$ 有两个本征函数 $\phi_1$,$\phi_2$,本征值分别为 $a_1$,$a_2$;力学量 $B$ 的算符 $\hat{B}$ 有两个本征函数 $\chi_1$, $\chi_2$,本征值分别为 $b_1$, $b_2$。两种本征态

$$\phi_1=\frac{2\chi_1+3\chi_2}{\sqrt{13}},\ \phi_2=\frac{3\chi_1-2\chi_2}{\sqrt{11}}$$

当测量 $\hat{A}$ 得到 $a_1$，若再测量 $\hat{B}$，然后再测量 $\hat{A}$，问第二次测量 $\hat{A}$ 得到 $a_1$ 的概率是多少?

**解** 设 $\chi_1$，$\chi_2$ 是正交归一的,题中的 $\phi_2$ 不归一。正交归一的 $\phi_1$，$\phi_2$ 为

$$\phi_1=\frac{2}{\sqrt{13}}\chi_1+\frac{3}{\sqrt{13}}\chi_2,\ \phi_2=\frac{3}{\sqrt{13}}\chi_1-\frac{2}{\sqrt{13}}\chi_2$$

由两个公式得到

$$\chi_1=\frac{2}{\sqrt{13}}\phi_1+\frac{3}{\sqrt{13}}\phi_2,\ \chi_2=\frac{3}{\sqrt{13}}\phi_1-\frac{2}{\sqrt{13}}\phi_2$$

测量 $\hat{A}$ 得到 $a_1$ 表明体系处于 $\phi_1$ 态。此时测量 $\hat{B}$ 得 $b_1$ 与 $b_2$ 的概率分别是 4/13 与 9/13。即体系处于 $\chi_1$ 态与 $\chi_2$ 态的概率分别是 4/13 与 9/13。

而在 $\chi_1$ 态与 $\chi_2$ 态上测量 $\hat{A}$ 得到 $a_1$ 的概率分别是 4/13 与 9/13;

因此测量 $\hat{B}$ 后再次测量 $\hat{A}$ 得到 $a_1$ 的概率是 $(4/13)^2+(9/13)^2=97/169$。

### 1.5.4 常见的几个力学量算符

1) 动量与位置算符

在位置空间:波函数为 $\psi(\boldsymbol{r})$，位置算符 $x$、$y$、$z$ 运算相当于普通可交换的数。

动量算符在位置空间中,有

$$\hat{p}_x\rightarrow -\mathrm{i}\hbar\frac{\partial}{\partial x},\ \hat{p}_y\rightarrow -\mathrm{i}\hbar\frac{\partial}{\partial y},\ \hat{p}_z\rightarrow -\mathrm{i}\hbar\frac{\partial}{\partial z} \tag{1-137}$$

以及它的矢量式

$$\boldsymbol{p}\rightarrow\hat{\boldsymbol{p}}=-\mathrm{i}\hbar\,\boldsymbol{\nabla} \tag{1-138}$$

易证明

$$[x,\hat{p}_x]=\mathrm{i}\hbar,\ [y,\hat{p}_y]=\mathrm{i}\hbar,\ [z,\hat{p}_z]=\mathrm{i}\hbar \tag{1-139}$$

而

$$[x,\hat{p}_y]=[x,\hat{p}_z]=0,\ \cdots \tag{1-140}$$

证明:对于任意波函数

$$\begin{aligned}[x,\hat{p}_x]\psi&=(x\hat{p}_x-\hat{p}_x x)\psi\\&=-\mathrm{i}\hbar x\frac{\partial}{\partial x}\psi+\mathrm{i}\hbar\frac{\partial}{\partial x}(x\psi)\\&=\mathrm{i}\hbar\psi\end{aligned}$$

对任意 $\psi$ 都成立。所以 $[x, \hat{p}_x]=\mathrm{i}\hbar$。可类似证明其他对易关系 $[y, \hat{p}_y]=\mathrm{i}\hbar$，$[z, \hat{p}_z]=\mathrm{i}\hbar$。

位置与动量的基本对易关系反映了量子力学与经典力学的根本区别(位置与动量不对易)，它包含了丰富的物理内容。这些对易关系是普遍成立的，不依赖于位置空间或动量空间，可以认为这是量子力学的基本假设。

另可证明，对任意函数 $F(x, y, z)$，有

$$[\hat{p}_x, F]=-\mathrm{i}\hbar\frac{\partial F}{\partial x}$$

$$[\hat{p}_y, F]=-\mathrm{i}\hbar\frac{\partial F}{\partial y}$$

$$[\hat{p}_z, F]=-\mathrm{i}\hbar\frac{\partial F}{\partial z}$$

即

$$[\hat{\boldsymbol{p}}, F]=-\mathrm{i}\hbar\nabla F \tag{1-141}$$

所以动能算符

$$\hat{T}=\frac{\hat{p}^2}{2m}=-\frac{\hbar^2}{2m}\nabla^2$$

2) 角动量算符

在经典力学中，角动量表示为

$$\boldsymbol{L}=\boldsymbol{r}\times\boldsymbol{p}$$

量子力学中仍然以上式定义角动量，$\hat{\boldsymbol{L}}=\hat{\boldsymbol{r}}\times\hat{\boldsymbol{p}}$，只是 $\hat{\boldsymbol{r}}$、$\hat{\boldsymbol{p}}$ 是算符，并不对易，有

$$\hat{L}_x=y\hat{p}_z-z\hat{p}_y \tag{1-142}$$

$$\hat{L}_y=z\hat{p}_x-x\hat{p}_z \tag{1-143}$$

$$\hat{L}_z=x\hat{p}_y-y\hat{p}_x \tag{1-144}$$

容易证明，$\hat{L}_x$、$\hat{L}_y$、$\hat{L}_z$ 是厄米算符，每个分量定义式中，位置分量与动量分量的乘积是对易的。

定义角动量平方算符为

$$\hat{L}^2=\hat{L}_x^2+\hat{L}_y^2+\hat{L}_z^2 \tag{1-145}$$

$$\begin{aligned}[\hat{L}_x, \hat{L}_y]&=[y\hat{p}_z-z\hat{p}_y, z\hat{p}_x-x\hat{p}_z]\\&=[y\hat{p}_z, z\hat{p}_x]-[y\hat{p}_z, x\hat{p}_z]-[z\hat{p}_y, z\hat{p}_x]+[z\hat{p}_y, x\hat{p}_z]\end{aligned}$$

$$
\begin{aligned}
&= y[\hat{p}_z, z\hat{p}_x] + [y, z\hat{p}_x]\hat{p}_z + z[\hat{p}_y, x\hat{p}_z] + [z, x\hat{p}_z]\hat{p}_y \\
&= y[\hat{p}_z, z]\hat{p}_x + x[z, \hat{p}_z]\hat{p}_y \\
&= -i\hbar(y\hat{p}_x - x\hat{p}_y) \\
&= i\hbar\hat{L}_z
\end{aligned} \tag{1-146}
$$

同理

$$[\hat{L}_y, \hat{L}_z] = i\hbar\hat{L}_x \tag{1-147}$$

$$[\hat{L}_z, \hat{L}_x] = i\hbar\hat{L}_y \tag{1-148}$$

合并后,得 $\hat{\boldsymbol{L}} \times \hat{\boldsymbol{L}} = i\hbar\hat{\boldsymbol{L}}$。

容易证明

$$[\hat{L}^2, \hat{L}_x] = [\hat{L}^2, \hat{L}_y] = [\hat{L}^2, \hat{L}_z] = 0 \tag{1-149}$$

合并后,得 $[\hat{L}^2, \hat{\boldsymbol{L}}] = 0$。

另外,角动量算符与位置算符对易关系如下:

$$
\begin{aligned}
&[\hat{L}_x, x] = 0,\ [\hat{L}_x, y] = i\hbar z,\ [\hat{L}_x, z] = -i\hbar y \\
&[\hat{L}_y, x] = -i\hbar z,\ [\hat{L}_y, y] = 0,\ [\hat{L}_y, z] = i\hbar x \\
&[\hat{L}_z, x] = i\hbar y,\ [\hat{L}_z, y] = -i\hbar x,\ [\hat{L}_z, z] = 0
\end{aligned}
$$

可表示为

$$[\hat{L}_i, x_j] = i\hbar\varepsilon_{ijk}x_k \tag{1-150}$$

式中,$\varepsilon_{ijk}$ 是反对称张量,$\varepsilon_{123} = \varepsilon_{231} = \varepsilon_{312} = 1$,$\varepsilon_{213} = \varepsilon_{132} = \varepsilon_{321} = -1$。

同理,可证明角动量算符与动量算符之间的关系,有

$$[\hat{L}_i, \hat{p}_j] = i\hbar\varepsilon_{ijk}\hat{p}_k \tag{1-151}$$

角动量在直角坐标系中表示为

$$\hat{L}_x = -i\hbar\left(y\frac{\partial}{\partial z} - z\frac{\partial}{\partial y}\right) \tag{1-152}$$

$$\hat{L}_y = -i\hbar\left(z\frac{\partial}{\partial x} - x\frac{\partial}{\partial z}\right) \tag{1-153}$$

$$\hat{L}_z = -i\hbar\left(x\frac{\partial}{\partial y} - y\frac{\partial}{\partial x}\right) \tag{1-154}$$

$$\hat{L}^2 = -\hbar^2\left[\left(y\frac{\partial}{\partial z} - z\frac{\partial}{\partial y}\right)^2 + \left(z\frac{\partial}{\partial x} - x\frac{\partial}{\partial z}\right)^2 + \left(x\frac{\partial}{\partial y} - y\frac{\partial}{\partial x}\right)^2\right] \tag{1-155}$$

角动量在球坐标系中表示(见图 1-17),以 $r$、$\theta$、$\phi$ 为变量,表示为

$$x = r\sin\theta\cos\phi$$

$$y = r\sin\theta\sin\phi$$

$$z = r\cos\theta$$

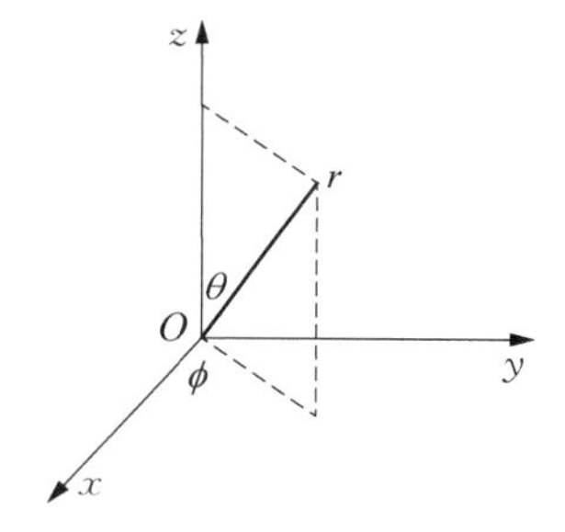


图 1-17　球坐标系的参量

可得

$$\hat{L}_z = -\mathrm{i}\hbar\frac{\partial}{\partial\phi} \tag{1-156}$$

$$\hat{L}^2 = -\hbar^2\left[\frac{1}{\sin\theta}\frac{\partial}{\partial\theta}\left(\sin\theta\frac{\partial}{\partial\theta}\right) + \frac{1}{\sin^2\theta}\frac{\partial^2}{\partial\phi^2}\right] \tag{1-157}$$

$$\hat{L}_x = \mathrm{i}\hbar\left(\sin\phi\frac{\partial}{\partial\theta} + \cot\theta\cos\phi\frac{\partial}{\partial\phi}\right) \tag{1-158}$$

$$\hat{L}_y = \mathrm{i}\hbar\left(-\cos\phi\frac{\partial}{\partial\theta} + \cot\theta\sin\phi\frac{\partial}{\partial\phi}\right) \tag{1-159}$$

角动量算符只与 $\theta$、$\phi$ 有关,与 $r$ 无关。角动量算符的本征值和本征函数为

$$\hat{L}^2 Y_{lm}(\theta,\ \phi) = \xi Y_{lm}(\theta,\ \phi) \tag{1-160}$$

$$\frac{1}{\sin\theta}\frac{\partial}{\partial\theta}\left(\sin\theta\frac{\partial Y}{\partial\theta}\right) + \frac{1}{\sin^2\theta}\frac{\partial^2 Y}{\partial\phi^2} = -\frac{\xi}{\hbar^2}Y = -\lambda Y \tag{1-161}$$

要满足波函数统计解释,$\lambda$ 必须取特殊值 $l(l+1)$,$l=0,\ 1,\ 2,\ \cdots$(其解见附录Ⅳ)。因此,角动量平方 $\hat{L}^2$ 的本征值 $\xi = l(l+1)\hbar^2$,相应的本征函数为

$$Y_{lm}(\theta,\ \phi) = N_{lm}P_l^m(\cos\theta)\mathrm{e}^{\mathrm{i}m\phi} \tag{1-162}$$

式中,$Y_{lm}(\theta,\ \phi)$ 是球谐函数;$P_l^m(\cos\theta)$ 是连带勒让德函数;$N_{lm}$ 是归一化常数;$m=0,\ \pm1,\ \cdots,\ \pm l$。上式所表明的角动量量子化在物质结构和光谱等现象中有重要意义。

几个典型的球谐函数如下:

$$l=0 \quad Y_{00} = \frac{1}{\sqrt{4\pi}}$$

$$l=1 \quad Y_{11} = -\sqrt{\frac{3}{8\pi}}\sin\theta\mathrm{e}^{\mathrm{i}\phi}$$

$$Y_{10}=\sqrt{\frac{3}{4\pi}}\cos\theta$$

$$Y_{1-1}=\sqrt{\frac{3}{8\pi}}\sin\theta e^{-i\phi}$$

$$l=2\quad Y_{20}=\sqrt{\frac{5}{16\pi}}(3\cos^2\theta-1)$$

$$Y_{2\pm1}=\mp\sqrt{\frac{15}{8\pi}}\sin\theta\cos\theta e^{\pm i\phi}$$

$$Y_{2\pm2}=\sqrt{\frac{15}{32\pi}}\sin^2\theta e^{\pm2i\phi}$$

球谐函数满足归一化条件和正交关系,有

$$\int_0^{\pi}\sin\theta d\theta\int_0^{2\pi}d\phi Y_{lm}^*(\theta,\phi)Y_{l'm'}(\theta,\phi)=\delta_{ll'}\delta_{mm'} \tag{1-163}$$

角动量算符中 $z$ 分量算符 $\hat{L}_z$ 作用于 $\hat{L}^2$ 的本征态,有

$$\hat{L}_zY_{lm}(\theta,\phi)=-i\hbar\frac{\partial}{\partial\phi}[N_{lm}P_l^m(\cos\theta)e^{im\phi}]=m\hbar Y_{lm}(\theta,\phi) \tag{1-164}$$

这表明,角动量平方 $\hat{L}^2$ 的本征态同时也是角动量分量 $\hat{L}_z$ 的本征态,相应的本征值为 $m\hbar$, $m=0,\pm1,\cdots,\pm l$。$\hat{L}_z$ 的本征值是量子化的。在没有外磁场时,角量子数为 $l$ 的量子态是 $2l+1$ 重简并的。

所以量子情况下,$\hat{L}^2$ 和 $\hat{L}_z$ 的本征值谱都是分立的,量子数为 $l$ 和 $m$。角动量的大小 $L=\sqrt{l(l+1)}\hbar$,当 $l=0$ 时,角动量最小,其值为零。

矢量模型:角动量空间取向量子化,以 $l=2$ 为例说明角动量空间,角动量 $L$ 的方向在空间的取向不能连续地改变,而只能取某些特定的方向,即角动量在外磁场方向($z$ 方向)的投影满足量子化条件

$$L_z=m\hbar \tag{1-165}$$

式中,$m$ 称为磁量子数($m=0,\pm1,\cdots,\pm l$)。图 1-18 中,$l=2$ 时,角动量空间取向量子化只有 5 种情况。最大角动量分量

$$|L_z|=2\hbar<\sqrt{6}\hbar$$

说明角动量分量本征值小于(最多等于)$L=\sqrt{l(l+1)}\hbar$,但 $m$ 是整数,因此 $m\leqslant l$,这也说明角动量在空间取向的量子化。

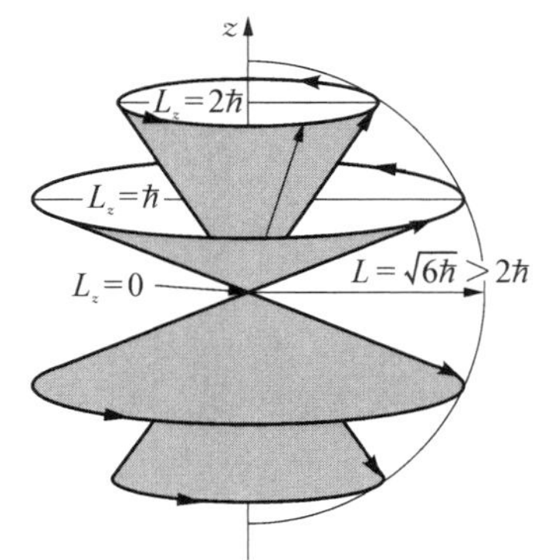


**图 1-18 角动量空间量子化**

### 1.5.5　不同力学量同时有确定值的条件

上面已提到同时测量两个力学量的问题。这在经典物理学中是合理的，在任何状态下测量多个物理量都能得到确定的结果。在量子力学中，系统遵循波粒二象性规律，测量力学量不一定都能得到确定的数值。在量子力学中，只有在一个力学量的本征态下测量该力学量，才能得到确定值。因此，当两个力学量具有共同的本征态，测量这两个力学量均得到确定值。

可证明两个力学量具有共同本征态满足的条件是代表这两个力学量的两个算符 $\hat{F}$ 和 $\hat{G}$ 可以对易，即

$$\hat{F}\hat{G}-\hat{G}\hat{F}\equiv[\hat{F},\hat{G}]=0 \tag{1-166}$$

该定理可以推广到多个算符的情况。如果一组算符有共同的本征函数，而且这些本征函数组成完全系，则这组算符中任何一个算符与所有其他算符对易。例如动量算符 $\hat{p}_x$、$\hat{p}_y$、$\hat{p}_z$ 相互对易，所以它们有共同的本征函数 $\psi_{\mathrm{P}}$，在这个状态中，这三个算符具有确定值 $p_x$、$p_y$、$p_z$。

两个力学量 $\hat{A}$、$\hat{B}$，若彼此不对易，$[\hat{A},\hat{B}]\neq 0$，则一般不能同时有确定值。在任一量子态中，其测量值的不确定程度满足不确定度关系：

$$\Delta A\Delta B\geqslant\frac{1}{2}\left|\langle[\hat{A},\hat{B}]\rangle\right| \tag{1-167}$$

其中

$$(\Delta A)^2=\int\psi^*(\hat{A}-\langle\hat{A}\rangle)^2\psi\mathrm{d}\tau=\langle\psi\mid(\hat{A}-\langle\hat{A}\rangle)^2\mid\psi\rangle=\overline{(\hat{A}-\langle\hat{A}\rangle)^2}$$

$$(\Delta B)^2=\int\psi^*(\hat{B}-\langle\hat{B}\rangle)^2\psi\mathrm{d}\tau=\langle\psi\mid(\hat{B}-\langle\hat{B}\rangle)^2\mid\psi\rangle=\overline{(\hat{B}-\langle\hat{B}\rangle)^2}$$

式中，$\Delta A$、$\Delta B$ 分别是力学量 $\hat{A}$、$\hat{B}$ 的方均根偏差，代表它们的不确定程度。考虑一个量子态

$$\mid\Psi\rangle=(\hat{A}+\mathrm{i}\xi\hat{B})\mid\phi\rangle$$

式中，$\xi$ 是一个任意实参量；$\mid\phi\rangle$ 是任意量子态；$[\hat{A},\hat{B}]=\mathrm{i}\hat{C}$。无论 $\xi$ 取何值，模的平方 $\langle\Psi\mid\Psi\rangle$ 总是正的，可以表示为

$$\begin{aligned}\langle\Psi\mid\Psi\rangle&=\langle\phi\mid(\hat{A}-\mathrm{i}\xi\hat{B})(\hat{A}+\mathrm{i}\xi\hat{B})\mid\phi\rangle\\&=\langle\phi\mid\hat{A}^2\mid\phi\rangle+\mathrm{i}\xi\langle\phi\mid[\hat{A},\hat{B}]\mid\phi\rangle+\xi^2\langle\phi\mid\hat{B}^2\mid\phi\rangle\\&=\xi^2\langle\hat{B}^2\rangle-\xi\langle\hat{C}\rangle+\langle\hat{A}^2\rangle\geqslant 0\end{aligned}$$

这是模平方性质构造的一个不等式,它的判别式应当是负数或零,即

$$\langle\hat{C}\rangle^2-4\langle\hat{A}^2\rangle\langle\hat{B}^2\rangle\leqslant 0$$

于是得到

$$\langle\hat{A}^2\rangle\langle\hat{B}^2\rangle\geqslant\frac{1}{4}\langle\hat{C}\rangle^2$$

因为 $\langle\hat{A}\rangle$ 和 $\langle\hat{B}\rangle$ 都是实数, $\hat{A}-\langle\hat{A}\rangle$ 和 $\hat{B}-\langle\hat{B}\rangle$ 都是厄米算符,满足

$$[\hat{A}-\langle\hat{A}\rangle,\ \hat{B}-\langle\hat{B}\rangle]=[\hat{A},\ \hat{B}]=\mathrm{i}\hat{C}$$

所以

$$\langle(\hat{A}-\langle\hat{A}\rangle)^2\rangle\langle(\hat{B}-\langle\hat{B}\rangle)^2\rangle\geqslant\frac{1}{4}\langle\hat{C}\rangle^2$$

即

$$\Delta A\Delta B\geqslant\frac{1}{2}\mid\langle\hat{C}\rangle\mid$$

上式说明两个线性厄米算符方均根偏差乘积存在的下限。$\langle\hat{C}\rangle$ 是算符 $\hat{C}$ 在给定量子态的平均值,在特定的量子态 $\mid\phi\rangle$,当 $\langle\hat{C}\rangle=0$ 时, $\Delta A\Delta B=0$。

现在具体讨论两个不对易算符:位置 $x$ 和动量 $\hat{p}_x$,并计算不确定的程度。$x$ 和 $p_x$ 的不确定程度用它们的方均偏差表示,为

$$(\Delta x)^2=\overline{(x-\langle x\rangle)^2}=\overline{x^2-2x\langle x\rangle+\langle x\rangle^2}=\overline{x^2}-\langle x\rangle^2$$

同理

$$(\Delta p_x)^2=\overline{(\hat{p}_x-\langle\hat{p}_x\rangle)^2}=\overline{\hat{p}_x^2}-\langle\hat{p}_x\rangle^2$$

因为 $[x,\ \hat{p}_x]=\mathrm{i}\hbar$,所以

$$\Delta x\Delta p_x\geqslant\frac{\hbar}{2} \tag{1-168}$$

同理得到

$$\Delta y\Delta p_y\geqslant\frac{\hbar}{2} \tag{1-169}$$

$$\Delta z\Delta p_z\geqslant\frac{\hbar}{2} \tag{1-170}$$

即不确定度关系。$\Delta x$ 和 $\Delta p_x$ 不能同时等于零,当坐标方均根偏差越小,它的共轭动量方均根偏差越大,所以微观粒子的位置和动量值不能同时确定。

不确定度关系是量子力学的一个基本关系,它反映了微观粒子的波粒二象性。

## 1.6 表象及表象变换

量子力学中波函数以位置为变量来描写,力学量也是如此,这仅是量子力学中态和力学量的一种具体表述,正如前面所讲波函数可以用动量来描述。量子力学中态和力学量的具体表述方式称为表象。我们讨论由一种表象变换到另一种表象的方法,以及不用具体表象的一般表述方式。

### 1.6.1 态的表象

按照态叠加原理,微观体系一个状态可以表示为态矢的线性叠加,即

$$| \psi\rangle = \sum_l C_l \mid \psi_l\rangle \tag{1-171}$$

式中,$|\psi\rangle$ 是右矢,$|\psi_l\rangle$ 是态基。而 $\langle\psi| = \sum_l \langle\psi_l | C_l^*$ 是左矢。按照左矢在左、右矢在右的方式相乘,其结果是数,这是两态矢的内积。设任意力学量 $\hat{F}$ 具有分立本征值 $\lambda_1, \lambda_2, \cdots, \lambda_n, \cdots$,对应的本征函数为 $u_1, u_2, \cdots, u_n, \cdots$,它们组成正交归一基矢组。态矢空间是希尔伯特空间,基矢组满足正交归一条件 $\langle u_n | u_l\rangle = \delta_{nl}$,且具有完备性,任意态矢可以表示为基矢的线性叠加 $|\psi\rangle = \sum_l C_l \mid u_l\rangle$,且

$$C_l = \langle u_l \mid \psi\rangle \tag{1-172}$$

体系处在 $|\psi\rangle$ 态时,力学量 $\hat{F}$ 具有确定值 $\lambda_l$ 的概率为

$$\rho(\lambda_l) = | C_l |^2 \tag{1-173}$$

这样可以用一组数 $\{C_l\}$ $(l=1, 2, \cdots) = (C_1, C_2, \cdots, C_l, \cdots)$ 来描述体系状态。$\{C_l\}$ 称为该状态在 $\hat{F}$ 表象中的波函数。

式(1-171)所表示的波函数可以用 $\{C_l\}$ 排成一个列矢量来表示,即

$$\psi(F) = \begin{bmatrix} C_1 \\ \vdots \\ C_l \\ \vdots \end{bmatrix}, \ \psi^\dagger(F) = [C_1^* \quad \cdots \quad C_l^* \quad \cdots] \tag{1-174}$$

$\psi^{\dagger}(F)$ 是 $\psi(F)$ 的共轭矩阵,是行矢量。按照矩阵运算规则,有

$$\psi^{\dagger}(F)\psi(F)=\sum_{l}C_{l}^{*}C_{l}=\langle\psi\mid\psi\rangle \tag{1-175}$$

各基矢是 $\hat{F}$ 的本征矢,它们在 $\hat{F}$ 表象中的矩阵形式是

$$u_{1}(F)=\begin{bmatrix}1\\0\\0\\\vdots\end{bmatrix},\ \cdots,\ u_{l}(F)=\begin{bmatrix}\vdots\\0\\1\\0\\\vdots\end{bmatrix}\leftarrow\text{第 } l \text{ 行} \tag{1-176}$$

$$\psi(F)=C_{1}u_{1}(F)+\cdots+C_{l}u_{l}(F)+\cdots \tag{1-177}$$

所以 $\hat{F}$ 表象中的波函数可以按照本征函数线性展开。

对同一个状态,可以用不同表象中的波函数来描写。这种表象的概念,与几何学中坐标系的概念相似。在几何学中,对于空间一个矢量 $\boldsymbol{A}$,可以用直角坐标系中的三个分量 $(A_{x},\ A_{y},\ A_{z})$ 来描写,也可用另一坐标系中的三个分量 $(A_{1},\ A_{2},\ A_{3})$ 来描写。在几何学中,在确定的坐标系下,坐标分量可描写一个矢量。在量子力学中,可以把状态看成一个矢量——态矢量。选取一个特定的 $\hat{F}$ 表象,就相当于选定了一个特定的坐标系,$\hat{F}$ 表象的本征函数 $u_{1},\ u_{2},\ \cdots,\ u_{n},\ \cdots$ 是该表象中的基矢,这相当于坐标系中单位矢量 $\boldsymbol{i}$、$\boldsymbol{j}$、$\boldsymbol{k}$,波函数 $\{C_{l}\}$ 是态矢量 $|\psi\rangle$ 在 $\hat{F}$ 表象的各基矢方向的分量,这与几何学中坐标分量 $(A_{x},\ A_{y},\ A_{z})$ 相对应。这样量子力学中的表象形象地与几何学中的坐标系联系起来,有助于理解表象和表象变换的几何图像。

### 1.6.2 算符的表象

描写一个态的波函数在不同表象下有不同的形式,同样,描写力学量的算符表达式也随着表象的不同而改变。

例如,选择算符 $\hat{F}$ 的本征矢量作为基矢(假定共有 $N$ 个),则为 $\hat{F}$ 表象。算符 $\hat{X}$ 可写成

$$\hat{X}=\sum_{i}\sum_{j}\ |u_{i}\rangle\langle u_{i}\mid\hat{X}\mid u_{j}\rangle\langle u_{j}|=\sum_{i}\sum_{j}\langle u_{i}\mid X\mid u_{j}\rangle\mid u_{i}\rangle\langle u_{j}\mid \tag{1-178}$$

$\langle u_{i}\mid X\mid u_{j}\rangle$ 共有 $N^{2}$ 个元素,构成算符 $N\times N$ 的矩阵表示,元素记为

$$X_{ij}=\langle u_{i}\mid X\mid u_{j}\rangle$$

$|u_i\rangle\langle u_j|$ 是元素在矩阵中的位置,第 $i$ 行第 $j$ 列。

算符 $\hat{X}$ 在 $\hat{F}$ 表象中可以用矩阵表述,有

$$[X]=\begin{bmatrix} X_{11} & X_{12} & \cdots & X_{1n} & \cdots \\ X_{21} & X_{22} & \cdots & X_{2n} & \cdots \\ \vdots & \vdots & \ddots & \vdots & \cdots \\ X_{n1} & X_{n2} & \cdots & X_{nn} & \cdots \\ \vdots & \vdots & \vdots & \vdots & \vdots \end{bmatrix} \tag{1-179}$$

上述表述可以推广到连续谱情况(从略)。可以证明,算符在自身表象中的矩阵表示是一个对角矩阵。

### 1.6.3 本征值方程的矩阵表示

算符 $\hat{X}$ 本征值方程在 $\hat{F}$ 表象中表示为

$$\begin{bmatrix} X_{11} & X_{12} & \cdots & X_{1n} & \cdots \\ X_{21} & X_{22} & \cdots & X_{2n} & \cdots \\ \vdots & \vdots & \ddots & \vdots & \cdots \\ X_{n1} & X_{n2} & \cdots & X_{nn} & \cdots \\ \vdots & \vdots & \vdots & \vdots & \vdots \end{bmatrix}\begin{bmatrix} C_1 \\ C_2 \\ \vdots \\ C_n \\ \vdots \end{bmatrix}=\lambda\begin{bmatrix} C_1 \\ C_2 \\ \vdots \\ C_n \\ \vdots \end{bmatrix} \tag{1-180}$$

将上式右边移到左边,得到

$$\begin{bmatrix} X_{11}-\lambda & X_{12} & \cdots & X_{1n} & \cdots \\ X_{21} & X_{22}-\lambda & \cdots & X_{2n} & \cdots \\ \vdots & \vdots & \ddots & \vdots & \cdots \\ X_{n1} & X_{n2} & \cdots & X_{nn}-\lambda & \cdots \\ \vdots & \vdots & \vdots & \vdots & \ddots \end{bmatrix}\begin{bmatrix} C_1 \\ C_2 \\ \vdots \\ C_n \\ \vdots \end{bmatrix}=0 \tag{1-181}$$

式(1-181)为一个线性齐次代数方程组。

$$\sum_n (X_{mn}-\lambda\delta_{mn})C_n=0 \qquad m=1,\ 2,\ \cdots,\ n,\ \cdots \tag{1-182}$$

要使齐次方程组有非零解,其系数行列式等于零,即

$$\det(\boldsymbol{X}-\lambda\boldsymbol{I})=0 \tag{1-183}$$

上式称为久期方程,其中 $\boldsymbol{I}$ 为单位矩阵。解这个方程得到一组 $\lambda$ 的值:$\lambda_1$, $\lambda_2$, $\cdots$, $\lambda_n$, $\cdots$, 它们是算符的本征值。将每一个本征值 $\lambda_i$ 代入式(1-181)可以得到对应

的本征矢：$\{C_{i1}, C_{i2}, \cdots, C_{in}, \cdots\}$。

### 1.6.4 薛定谔方程的矩阵表示

$$i\hbar \frac{\partial \Psi}{\partial t} = \hat{H}\Psi \tag{1-184}$$

波函数 $\Psi = \sum_l C_l \mid u_l\rangle$，式(1-184)左边乘以 $\hat{F}$ 表象中的 $\langle u_m \mid$，得

$$\langle u_m \mid i\hbar \frac{\mathrm{d}}{\mathrm{d}t} \sum_l C_l \mid u_l\rangle = \langle u_m \mid \hat{H} \sum_l C_l \mid u_l\rangle$$

$$\sum_l i\hbar \frac{\mathrm{d}}{\mathrm{d}t} C_l \langle u_m \mid u_l\rangle = \sum_l C_l \langle u_m \mid \hat{H} \mid u_l\rangle$$

$$i\hbar \frac{\mathrm{d}C_m}{\mathrm{d}t} = \sum_l C_l \langle u_m \mid \hat{H} \mid u_l\rangle = \sum_l H_{ml} C_l \tag{1-185}$$

写成矩阵形式

$$i\hbar \frac{\mathrm{d}}{\mathrm{d}t}\begin{bmatrix} C_1 \\ C_2 \\ \vdots \\ C_l \\ \vdots \end{bmatrix} = \begin{bmatrix} H_{11} & H_{12} & \cdots & H_{1l} & \cdots \\ H_{21} & H_{22} & \cdots & H_{2l} & \cdots \\ \vdots & \vdots & \ddots & \vdots & \cdots \\ H_{l1} & H_{l2} & \cdots & H_{ll} & \cdots \\ \vdots & \vdots & \vdots & \vdots & \ddots \end{bmatrix} \begin{bmatrix} C_1 \\ C_2 \\ \vdots \\ C_l \\ \vdots \end{bmatrix} \tag{1-186}$$

如果选取 $\hat{H}$ 表象，$\mid u_l\rangle$ 是 $\hat{H}$ 的本征函数,则对应的本征值为 $E_l$，所以

$$H_{ml} = \langle u_m \mid \hat{H} \mid u_l\rangle = E_l \delta_{ml} \tag{1-187}$$

哈密顿算符在自身表象(能量表象)中是一个对角矩阵,每一对角元素就是能量本征值。将式(1-187)代入式(1-185)式,得

$$i\hbar \frac{\mathrm{d}C_m}{\mathrm{d}t} = \sum_l C_l \langle u_m \mid \hat{H} \mid u_l\rangle = \sum_l E_l C_l \delta_{ml} = E_m C_m \tag{1-188}$$

积分后得到能量表象中薛定谔方程的解：

$$C_m(t) = C_m(0) e^{-\frac{i}{\hbar} E_m t} \tag{1-189}$$

这表明能量表象中哈密顿不含时间,系统处在定态,波函数振幅带有振动因子 $e^{-\frac{i}{\hbar} E_m t}$。

## 1.6.5 表象间的变换：幺正变换

量子力学中表象选择取决于所讨论的问题，表象选取得适当，计算问题可以简化，图像更加直观。如同经典力学中选取坐标系一样。我们讨论态矢量、算符、从一个表象到另一个表象的变换关系。

同一个 $N$ 维线性空间中有 $A$ 和 $B$ 表象，这两个表象的基矢组 $\{|u_i\rangle\}(i=1, 2, \cdots, N)$ 和 $\{|g_\alpha\rangle\}(\alpha=1, 2, \cdots, N)$ 分别是算符 $\hat{A}$ 和 $\hat{B}$ 的本征态，即

$$\hat{A}|u_i\rangle=\lambda_i|u_i\rangle \tag{1-190}$$

$$\hat{B}|g_\alpha\rangle=\xi_\alpha|g_\alpha\rangle \tag{1-191}$$

这里每一个表象中的基矢都构成正交完备基，即

$$\langle u_i|u_j\rangle=\delta_{ij}\sum_i|u_i\rangle\langle u_i|=1 \tag{1-192}$$

$$\langle g_\alpha|g_\beta\rangle=\delta_{\alpha\beta}\sum_\alpha|g_\alpha\rangle\langle g_\alpha|=1 \tag{1-193}$$

算符 $\hat{F}$ 在 $A$ 表象中的矩阵元为

$$F_{ij}(A)=\langle u_i|\hat{F}|u_j\rangle \tag{1-194}$$

算符 $\hat{F}$ 在 $B$ 表象中的矩阵元为

$$F_{\alpha\beta}(B)=\langle g_\alpha|\hat{F}|g_\beta\rangle \tag{1-195}$$

为了求出算符 $\hat{F}$ 在两个表象间的关系，利用 $\{|u_i\rangle\}$ 将 $|g_\beta\rangle$ 展开

$$|g_\beta\rangle=\sum_i\langle u_i|g_\beta\rangle|u_i\rangle=\sum_i S_{i\beta}|u_i\rangle \tag{1-196}$$

$$\langle g_\alpha|=\sum_j\langle g_\alpha|u_j\rangle\langle u_j|=\sum_j\langle u_j|S_{j\alpha}^* \tag{1-197}$$

式中，$S_{i\beta}=\langle u_i|g_\beta\rangle$ 是基的变换矩阵 $S$ 的一个元素。

可以把上式写成矩阵

$$\begin{bmatrix}|g_1\rangle\\|g_2\rangle\\\vdots\\|g_i\rangle\\\vdots\end{bmatrix}=\begin{bmatrix}S_{11}&S_{21}&\cdots&S_{i1}&\cdots\\S_{12}&S_{22}&\cdots&S_{i2}&\cdots\\\vdots&\vdots&\ddots&\vdots&\cdots\\S_{1i}&S_{2i}&\cdots&S_{ii}&\cdots\\\vdots&\vdots&\vdots&\vdots&\ddots\end{bmatrix}\begin{bmatrix}|u_1\rangle\\|u_2\rangle\\\vdots\\|u_i\rangle\\\vdots\end{bmatrix} \tag{1-198}$$

和

$$[\langle g_1 | \langle g_2 | \cdots \langle g_i | \cdots] = [\langle u_1 | \langle u_2 | \cdots \langle u_i | \cdots] \begin{bmatrix} S_{11}^* & S_{12}^* & \cdots & S_{1i}^* & \cdots \\ S_{21}^* & S_{22}^* & \cdots & S_{2i}^* & \cdots \\ \vdots & \vdots & \ddots & \vdots & \cdots \\ S_{i1}^* & S_{i2}^* & \cdots & S_{ii}^* & \cdots \\ \vdots & \vdots & \vdots & \vdots & \ddots \end{bmatrix} \tag{1-199}$$

通过矩阵 $S$ 可以把 $A$ 表象中的基矢变换成 $B$ 表象中的基矢,所以称 $S$ 为变换矩阵,$S^\dagger$ 是 $S$ 的共轭矩阵。

算符矩阵元

$$F_{\alpha\beta}(B) = \sum_i \sum_j \langle g_\alpha | u_i \rangle \langle u_i | \hat{F} | u_j \rangle \langle u_j | g_\beta \rangle = \sum_i \sum_j S_{i\alpha}^* F_{ij}(A) S_{j\beta} \tag{1-200}$$

按照矩阵乘法可以写为

$$F(B) = S^\dagger F(A) S \tag{1-201}$$

这是算符从 $A$ 表象所表示的矩阵变到 $B$ 表象所表示的矩阵。

注意变换矩阵 $S$ 是幺正矩阵,满足 $S^\dagger S = SS^\dagger = I$

$$\begin{aligned}(S^\dagger S)_{\alpha\beta} &= \sum_i (S^\dagger)_{\alpha i} S_{i\beta} = \sum_i S_{i\alpha}^* S_{i\beta} = \sum_i \langle g_\alpha | u_i \rangle \langle u_i | g_\beta \rangle \\ &= \langle g_\alpha | g_\beta \rangle = \delta_{\alpha\beta}\end{aligned} \tag{1-202}$$

即 $S^\dagger S = I$。

同理

$$(SS^\dagger)_{\alpha\beta} = \delta_{\alpha\beta} \tag{1-203}$$

所以 $S^\dagger = S^{-1}$,满足该关系的矩阵称为幺正矩阵,上述从一个表象变换到另一表象的变化是幺正变换。

(1) 幺正变换不改变迹。

算符的迹是对角元之和。

$$\begin{aligned}\sum_\alpha \langle g_\alpha | \hat{F} | g_\alpha \rangle &= \sum_\alpha \sum_i \sum_j \langle g_\alpha | u_i \rangle \langle u_i | \hat{F} | u_j \rangle \langle u_j | g_\alpha \rangle \\ &= \sum_\alpha \sum_i \sum_j S_{i\alpha}^* F_{ij}(A) S_{j\alpha} \\ &= \sum_i F_{ij}(A) \delta_{ij} \\ &= \sum_i \langle u_i | \hat{F} | u_i \rangle\end{aligned} \tag{1-204}$$

幺正变换不改变矩阵的迹。

(2) 幺正变换不改变算符的本征值。

一个态矢量 $|\psi\rangle = \sum_i a_i |u_i\rangle$ 从 $A$ 表象变换到 $B$ 表象，则 $|\psi\rangle = \sum_\alpha b_\alpha |g_\alpha\rangle$。

$$\begin{aligned} b_\alpha &= \langle g_\alpha | \psi\rangle = \sum_i \langle g_\alpha | u_i\rangle\langle u_i | \psi\rangle \\ &= \sum_i \langle g_\alpha | u_i\rangle a_i = \sum_i S_{i\alpha}^* a_i = \sum_i (S^\dagger)_{\alpha i} a_i \qquad i = 1,\ 2,\ \cdots \end{aligned} \tag{1-205}$$

矩阵形式：$b = S^\dagger a = S^{-1} a$。这是态矢量从 $A$ 表象到 $B$ 表象的表达式。

算符满足关系 $F(B) = S^\dagger F(A) S$。算符 $\hat{F}$ 在 $A$ 表象的本征值方程为

$$F(A)a = \lambda a \tag{1-206}$$

式中，$\lambda$ 是本征值；$a$ 是本征矢。通过上述幺正变换，$F$ 和 $a$ 都从 $A$ 表象变换到 $B$ 表象，则在 $B$ 表象本征值方程为

$$F(B)b = S^\dagger F(A) S S^{-1} a = S^\dagger F(A) a = S^\dagger \lambda a = \lambda b \tag{1-207}$$

注意本征值依然是 $\lambda$。因此证明幺正变换不改变算符的本征值。如果 $F(B)$ 是对角矩阵，即 $B$ 表象是自身的表象，那么 $F(B)$ 的对角元就是算符 $\hat{F}$ 的本征值。因此，求算符本征值的问题归结为寻找一个么正变换，把算符从原来的表象变换到自身的表象，使其矩阵表示对角化。应用定态薛定谔方程求定态能级的问题是在位置表象中将哈密顿算符对角化，即由位置表象变换到能量表象。

### 1.6.6　态随时间变化的幺正变换

描写体系状态的波函数 $\Psi$ 随时间变化的规律满足薛定谔方程：

$$\mathrm{i}\hbar \frac{\partial \Psi}{\partial t} = \hat{H}\Psi(t) \tag{1-208}$$

知道初始时刻 $t=0$ 的波函数 $\Psi(0)$，就可以利用式(1-186)去求以后任何时刻 $t$ 的波函数 $\Psi(t)$。假设有一个算符 $\hat{U}(t)$ 作用于 $\Psi(0)$，得出 $\Psi(t)$：

$$\Psi(t) = \hat{U}(t)\Psi(0) \tag{1-209}$$

将式(1-209)代入式(1-208)，得到

$$\mathrm{i}\hbar \frac{\partial \hat{U}(t)}{\partial t}\Psi(0) = \hat{H}\hat{U}(t)\Psi(0) \tag{1-210}$$

因为 $\Psi(0)$ 是任意波函数，由上式可以得到算符 $\hat{U}(t)$ 满足的方程：

$$
\mathrm{i}\hbar \frac{\partial \hat{U}(t)}{\partial t} = \hat{H}\hat{U}(t) \tag{1-211}
$$

由式(1-209)可以得到,$\hat{U}(t)$ 满足初始条件

$$
\hat{U}(0) = 1
$$

由式(1-211)求得算符 $\hat{U}(t)$,代入式(1-209)可以求得 $\Psi(t)$,所以式(1-211)与薛定谔方程等价。式(1-211)是关于 $t$ 的一阶微分方程,只要给出体系初始状态,就确定了此后任何时刻的态。因此,物理体系随时间的演化是确定的,没有任何不确定性。

如果 $\hat{H}$ 不显含时间,方程式(1-210)的解为

$$
\hat{U}(t) = \mathrm{e}^{\frac{-\mathrm{i}\hat{H}t}{\hbar}}
$$

由于 $\hat{H}$ 的厄米性,可知 $\hat{U}^{\dagger}(t)\hat{U}(t) = 1$。

# 1.7 自旋

## 1.7.1 电子自旋

各种微观粒子(包括电子)或者复合粒子(原子、原子核等)有一种重要特性,具有内禀的角动量和内禀的磁矩,这个属性称为自旋。电子绕核运动具有角动量和磁矩,这是空间运动而使电子具有轨道角动量和轨道磁矩,电子的内禀角动量和内禀磁矩称为自旋角动量和自旋磁矩。电子有自旋可以从下述实验证实。

1) 施特恩-格拉赫实验

实验目的是测量原子的磁矩(见图 1-19)。实验中从原子炉中蒸发出银原子通过非均匀磁场,并在磁场尽头的底板收集原子,观察其偏转情况。根据磁矩在非均匀磁场中的受力关系,$\boldsymbol{F} = \nabla(\boldsymbol{\mu} \cdot \boldsymbol{B})$,其中 $\boldsymbol{\mu}$ 是磁矩,$\boldsymbol{B}$ 是磁感应强度,磁场的非均匀(磁场空间变化率)会产生作用于磁矩的力。在该实验中,磁场的方向沿着

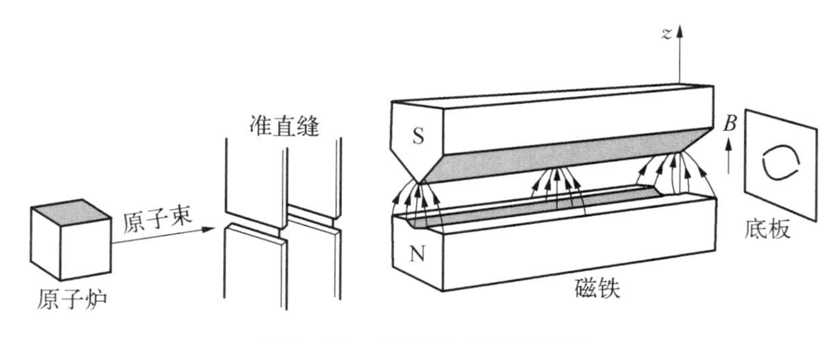


图 1-19 施特恩-格拉赫实验

$z$ 轴方向变化很快,磁场作用于原子磁矩的力是

$$F_z = \mu_z \frac{\partial B}{\partial z}$$

力 $F$ 沿着 $z$ 轴方向,大小和方向取决于 $\mu_z$ 的数值和符号。磁矩相对于磁场有不同取向的原子受到不同大小和方向力的作用,当在磁场中飞行时,将发生不同程度和方向的偏转。通过磁场后,磁矩取向不同的原子将落在底板上的不同位置。通过对比有无磁场,测量得到平均偏转,就能测出原子磁矩。

如果原子磁矩在空间方向上是任意的,不同方向的磁矩受到的力不同且连续变化,底板上留下的原子束痕迹就应该是连续的带,但实验结果只得到两条分立的带。

在实验条件下,银原子束基本上处于基态(价电子在 5s 态),即 $l=0$, 原子没有轨道磁矩和轨道角动量,所以实验中测得原子所具有的磁矩是电子的固有磁矩,它在空间是量子化的。实验结果表明,电子有一个内禀的磁矩,它在磁场中取两种可能的方向。1927 年,菲利普斯和泰勒用基态氢原子进行实验,同样测得了氢原子束被不均匀磁场分裂成两束的结果。

2) 光谱线的精细结构

实验中用分辨率较高的光谱仪发现钠原子黄色谱线(原先测得一条谱线)实际上是由两条很靠近的谱线组成的[波长分别是 589.0 nm(钠 $D_1$ 线)和 589.6 nm(钠 $D_2$ 线)]。该现象称为光谱的精细结构。人们还发现在弱磁场中,钠 $D_1$ 线分裂成 4 条,钠 $D_2$ 线分裂成 6 条。这些原子谱线分裂成偶数条的现象不可能由电子轨道运动状态的不同而引起,只能从电子内禀运动寻找原因。

1925 年,荷兰大学生乌伦贝克和古德斯米特为了解释这些现象提出了自旋假说。电子除了有轨道运动外,还存在电子自旋。

(1) 每个电子都有自旋角动量,它在空间任何方向上投影只能取两个数值:

$$S_z = \pm \frac{\hbar}{2} \tag{1-212}$$

(2) 假设每一电子都有自旋磁矩 $\boldsymbol{\mu}_s$, 它与自旋角动量 $\boldsymbol{S}$ 间的关系是

$$\boldsymbol{\mu}_s = -\frac{e}{m_e}\boldsymbol{S} \tag{1-213}$$

式中,电子电荷是 $-e$; $m_e$ 是电子质量。$\boldsymbol{\mu}_s$ 在空间任意方向投影只能取两个数值:

$$\mu_{sz} = \pm \frac{e\hbar}{2m_e} = \pm \mu_B \tag{1-214}$$

式中,$\mu_B$ 是玻尔磁子。所以 $\frac{\mu_{sz}}{S_z} = -\frac{e}{m_e}$ 称为电子自旋的旋磁比,而轨道磁矩与

轨道角动量之比是 $-\dfrac{e}{2m_e}$。

施特恩-格拉赫实验测得磁矩约等于一个玻尔磁子,因此证明这是电子的磁矩而不可能是原子核的磁矩。由于银、氢原子轨道磁矩为零,该磁矩就是电子自旋磁矩。实验中原子束的偏转方向与磁矩取向有关,既然原子束一分为二,说明自旋磁矩只可能有两个取向,取向是量子化的。

钠黄光双线结构一定来自初态或末态能级存在的能级分裂。如果只考虑原子核对电子的库仑作用,在没有外加磁场的情况下,电子能级和运动状态是确定的,能级分裂不可能是由电子轨道运动不同引起的,而一定是由电子自旋运动引起的。电子带电,有自旋就有磁矩 $\boldsymbol{\mu}_s$,这个磁矩与电子轨道运动产生的磁场 $\boldsymbol{B}$ 相互作用。磁矩与磁场相对取向不同,相互作用能不同,因为电子自旋磁矩相对于轨道运动产生的磁场只能有两个取向:一个是平行;另一个是反平行。所以钠黄光的双线结构是电子自旋运动导致能级二重分裂的结果。

### 1.7.2 自旋角动量的本征值和本征态

电子的自旋描绘为带电小球绕着通过自身的一根轴旋转,固然形象,但在理论上遇到了困难,主要是违背了相对论。分析表明,电子自旋角动量不能用机械运动角动量 $\boldsymbol{r}\times\boldsymbol{p}$ 来表示,而要从角动量对易关系来讨论。

设 $\boldsymbol{J}$ 表示普遍的角动量(轨道角动量、自旋角动量或其组合),其分量满足

$$[\hat{J}_x,\ \hat{J}_y]=\mathrm{i}\hbar\hat{J}_z,\ [\hat{J}_y,\ \hat{J}_z]=\mathrm{i}\hbar\hat{J}_x,\ [\hat{J}_z,\ \hat{J}_x]=\mathrm{i}\hbar\hat{J}_y \tag{1-215}$$

或

$$[\hat{J}_i,\ \hat{J}_j]=\mathrm{i}\hbar\varepsilon_{ijk}\hat{J}_k \tag{1-216}$$

综合

$$\hat{\boldsymbol{J}}\times\hat{\boldsymbol{J}}=\mathrm{i}\hbar\hat{\boldsymbol{J}} \tag{1-217}$$

由此可得 $\hat{\boldsymbol{J}}$ 的平方 $\hat{\boldsymbol{J}}^2$ 与 $\hat{\boldsymbol{J}}$ 的每一个分量都对易,即

$$[\hat{\boldsymbol{J}}^2,\ \hat{J}_x]=0,\ [\hat{\boldsymbol{J}}^2,\ \hat{J}_y]=0,\ [\hat{\boldsymbol{J}}^2,\ \hat{J}_z]=0 \tag{1-218}$$

从对易关系和上述关系可以推导出角动量算符 $\hat{\boldsymbol{J}}^2$ 的本征值

$$J^2=j(j+1)\hbar^2 \tag{1-219}$$

式中,$j$ 为整数 0, 1, 2, … 或半整数 $\dfrac{1}{2}$, $\dfrac{3}{2}$, $\dfrac{5}{2}$, …;$j$ 是角动量量子数。角动量分量 $\hat{J}_z$($\hat{J}_x$, $\hat{J}_y$) 的本征值是

$$J_z = m\hbar \tag{1-220}$$

式中，$m = -j, -j+1, \cdots, j-1, j$，共 $2j+1$ 个可能值（$j$ 是最大值）。$j$ 的取值取决于具体的角动量。例如，对于电子轨道角动量，$j = l = 0, 1, 2, \cdots$。

根据前面钠黄线的双线结构和施特恩-格拉赫实验结果推知，相对于磁场，电子自旋取向只有两个：平行和反平行。电子具有自旋角动量是量子特性，自旋角动量是一个力学量，要用算符 $\hat{\boldsymbol{S}}$ 来表示，$\hat{S}_x$、$\hat{S}_y$、$\hat{S}_z$ 为其分量，按照上述普遍角动量性质，它们满足下列对易关系：

$$[\hat{S}_x, \hat{S}_y] = i\hbar\hat{S}_z, [\hat{S}_y, \hat{S}_z] = i\hbar\hat{S}_x, [\hat{S}_z, \hat{S}_x] = i\hbar\hat{S}_y \tag{1-221}$$

即 $\hat{\boldsymbol{S}} \times \hat{\boldsymbol{S}} = i\hbar\hat{\boldsymbol{S}}$ 和

$$[\hat{\boldsymbol{S}}^2, \hat{S}_x] = 0, [\boldsymbol{S}^2, \hat{S}_y] = 0, [\hat{\boldsymbol{S}}^2, \hat{S}_z] = 0 \tag{1-222}$$

于是自旋角动量的 $z$ 分量本征值为

$$S_z = m_s\hbar \tag{1-223}$$

式中，$m_s = -s, -s+1, \cdots, s-1, s$，共 $2s+1$ 个可能值。由实验事实知道只有两个可能值，因此 $2s+1=2$，得

$$s = \frac{1}{2} \tag{1-224}$$

$$m_s = \pm\frac{1}{2} \tag{1-225}$$

自旋算符 $\hat{S}_x$，$\hat{S}_y$，$\hat{S}_z$ 三个分量本征值都是 $\pm\frac{1}{2}\hbar$，自旋角动量算符平方 $\hat{\boldsymbol{S}}^2$ 本征值为 $s(s+1)\hbar^2 = \frac{3}{4}\hbar^2$。

为了简化计算，引入无量纲的泡利自旋算符 $\hat{\boldsymbol{\sigma}}$，得

$$\hat{\boldsymbol{S}} = \frac{\hbar}{2}\hat{\boldsymbol{\sigma}} \tag{1-226}$$

对应分量满足对易关系

$$[\hat{\sigma}_x, \hat{\sigma}_y] = 2i\hat{\sigma}_z, [\hat{\sigma}_y, \hat{\sigma}_z] = 2i\hat{\sigma}_x, [\hat{\sigma}_z, \hat{\sigma}_x] = 2i\hat{\sigma}_y \tag{1-227}$$

即

$$\hat{\boldsymbol{\sigma}} \times \hat{\boldsymbol{\sigma}} = 2i\hat{\boldsymbol{\sigma}} \tag{1-228}$$

满足算符 $\hat{\sigma}_x$、$\hat{\sigma}_y$、$\hat{\sigma}_z$ 的本征值都是 $\pm 1$，这些算符都可以用两行两列矩阵表示。

选取 $\hat{\boldsymbol{\sigma}}^2$ 和 $\hat{\sigma}_z$ 为对角矩阵表象，$\sigma_z$ 为

$$\sigma_z=\begin{bmatrix}1 & 0\\0 & -1\end{bmatrix} \tag{1-229}$$

因为 $\hat{\sigma}_x$、$\hat{\sigma}_y$、$\hat{\sigma}_z$ 的本征值都是 $\pm 1$，$\hat{\sigma}_x^2$、$\hat{\sigma}_y^2$、$\hat{\sigma}_z^2$ 的本征值都是1，都是对角单位矩阵，所以

$$\sigma^2=\sigma_x^2+\sigma_y^2+\sigma_z^2=3\begin{bmatrix}1 & 0\\0 & 1\end{bmatrix} \tag{1-230}$$

$$\sigma_x^2=\sigma_y^2=\sigma_z^2=I=\begin{bmatrix}1 & 0\\0 & 1\end{bmatrix} \tag{1-231}$$

此外，$\hat{\sigma}_x$、$\hat{\sigma}_y$、$\hat{\sigma}_z$ 之间满足反对易关系，即

$$\hat{\sigma}_x\hat{\sigma}_y+\hat{\sigma}_y\hat{\sigma}_x\equiv\{\hat{\sigma}_x,\hat{\sigma}_y\}=0 \tag{1-232}$$

$$\hat{\sigma}_y\hat{\sigma}_z+\hat{\sigma}_z\hat{\sigma}_y\equiv\{\hat{\sigma}_y,\hat{\sigma}_z\}=0 \tag{1-233}$$

$$\hat{\sigma}_z\hat{\sigma}_x+\hat{\sigma}_x\hat{\sigma}_z\equiv\{\hat{\sigma}_z,\hat{\sigma}_x\}=0 \tag{1-234}$$

说明 $\hat{\boldsymbol{\sigma}}$ 的三个分量两两反对易。利用对易关系可以得到

$$\hat{\sigma}_x\hat{\sigma}_y=\mathrm{i}\hat{\sigma}_z,\ \hat{\sigma}_y\hat{\sigma}_z=\mathrm{i}\hat{\sigma}_x,\ \hat{\sigma}_z\hat{\sigma}_x=\mathrm{i}\hat{\sigma}_y \tag{1-235}$$

设 $\sigma_x=\begin{bmatrix}a_1 & a_2\\a_3 & a_4\end{bmatrix}$

$$\sigma_z\sigma_x=\begin{bmatrix}a_1 & a_2\\-a_3 & -a_4\end{bmatrix}=-\sigma_x\sigma_z=\begin{bmatrix}-a_1 & a_2\\-a_3 & a_4\end{bmatrix} \tag{1-236}$$

由此得 $a_1=0$，$a_4=0$，由于 $\sigma_x^2=I$，$a_2a_3=1$，取 $a_2=\mathrm{e}^{\mathrm{i}\theta}$，$a_3=\mathrm{e}^{-\mathrm{i}\theta}$，因为 $\hat{\sigma}_x$ 是厄米算符，$a_3=a_2^*$，$\theta$ 是任意的，不妨选取 $\theta=0$，则

$$\sigma_x=\begin{bmatrix}0 & 1\\1 & 0\end{bmatrix} \tag{1-237}$$

又由 $\hat{\sigma}_z\hat{\sigma}_x=\mathrm{i}\hat{\sigma}_y$ 给出

$$\sigma_y=\begin{bmatrix}0 & -\mathrm{i}\\\mathrm{i} & 0\end{bmatrix} \tag{1-238}$$

式(1-229)、式(1-237)、式(1-238)这三个自旋分量的矩阵称为泡利矩阵。

自旋算符的矩阵是两行两列的矩阵，因此自旋波函数是两行一列的矩阵。引进符号 $\chi_1$ 表示自旋为 $\frac{\hbar}{2}$ 的波函数，$\chi_{-1}$ 表示自旋为 $-\frac{\hbar}{2}$ 的波函数，因此有

$$\hat{S}_z\chi_1=\frac{\hbar}{2}\chi_1 \tag{1-239}$$

$$\hat{S}_z\chi_{-1}=-\frac{\hbar}{2}\chi_{-1} \tag{1-240}$$

利用算符 $\hat{S}_z$ 为对角矩阵的表象,可得

$$\chi_1=\begin{bmatrix}1\\0\end{bmatrix},\ \chi_{-1}=\begin{bmatrix}0\\1\end{bmatrix} \tag{1-241}$$

式中,$\chi_1$ 代表自旋方向平行于 $z$ 轴的自旋波函数;$\chi_{-1}$ 代表自旋方向反平行于 $z$ 轴的自旋波函数。这两个自旋波函数对应不同本征值,它们是彼此正交的,有

$$\chi_{-1}^{\dagger}\chi_1=[0\quad 1]\begin{bmatrix}1\\0\end{bmatrix}=0 \tag{1-242}$$

用同样方法可以求得 $\hat{\sigma}_x$、$\hat{\sigma}_y$ 在 $\hat{\sigma}_z$ 表象中的本征矢。

**例 1-14** 计算 $\hat{S}_x$ 在 $\chi_1=\begin{bmatrix}1\\0\end{bmatrix}$ 态的平均值。

**解** $\langle\hat{S}_x\rangle=\frac{\hbar}{2}[1\quad 0]\begin{bmatrix}0&1\\1&0\end{bmatrix}\begin{bmatrix}1\\0\end{bmatrix}=0$

**例 1-15** 如果 $\hat{S}_z$ 本征态 $\chi_1$ 上测量 $\hat{S}_x$,所得数值为 $-\frac{\hbar}{2}$,则测量 $\hat{S}_z$ 得到什么结果?

**解** 测量 $\hat{S}_x$ 后量子态坍缩到 $\frac{1}{\sqrt{2}}\begin{bmatrix}1\\-1\end{bmatrix}$,再测量 $\hat{S}_z$ 时得到 $\pm\frac{\hbar}{2}$ 的概率各为 $\frac{1}{2}$。

## 本章提要

1. 光量子的实验基础

(1) 黑体辐射:普朗克的能量子假设提出谐振子能级是离散的。

(2) 光电效应:爱因斯坦提出光量子理论指明了光与物质相互作用表现出粒子性。光的本性是波粒二象性。光子的能量 $\varepsilon=h\nu$。

(3) 康普顿效应:光子动量 $p=h/\lambda$。

(4) 原子光谱:玻尔提出了定态、跃迁条件、角动量量子化条件,解释了氢原子光谱。

2. 物质波:物质粒子具有波粒二象性,大量实验证实实物粒子确实具有波动性。波粒二象性导致了不确定度关系 $\Delta x\Delta p_x\geqslant\frac{\hbar}{2}$,$\Delta y\Delta p_y\geqslant\frac{\hbar}{2}$,$\Delta z\Delta p_z\geqslant\frac{\hbar}{2}$。

3. 量子力学基本框架

(1) 动力学规律:

薛定谔方程:

$$\mathrm{i}\hbar \frac{\partial \Psi}{\partial t} = \hat{H}\Psi$$

定态薛定谔方程:

$$\hat{H}\psi(\boldsymbol{r}) = E\psi(\boldsymbol{r})$$

(2) 量子态:由概率幅描述,波函数的玻恩概率解释。

态叠加原理:概率幅叠加。

任意态矢 $|\psi\rangle$ 按照一组正交态 $|\psi_l\rangle$ 展开,表示为

$$|\psi\rangle = \sum_l C_l |\psi_l\rangle$$

展开系数为 $C_l = \langle\psi_l|\psi\rangle$。

(3) 物理量:态矢空间中算符,每一个力学量(不限于经典的力学量,如自旋)都与一个算符相对应。例如动量 $\hat{\boldsymbol{p}} = -\mathrm{i}\hbar\nabla$,角动量 $\hat{\boldsymbol{L}} = \hat{\boldsymbol{r}} \times \hat{\boldsymbol{p}}$。

基本对易关系:$[x, \hat{p}_x] = \mathrm{i}\hbar$,$[y, \hat{p}_y] = \mathrm{i}\hbar$,$[z, \hat{p}_z] = \mathrm{i}\hbar$。

算符 $\hat{F}$ 在 $A$ 表象的本征值方程为 $F(A)a_l = \lambda_l a_l$,$\lambda_l$ 是本征值,$a_l$ 是本征矢。厄米算符的本征值是实数,对应不同本征值的本征矢相互正交。

(4) 测量假设:量子态以算符 $\hat{F}$ 的本征矢展开,表示为

$$|\psi\rangle = \sum_l C_l |a_l\rangle$$

式中,$C_l = \langle a_l|\psi\rangle$,$|a_l\rangle$ 正交归一,每次测量只能得到某个本征值 $a_l$,相应的概率为 $|C_l|^2 = |\langle a_l|\psi\rangle|^2$。测量后 $|\psi\rangle$ 坍缩为 $|a_l\rangle$,测量的平均值 $\langle\hat{F}\rangle = \langle\psi|\hat{F}|\psi\rangle = \sum_l |C_l|^2\lambda_l$。

4. 角动量和自旋

(1) 重要关系:$\hat{\boldsymbol{J}} \times \hat{\boldsymbol{J}} = \mathrm{i}\hbar\hat{\boldsymbol{J}}$,$\hat{\boldsymbol{S}} \times \hat{\boldsymbol{S}} = \mathrm{i}\hbar\hat{\boldsymbol{S}}$。

(2) 本征值:角动量算符 $\hat{\boldsymbol{J}}^2$ 的本征值 $J^2 = j(j+1)\hbar^2$,角动量的分量 $\hat{J}_z(\hat{J}_x, \hat{J}_y)$ 本征值是 $J_z = m\hbar$。自旋算符 $\hat{S}_x$、$\hat{S}_y$、$\hat{S}_z$ 三个分量的本征值都是 $\pm\frac{1}{2}\hbar$,自旋角动量算符平方 $\hat{\boldsymbol{S}}^2$ 的本征值为 $s(s+1)\hbar^2 = \frac{3}{4}\hbar^2$。

## 习　题

**1-1** 宇宙大爆炸遗留在宇宙空间的均匀背景辐射相当于温度为 3 K 的黑体辐射,试计算

(1) 此辐射的单色辐出度的峰值波长;

(2) 地球表面接收到此辐射的功率。

**1-2** 已知垂直射到地球表面每单位面积的日光功率为 $I_0$(称为太阳常量),地球与太阳的

平均距离为 $R_{SE}$，太阳的半径为 $R_S$。

(1) 求太阳辐射的总功率；

(2) 把太阳看作黑体，试计算太阳表面的温度。

**1-3**　由黑体辐射公式导出维恩位移定律。

**1-4**　已知 2 000 K 时，钨的辐出度与黑体的辐出度之比为 0.259。设灯泡的钨丝面积为 10 $cm^2$，其他能量损失不计，求维持灯丝温度所消耗的电功率。

**1-5**　从钠中脱出一个电子至少需要 2.3 eV 的能量。若用波长为 430 nm 的光投射到钠的表面上，试求：① 钠的截止频率 $\nu_0$ 和相应的波长 $\lambda_0$；② 出射光电子的最大动能 $E_{k\text{-}max}$ 和最小动能 $E_{k\text{-}min}$；③ 截止电压 $U_0$。

**1-6**　分别求出黄色光(589 nm)、X 射线 ($\lambda = 1$ Å)、$\gamma$ 射线 ($\lambda = 1.2 \times 10^{-2}$ Å) 的光子的能量、动量和质量。

**1-7**　能引起人眼视觉的最小光强约为 $1 \times 10^{-12}$ $W/m^2$，如瞳孔的面积约为 $5 \times 10^{-5}$ $m^2$，计算每秒平均有几个光子进入瞳孔到达视网膜。设光的波长为 550 nm。

**1-8**　100 W 钨丝灯在 1 800 K 温度下工作。假定可视其为黑体，试计算每秒内，在 500 nm 到 500.1 nm 波长间隔内发射的光子数。

**1-9**　入射的 X 射线光子的能量为 0.60 MeV，被自由电子散射后波长变化了 20%，求反冲电子的能量和动量。

**1-10**　在康普顿散射中，入射 X 射线的波长为 $3 \times 10^{-3}$ nm，反冲电子的速率为 $0.6c$，求散射光子的波长和散射方向。

**1-11**　分别以 $\lambda_1 = 4 \times 10^3$ Å 的可见光和 $\lambda_2 = 4 \times 10^{-1}$ Å 的 X 光与自由电子碰撞，在 $\theta = \frac{\pi}{2}$ 的方向上观察散射光。试求：

(1) 在以上两种情况下，波长的相对改变量 $\frac{\Delta\lambda}{\lambda}$，电子获得动能之比；

(2) 哪种入射光的康普顿效应明显。

**1-12**　对于氢原子、$He^+$、$Li^{2+}$，分别计算：① 它们的第一、第二玻尔轨道半径及电子在这些轨道上的速度；② 电子的基态能量；③ 由第一激发态到基态发射光子的波长。

**1-13**　电子与 $Be^{3+}$ 发生非弹性碰撞，电子至少需要具有多大动能?

**1-14**　当氢原子从第一激发态跃迁到基态放出一个光子时，① 求氢原子所获得的反冲速率为多大；② 估算氢原子反冲能量和发射光子的能量之比。

**1-15**　求下列粒子的德布罗意波长：① 能量为 100 eV 的自由电子；② 能量为 0.1 eV 的自由中子；③ 温度为 1 K 时，具有动能 $E = 3kT/2$ 的氦原子；④ 300 K 时，处于热平衡的中子。

**1-16**　若一个电子动能等于静能，试求该电子的速率和德布罗意波长。

**1-17**　通过一个有一定电势差的空间加速产生一个波长为 1 nm 的电子，这个电势差必须有多大? 对于 $\lambda_1 = 1 \times 10^{-12}$ m 和 $\lambda_2 = 1 \times 10^{-15}$ m 两种情况，重复这个计算。

**1-18**　电子单缝衍射实验中，缝的宽度为 0.5 nm，从狭缝到探测屏的距离 $D = 20$ cm，衍射条纹中心最大宽度为 2 cm，求入射电子的动能(以 eV 为单位)。

**1-19**　$\alpha$ 粒子在磁感应强度 $B = 0.025$ T 的均匀磁场中沿半径 $R = 0.83$ cm 的圆形轨道运动，求其德布罗意波长。

**1-20** 验证 $\Psi(x,t)=A\cos(kx-\omega t)$ 和 $\Psi(x,t)=A\sin(kx-\omega t)$ 不是自由粒子薛定谔方程

$$\mathrm{i}\hbar\frac{\partial\Psi}{\partial t}=-\frac{\hbar^2}{2m}\frac{\partial^2\Psi}{\partial x^2}$$

的解。

**1-21** 如果 $\psi_1$ 和 $\psi_2$ 是含时薛定谔方程的两个解，$c_1$ 和 $c_2$ 是两个任意复数，证明 $c_1\psi_1+c_2\psi_2$ 是薛定谔方程的一个解。

**1-22** 概率流的定义：$j_x(x,t)=\frac{\hbar}{2m\mathrm{i}}\left(\psi^*\frac{\partial\psi}{\partial x}-\psi\frac{\partial\psi^*}{\partial x}\right)$，求波函数 $\Psi=A\mathrm{e}^{\mathrm{i}(kx-\omega t)}$ 的概率流。

**1-23** 设某一维运动粒子的波函数为 $\Psi=A\mathrm{e}^{-\frac{1}{2}\alpha^2x^2}$，其中 $\alpha$ 为一常数，求波函数归一化常数 $A$。

**1-24** 波函数归一化

$$\psi=\begin{cases}A\mathrm{e}^{kx}, & x<0\\ A\mathrm{e}^{-kx}, & x\geqslant 0\end{cases}$$

求：① 归一化波函数；② 在 $|x|\leqslant 1/k$ 找到粒子的概率等于多少？

**1-25** 粒子在范围 $0<x<a$ 时，波函数为 $\Psi_n(x)=\sqrt{\frac{2}{a}}\sin\left(\frac{n\pi x}{a}\right)$，在 $x<0$ 或 $x>a$ 时，$\Psi_n(x)=0$。若 $n=2$，粒子处在 $\left[0,\frac{a}{4}\right]$ 区间内的概率是多少？

**1-26** 设一粒子沿 $x$ 方向运动，其波函数为 $\Psi(x)=\frac{C}{1+\mathrm{i}x}$（i 为虚数单位），

(1) 由归一化条件定出常数 $C$；

(2) 求出此粒子按坐标的概率密度分布；

(3) 在何处概率密度最大？最大值是多少？

**1-27** 质量为 $m$ 的粒子在一维势场 $V(x)=\begin{cases}0, & 0\leqslant x\leqslant a\\ \infty, & x>a \text{ 或 } x<0\end{cases}$ 中运动，其波函数为 $\psi(x)=A\mathrm{e}^{\mathrm{i}\frac{\pi x}{a}}+B\mathrm{e}^{-\mathrm{i}\frac{3\pi x}{a}}$（i 为虚数单位），求常数 $A$、$B$ 的值，使得该波函数满足边界条件及归一化条件。

**1-28** 质量为 $m$ 的微观粒子处于宽度为 $a$ 的一维无限深势阱中，如果粒子的状态由波函数 $\psi(x)=\begin{cases}Ax(a-x) & 0\leqslant x\leqslant a\\ 0 & x<0, x>a\end{cases}$ 描写，$A$ 为已知的归一化常数，求粒子能量的平均值。

**1-29** 在一维问题中，假设有一个粒子，它的波函数是

$$\psi(x)=A\frac{\mathrm{e}^{\mathrm{i}\frac{p_0x}{\hbar}}}{\sqrt{x^2+a^2}}$$

式中，$a$ 和 $p_0$ 都是实常数；$A$ 是归一化系数。

(1) 求归一化 $\psi(x)$ 的系数 $A$；

(2) 如果测量粒子的位置，求粒子在$[-a, a]$区间的概率；

(3) 求粒子的动量平均值；

(4) 求波函数的概率流密度。

**1-30**　一维无限深势阱中一个粒子在区间$[0, a]$运动，它的初始波函数由前两个定态迭加而成：

$$\Psi(x, 0)=A[\psi_1(x)+\psi_2(x)]$$

其中 $\psi_1=\sqrt{\dfrac{2}{L}}\sin\dfrac{\pi x}{L}$，$\psi_2=\sqrt{\dfrac{2}{L}}\sin\dfrac{2\pi x}{L}$。

(1) 求归一化 $\Psi(x, 0)$ 的系数 $A$；

(2) 求 $\Psi(x, t)$ 和 $|\Psi(x, t)|^2$；

(3) 计算$\langle x\rangle$的值，并给出振荡的角频率和振幅；

(4) 计算$\langle p\rangle$的值；

(5) 如果测量粒子的能量，可能得到什么值？得到各个值的概率是多少？求出 $\hat{H}$ 的期望值，并与 $E_1$ 和 $E_2$ 比较。

**1-31**　证明线性动量算符 $\hat{p}_x=-\mathrm{i}\hbar\dfrac{\partial}{\partial x}$ 是一个厄米算符。设波函数及其微商在 $x\to\infty$ 时趋于零。

**1-32**　证明 $[\hat{L}^2, \hat{L}_x]=[\hat{L}^2, \hat{L}_y]=[\hat{L}^2, \hat{L}_z]=0$。

**1-33**　证明 $\left[\hat{\boldsymbol{L}}, \dfrac{1}{\boldsymbol{r}}\right]=0$，$[\hat{\boldsymbol{L}}, \hat{\boldsymbol{p}}^2]=0$。

**1-34**　对于任意函数 $F(x, y, z)$，证明 $[\hat{p}_x, F]=-\mathrm{i}\hbar\dfrac{\partial F}{\partial x}$。

**1-35**　已知角动量平方算符 $\hat{L}^2=\hat{L}_x^2+\hat{L}_y^2+\hat{L}_z^2$ 与 $\hat{L}_x$，$\hat{L}_y$，$\hat{L}_z$ 分别对易，且角动量分量算符之间有如下对易关系：$\begin{cases}[\hat{L}_x, \hat{L}_y]=\mathrm{i}\hbar\hat{L}_z\\ [\hat{L}_y, \hat{L}_z]=\mathrm{i}\hbar\hat{L}_x\\ [\hat{L}_z, \hat{L}_x]=\mathrm{i}\hbar\hat{L}_y\end{cases}$。现定义两个算符 $\hat{F}=\hat{L}_x+\mathrm{i}\hat{L}_y$，$\hat{G}=\hat{L}_x-\mathrm{i}\hat{L}_y$，试计算如下对易关系 $[\hat{F}, \hat{G}]$，$[\hat{L}^2, \hat{F}]$ 与$[\hat{L}^2, \hat{G}]$。

**1-36**　已知角动量算符的三个分量 $\hat{L}_x$，$\hat{L}_y$，$\hat{L}_z$ 满足对易关系

$[\hat{L}_x, \hat{L}_y]=\mathrm{i}\hbar\hat{L}_z$，$[\hat{L}_y, \hat{L}_z]=\mathrm{i}\hbar\hat{L}_x$，$[\hat{L}_z, \hat{L}_x]=\mathrm{i}\hbar L_y$

定义 $\hat{L}^2=\hat{L}_x^2+\hat{L}_y^2+\hat{L}_z^2$，$\hat{L}_\pm=\hat{L}_x\pm\mathrm{i}\hat{L}_y$，

(1) 求对易关系 $[\hat{L}^2, \hat{L}_\pm]$，$[\hat{L}_z, \hat{L}_\pm]$，$[\hat{L}_+, \hat{L}_-]$；

(2) $\hat{L}^2$ 和 $\hat{L}_z$ 的共同本征函数为球谐函数 $Y_{lm}$，其中 $l$ 和 $m$ 是相应的量子数，证明 $\hat{L}_\pm Y_{lm}$ 也是$\hat{L}^2$ 和 $\hat{L}_z$ 的共同本征函数，并求出相应的本征值。

**1-37**　设对应于一个粒子的物理量的算符 $A$ 只有两个归一化本征函数 $\psi_1(x)$ 和 $\psi_2(x)$，它们的本征值分别是 $a_1$ 和 $a_2$，两者不等，所以粒子任意一个态都能表示为

$$\Psi=c_1\psi_1(x)+c_2\psi_2(x)$$

算符定义为 $\hat{B}\Psi=c_2\psi_1(x)+c_1\psi_2(x)$，求算符 $\hat{B}$ 的本征值以及相应的归一本征函数。

**1-38** 设体系的哈密顿量 $\hat{H}$ 与力学量 $\hat{A}$ 满足反对易关系 $\hat{H}\hat{A}+\hat{A}\hat{H}=0$。设 $\Psi$ 是哈密顿量 $\hat{H}$ 的本征值为 $E(\neq 0)$ 的本征函数，① 证明 $\hat{A}\psi$ 是 $\hat{H}$ 的本征值为 $-E$ 的本征函数；② 求 $\hat{A}$ 在态 $\psi$ 上的平均值。

**1-39** 证明空间反演算符 $\hat{P}[\hat{P}\psi(x)=\psi(-x)]$ 是厄米算符。

**1-40** 设算符 $\hat{K}=\hat{L}\hat{M}$，$\hat{M}\hat{L}-\hat{L}\hat{M}=1$，设 $\phi$ 为 $\hat{K}$ 的本征矢，相应本征值为 $\lambda$。证明 $u=\hat{L}\phi$ 和 $v=\hat{M}\phi$ 也是 $\hat{K}$ 的本征矢，并求出相应的本征值。

**1-41** 粒子作一维运动，$\hat{H}=\dfrac{\hat{p}^2}{2\mu}+V(x)$，定态波函数为 $|n\rangle$：$\hat{H}|n\rangle=E_n|n\rangle$，$n=1,2,\cdots$。

(1) 证明 $\langle n|\hat{p}|m\rangle=w_{nm}\langle n|x|m\rangle$，求解系数 $w_{nm}$；

(2) 证明 $\sum_n(E_n-E_m)^2|\langle n|x|m\rangle|^2=\dfrac{\hbar^2}{\mu^2}\langle n|\hat{p}^2|m\rangle$；

(3) 证明 $\sum_n(E_n-E_m)|\langle n|x|m\rangle|^2=\dfrac{\hbar^2}{2\mu}$。

**1-42** 证明自由粒子的哈密顿算符和线性动量算符可对易。

**1-43** 证明 $[\hat{L}_i,\hat{p}_j]=\mathrm{i}\hbar\varepsilon_{ijk}\hat{p}_k$，$\varepsilon_{ijk}$ 是反对称张量。

**1-44** 验证 $Y_{2,2}(\theta,\phi)\equiv\sqrt{\dfrac{15}{32\pi}}\sin^2\theta\mathrm{e}^{2\mathrm{i}\phi}$ 是 $\hat{L}^2$、$\hat{L}_z$ 的共同本征函数，并给出相应的本征值。

**1-45** 设粒子的波函数 $\Psi(\phi)=\sqrt{\dfrac{1}{3\pi}}+\sqrt{\dfrac{1}{6\pi}}\mathrm{e}^{-\mathrm{i}\phi}$，证明该波函数归一化。对处于该状态的粒子进行 $\hat{L}_z$ 测量，可能得到哪些值？得到每个值的概率是多少？计算粒子在这个态的 $\langle\hat{L}_z\rangle$ 数值。

**1-46** 已知系统的波函数为 $\psi=\dfrac{2}{3}Y_{31}(\theta,\varphi)+\dfrac{2}{3}Y_{22}(\theta,\varphi)-\dfrac{1}{3}Y_{1-1}(\theta,\varphi)$，其中球谐函数 $Y_{lm}(\theta,\varphi)$ 是角动量算符 $\hat{L}^2$ 和 $\hat{L}_z$ 的共同本征态，试求 $\psi$ 态的角动量平方及角动量 $z$ 分量的可能取值，相应概率和这两个量的平均值。

**1-47** 已知厄米算符满足 $\hat{A}^2=1$，$\hat{B}^2=1$，$\hat{A}\hat{B}+\hat{B}\hat{A}=0$，且 $\hat{A}$ 和 $\hat{B}$ 本征态不简并。

(1) 求 $\hat{A}$ 和 $\hat{B}$ 的本征值；

(2) 在 $\hat{A}$ 的本征态构成的表象中，写出 $\hat{B}$ 的矩阵形式；

(3) 类似地，在 $\hat{B}$ 的本征态构成的表象中，写出 $\hat{A}$ 的矩阵形式。

**1-48** 粒子的哈密顿量为 $\hat{H}_0$，本征方程为

$$\hat{H}_0\psi_i=E_i\psi_i\,(i=1,2)$$

粒子受到某种作用，此时体系哈密顿量在 $\hat{H}_0$ 的表象中表示为

$$H=\begin{bmatrix}E_1 & V\\ V & E_2\end{bmatrix}$$

(1) 求 $H$ 的本征值和本征态；

(2) 当 $t=0$ 时，体系处于 $\begin{bmatrix}0\\1\end{bmatrix}$ 态，求 $t>0$ 时粒子的量子态。

**1-49**　设一算符在某一表象中表示为

$$\begin{bmatrix} 0 & 1 & 0 \\ 1 & 0 & 1 \\ 0 & 1 & 0 \end{bmatrix}$$

求算符的本征值和归一化本征函数,求该矩阵对角化的幺正矩阵。

**1-50**　设电子自旋的 $z$ 分量是 $\frac{\hbar}{2}$,求沿着与 $z$ 轴成 $\theta$ 角的 $z'$ 轴方向,自旋的分量等于 $\frac{\hbar}{2}$ 或 $-\frac{\hbar}{2}$ 的概率。

**1-51**　求解电子自旋 $\hat{S}_x$、$\hat{S}_y$、$\hat{S}_z$ 的本征矢,并以 $\hat{S}_y$ 的本征矢为基矢将 $\hat{S}_x$ 的本征矢展开,测量 $\hat{S}_y$ 可能的本征值有哪些?对应的概率是多少?平均值是什么?

**1-52**　(1) 令 $\hat{\boldsymbol{A}}$ 为一个与自旋无关的矢量算符。证明

$$(\hat{\boldsymbol{\sigma}} \cdot \hat{\boldsymbol{A}})^2 = \hat{A}^2 + \mathrm{i}\hat{\boldsymbol{\sigma}} \cdot (\hat{\boldsymbol{A}} \times \hat{\boldsymbol{A}})$$

(2) $\boldsymbol{n}$ 为一个任意的单位矢量,$\phi(\boldsymbol{r})$ 为一个任意的与自旋无关的位置函数,证明

$$\mathrm{e}^{\mathrm{i}\hat{\boldsymbol{\sigma}} \cdot \boldsymbol{n}\phi} = \cos\phi + \mathrm{i}\hat{\boldsymbol{\sigma}} \cdot \boldsymbol{n}\sin\phi$$

**1-53**　求粒子处在 $Y_{lm}(\theta, \phi)$ 时角动量的 $x$ 和 $y$ 分量平均值。

**1-54**　一个粒子的波函数 $\phi(x) = \left(\frac{\pi}{a}\right)^{-\frac{1}{4}} \mathrm{e}^{-\frac{a}{2}x^2}$,计算 $\Delta x$ 和 $\Delta p$,并验证不确定度关系。

**1-55**　试写出 $\Delta S_x$ 和 $\Delta S_y$ 满足的不确定度关系,以及轨道角动量 $\Delta L_x$ 和 $\Delta L_y$ 的不确定度关系。

**1-56**　利用不确定度关系估算类氢原子中电子的基态能量。

# 第 2 章　定 态 问 题

定态是指统计分布不随时间变化的状态，可以利用薛定谔方程求解粒子在势垒、方势阱、谐振子势、氢原子问题中的能量本征值和定态波函数，进而理解能量本征值的求解问题。

## 2.1　一维方势垒和隧道效应

为了研究量子粒子的运动规律，我们常常引入一维方势垒这一理想模型。一维方势垒是指在空间一维方向上，势能函数 $V(x)$ 分段为常数，且在分段点处发生跃变。这种简化的模型虽然与实际物理系统存在一定的差异，但它却能清晰地展示量子力学中一些最具特色的现象，例如隧道效应。通过对一维方势垒问题的求解，我们可以直观地理解量子粒子波函数的演化规律、透射系数和反射系数的物理意义，从而更深入地把握量子隧穿的本质。量子隧道效应是指微观粒子能够穿越比自身能量更高的势垒的现象。这在经典力学中是无法解释的，但在量子力学中却是一种普遍存在的现象。一维方势垒模型为我们提供了一个理想的平台来定量研究隧穿效应，并揭示其与粒子能量、势垒高度和宽度的关系。

### 2.1.1　方势垒的穿透

首先考虑能量为 $E$ 的粒子射到一维方势垒的情况，其势能函数如图 2－1 所示，表达式如下：

$$V(x)=\begin{cases}V_0, & 0<x<a\\ 0, & x<0,\ x>a\end{cases} \tag{2-1}$$

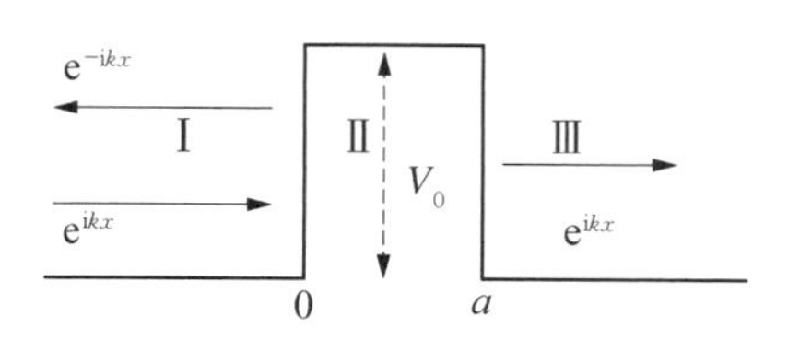


**图 2－1　方势垒**

其中，$V(x)$ 为势能函数；$V_0$ 为势垒高度。

具有一定能量 $E$ 的粒子由势垒的左边向右边运动。在经典力学中，只有能量 $E$ 大于 $V_0$ 的粒子才能越过势垒到达 $x>a$ 的区域，能量小于 $V_0$ 的粒子在运动到势垒的左边边缘时被反射回去，不能透过势垒。在量子力学中，粒子运动具有波粒二象性。我们下面看到能量 $E$ 大于 $V_0$ 的粒子有可能越过势垒，也有可能被反射回来；而能量$E$小于$V_0$的粒子有可能被势垒反射回来，但也有可能穿越势垒，运动到右边$x>a$的区域。考虑$E<V_0$，相应于各区的薛定谔方程是

$$\frac{\mathrm{d}^2\psi}{\mathrm{d}x^2}+\frac{2mE}{\hbar^2}\psi=0 \qquad x<0,\ x>a \tag{2-2}$$

$$\frac{\mathrm{d}^2\psi}{\mathrm{d}x^2}+\frac{2m}{\hbar^2}(E-V_0)\psi=0 \qquad 0<x<a \tag{2-3}$$

设$k^2=\dfrac{2mE}{\hbar^2}$，$k'^2=\dfrac{2m(V_0-E)}{\hbar^2}$，在各个不同区域的解为

$$\psi_1=A\mathrm{e}^{\mathrm{i}kx}+A'\mathrm{e}^{-\mathrm{i}kx} \qquad x<0 \tag{2-4}$$

$$\psi_2=B\mathrm{e}^{k'x}+B'\mathrm{e}^{-k'x} \qquad 0<x<a \tag{2-5}$$

$$\psi_3=C\mathrm{e}^{\mathrm{i}kx}+C'\mathrm{e}^{-\mathrm{i}kx} \qquad x>a \tag{2-6}$$

式中，$\mathrm{e}^{\mathrm{i}kx}$代表入射波和透射波；$\mathrm{e}^{-\mathrm{i}kx}$代表反射波。从物理条件上看，粒子进入区域Ⅲ后，不会再有反射，$C'=0$。根据波函数的连接条件

$$\psi_1(0)=\psi_2(0),\ \psi_1'(0)=\psi_2'(0),\ \psi_2(a)=\psi_3(a),\ \psi_2'(a)=\psi_3'(a) \tag{2-7}$$

求得系数之间的关系。由$x=0$处波函数的连续性条件可知

$$A+A'=B+B' \tag{2-8}$$

$$\mathrm{i}k(A-A')=k'(B-B') \tag{2-9}$$

同理，在$x=a$处，有

$$B\mathrm{e}^{k'a}+B'\mathrm{e}^{-k'a}=C\mathrm{e}^{\mathrm{i}ka} \tag{2-10}$$

$$k'(B\mathrm{e}^{k'a}-B'\mathrm{e}^{-k'a})=\mathrm{i}kC\mathrm{e}^{\mathrm{i}ka} \tag{2-11}$$

解方程组[式(2-8)～式(2-11)]可以求得$C$、$A'$与$A$的关系：

$$C=\frac{2\mathrm{i}kk'\mathrm{e}^{-\mathrm{i}ka}}{(k^2-k'^2)\sinh(k'a)+2\mathrm{i}kk'\cosh(k'a)}A \tag{2-12}$$

$$A'=\frac{(k^2+k'^2)\sinh(k'a)}{(k^2-k'^2)\sinh(k'a)+2\mathrm{i}kk'\cosh(k'a)}A \tag{2-13}$$

按概率流密度公式，可以得到入射波的概率流密度$J_i=|A|^2\hbar k/m$，相应于透射波的概率流密度$J_t=|C|^2\hbar k/m$，相应于反射波的概率流密度$J_r=|A'|^2\hbar k'/m$。

贯穿到区域Ⅲ的粒子在单位时间内流过垂直于$x$方向的单位面积的数目与入射粒子在单位时间内流过垂直于$x$方向的单位面积的数目之比，称为透射系数，由

$C$ 和 $A$ 决定。为了方便,令入射波振幅为 1,计算反射波强度与入射波强度之比,该比值定义为反射波系数,表示为

$$R=\left|\frac{J_r}{J_i}\right|=\left|\frac{A'}{A}\right|^2=\frac{(k^2+k'^2)^2\sinh^2(k'a)}{(k^2+k'^2)^2\sinh^2(k'a)+4k^2k'^2} \tag{2-14}$$

透射波强度与入射波强度之比定义为透射系数,表示为

$$T=\left|\frac{J_t}{J_i}\right|=\left|\frac{C}{A}\right|^2=\frac{4k^2k'^2}{(k^2+k'^2)^2\sinh^2(k'a)+4k^2k'^2} \tag{2-15}$$

可以得到

$$R+T=1 \tag{2-16}$$

式中,$R$ 表示粒子被势垒反弹回去的概率;$T$ 表示粒子透过势垒的概率。式(2-16)代表概率守恒。即使在 $E<V_0$ 的情况下,透射系数 $T$ 不为零,粒子能穿过比它动能更高的势垒的现象称为隧道效应或势垒贯穿。这是粒子具有波动性的表现,当然只有在特定的条件下才比较显著。图 2-2(a)展示了势垒贯穿的波动图像。

当 $k'a\gg 1$ 时,$\sinh^2(k'a)\approx\frac{1}{4}e^{2k'a}$,由式(2-15)得到

$$T\approx\frac{16E}{V_0}\left(1-\frac{E}{V_0}\right)e^{-2k'a}\sim D_0\exp\left[-\frac{2}{\hbar}\sqrt{2m(V_0-E)}\,a\right] \tag{2-17}$$

量子隧道效应中,穿透概率 $T$ 对粒子质量 $m$、势垒的宽度 $a$ 以及 $V_0-E$ 的变化很敏感。指数衰减因子对隧道效应起着关键作用,势垒加宽或变高,穿透概率减小。在一般宏观条件下,$T$ 值非常小,不容易观测到势垒穿透现象。对于电子,$V_0=2$ eV, $E=1$ eV, $a=0.2$ nm,则 $T\approx 0.51$;若 $a=0.5$ nm, $T\approx 0.02$。

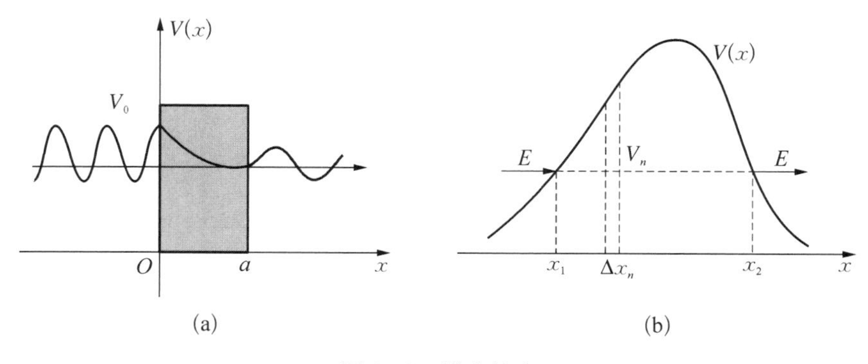


**图 2-2 隧穿效应**

(a) 势垒贯穿;(b) 一般势垒

当 $E > V_0$ 时，依然可以从薛定谔方程来分析透射，透射系数表示为

$$T = \frac{4E(E - V_0)}{V_0^2 \sin^2(k''a) + 4E(E - V_0)} \tag{2-18}$$

式中，$k''^2 = \dfrac{2m(E - V_0)}{\hbar^2}$。由上式可知，透射系数一般小于 1，而且会随着入射粒子能量的变化发生振荡变化。当满足条件

$$k''a = \frac{\sqrt{2m(E - V_0)}}{\hbar} = n\pi \qquad n = 1,\ 2,\ \cdots \tag{2-19}$$

时，$T$ 等于 1，即实现完全的透射。因为微观粒子的物质波长满足 $a = n\dfrac{\lambda}{2}$，这类似于光的薄膜干涉条件。

对于一般形状的势垒[见图 2-2(b)]，通过薛定谔方程计算透射系数较为复杂。但如果入射能量 $E$ 较小，$V(x) > E$ 的区域相当宽，总透射系数很小，则可以用如下方法做近似处理。将 $V(x) > E$ 的部分划分成许多窄条(宽度为 $\Delta x_n$) 型方势垒，粒子对其中一条的穿透概率记作 $\exp\left[-\dfrac{2}{\hbar}\sqrt{2m(V_n - E)}\,\Delta x_n\right]$，各条穿透概率的乘积等于粒子对整个势垒的穿透概率。因此得到

$$T \sim \exp\left\{-\frac{2}{\hbar}\int_{x_1}^{x_2} \sqrt{2m[V(x) - E]}\,\mathrm{d}x\right\}$$

式中，$x_1$、$x_2$ 为经典回转点，即 $V(x_1) = V(x_2) = E$。

### 2.1.2　量子隧道效应实例

微观粒子势垒贯穿的现象已被很多实验证实。在波动力学提出后，伽莫夫(Gamow)首先用势垒贯穿解释了放射元素的 α 衰变现象。后来人们利用量子隧道效应做出了固体器件，如半导体隧道二极管、超导隧道结等。

量子力学的势垒贯穿可以解释铀核的 α 粒子衰变。如图 2-3 所示，势能随着离开核中心的距离而变化。如果核外能量为 $E$ 的 α 粒子射入核，因为受到核与粒子间的库仑排斥，两者距离不可能比 $r_1$ 更近，在 $r_1$ 处总能量与势能相等。然而，在原子核内部，因为短程核力强烈吸引，势能很小。能量为 $E$ 的 α 粒子的平均寿命长达 45 亿

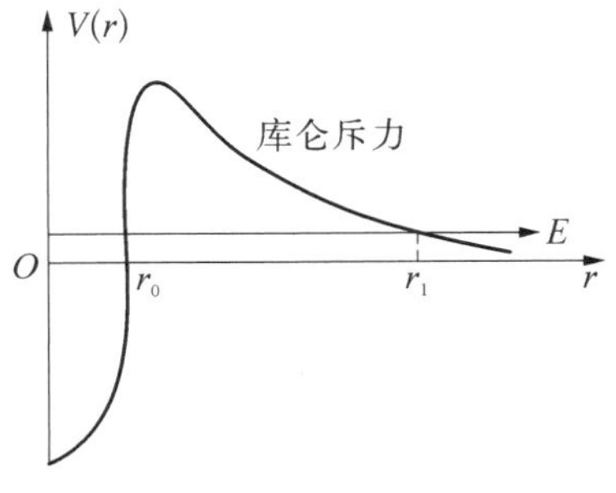


图 2-3　α 衰变势能曲线

年，且在核内振动极快，但是它们总有一定概率从核内透过势垒，概率幅较小且为有限值。尽管透过率极其微小，但因为有足够多的铀核，而且等待足够长的时间，总有粒子从核内跑出来。所以 α 粒子衰变就是势垒贯穿的结果。

量子隧道效应的一个重要应用是扫描隧道显微镜(scanning tunneling microscope, STM)。它的发明使人类第一次实时地观察单个原子在物质表面的排列状态和与表面电子行为有关的物理、化学性质，在表面科学、材料科学、生命科学等领域的研究中具有重大意义和广阔的应用前景，被国际科学界公认为 20 世纪 80 年代世界十大科技成就之一。为表彰 STM 的发明者们对科学研究的杰出贡献，1986 年格尔德·宾宁(Gerd Binnig)和海因里希·罗雷尔(Heinrich Rohrer)获得诺贝尔物理学奖。

将原子线度的探针和被研究物质的表面作为两个电极，当样品与针尖的距离非常接近时，一个电极上的电子会穿过两个电极间的势垒，跃迁到另一个电极，从而形成隧穿电流(见图 2-4)。隧道电流 $I$ 是电子波函数重叠的量度，和针尖与样品之间的距离 $S$、平均功函数 $A$ 有关。如果距离 $S$ 减小 0.1 nm，隧道电流 $I$ 将增加一个数量级。当针尖在起伏不大的被测表面上以恒定高度扫描时，由隧道电流与距离呈指数关系，通过现代电子技术测量可以推算出表面起伏高度的数值，即反映表面结构，这种工作模式是恒高度模式。当样品表面起伏较大时，为避免恒高度模式扫描中针尖与样品的碰撞，利用电子反馈线路控制隧道电流的恒定，并用压电陶瓷材料控制针尖在样品表面的扫描，则探针在垂直于样品方向上高低的变化就反映出了样品表面的起伏。这种工作模式是恒电流模式。目前 STM 大多采用这种工作模式。

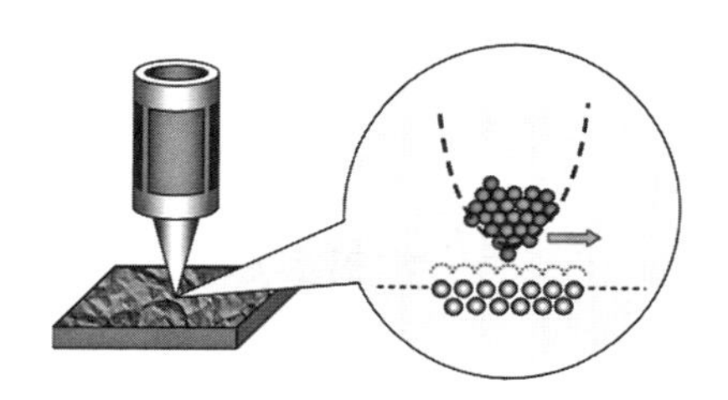
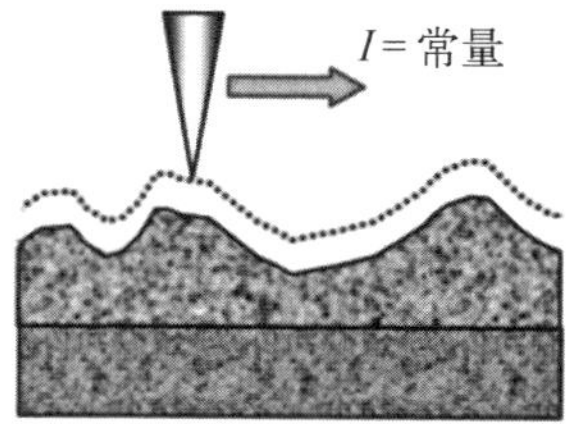

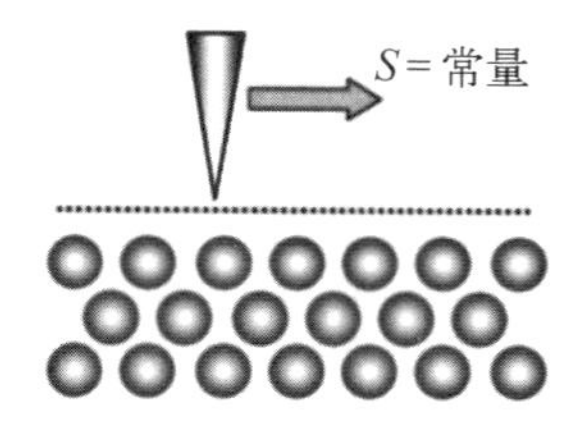


**图 2-4　扫描隧道显微镜工作模式示意图**

从 1982 年发明在真空条件下工作的 STM 以来，扫描隧道显微技术及其应用得到了迅猛发展，形成了扫描探针显微术的大家族。1984 年，STM 先后在大气、蒸馏水、盐水和电解液环境下研究不同物质的表面结构。后来，在 STM 原理的基础上又发明了一系列新型的显微镜，如原子力显微镜(atomic force microscope, AFM)。它可以直接观察原子和分子，而且用途更为广泛，对导电和非导电样品均适用，还可以作为纳米制造的手段。此外，还有激光力显微镜(LFM)、摩擦力显微镜、磁力显微镜(MFM)、静电力显微镜、扫描近场光学显微镜(SNOM)和扫描超声显微镜等。

## 2.2　有限深势阱

一维空间中运动的粒子，它的势能函数是

$$V(x)=\begin{cases}V_0, & |x|>a\\ 0, & |x|<a\end{cases} \tag{2-20}$$

势场是对称的，能量本征态具有确定的对称性。势场从左到右分成三个区域（见图 2-5）。

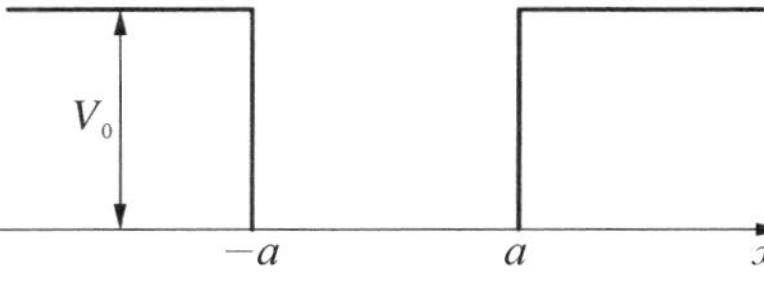


图 2-5　一维有限深势阱

宇称和宇称不守恒

薛定谔方程 $-\dfrac{\hbar^2}{2m}\dfrac{\mathrm{d}^2\psi}{\mathrm{d}x^2}+V(x)\psi=E\psi$ 在不同区域内简化为

$$\frac{\mathrm{d}^2\psi}{\mathrm{d}x^2}+\frac{2mE}{\hbar^2}\psi=0 \qquad |x|<a \tag{2-21}$$

$$\frac{\mathrm{d}^2\psi}{\mathrm{d}x^2}+\frac{2m}{\hbar^2}(E-V_0)\psi=0 \qquad |x|>a \tag{2-22}$$

讨论 $0<E<V_0$ 的情况，引入以下符号：

$$k^2=\frac{2mE}{\hbar^2},\ k'^2=\frac{2m(V_0-E)}{\hbar^2} \tag{2-23}$$

则式(2-21)变为

$$\frac{\mathrm{d}^2\psi}{\mathrm{d}x^2}+k^2\psi=0 \qquad |x|<a \tag{2-24}$$

该方程的解为

$$\psi=A\sin(kx+\delta) \qquad |x|<a \tag{2-25}$$

式(2-22)变为

$$\frac{\mathrm{d}^2\psi}{\mathrm{d}x^2}-k'^2\psi=0 \qquad |x|>a \tag{2-26}$$

势阱之外[ $x=a$ 的右方区域（区域Ⅰ）和 $x=-a$ 的左方区域（区域Ⅲ）]，方程的通解为

$$\psi=B\mathrm{e}^{-k'x}+C\mathrm{e}^{k'x} \qquad |x|>a \tag{2-27}$$

考虑到波函数标准条件 $x\to\pm\infty$，$\psi(x)\to 0$，所以

$$\psi=B\mathrm{e}^{-k'x} \qquad x>a \tag{2-28}$$

$$\psi = Ce^{k'x} \qquad x < -a \tag{2-29}$$

式中,$A$、$B$、$C$ 系数由连接条件确定。从一个区域过渡到相邻区域时,$V(x)$是不连续的,薛定谔方程中波函数的二阶导数也必定不连续,但是波函数本身和一阶导数是连续的。因此,我们有两个连续性条件,它们必须在区域之间的每一个边界条件处满足。这就给出系数 $A$、$B$、$C$ 和相位 $\delta$ 所需满足的方程。如果方程有解,就可给出能量本征值。

由于波函数和它的一阶导数的连续性,在 $x=a$ 处,有

$$A\sin(ka+\delta) = Be^{-k'a} \tag{2-30}$$

$$kA\cos(ka+\delta) = -k'Be^{-k'a} \tag{2-31}$$

求得

$$k\cot(ka+\delta) = -k' \tag{2-32}$$

同样,在 $x=-a$ 处,有

$$A\sin(-ka+\delta) = Ce^{-k'a} \tag{2-33}$$

$$kA\cos(-ka+\delta) = k'Ce^{-k'a} \tag{2-34}$$

求得

$$k\cot(-ka+\delta) = k' \tag{2-35}$$

因为 $k$、$k'$、$a$ 都是给出的,所以可以求出

$$\cot(ka+\delta) = -\cot(-ka+\delta) \tag{2-36}$$

这样求得

$$\delta = \begin{cases} n\pi \\ \left(n+\dfrac{1}{2}\right)\pi \end{cases} \quad n=0,\ \pm1,\ \pm2,\ \cdots \tag{2-37}$$

只取 $n=0$ 即可,$n$ 取其他数值不能给出新的结果。

当 $\delta=0$ 时,波函数表示为

$$\psi = \begin{cases} A\sin kx, & |x| < a \\ Be^{-k'x}, & x > a \\ Ce^{k'x}, & x < -a \end{cases} \tag{2-38}$$

在 $x=a$ 处连续,得 $A\sin(ka)=Be^{-k'a}$;在 $x=-a$ 处连续,得 $A\sin(-ka)=Ce^{-k'a}$,所以 $B=-C$。波函数表示为

$$\psi_{A}=\begin{cases}A\sin kx, & |x|<a \\ Be^{-k'x}, & x>a \\ -Be^{k'x}, & x<-a\end{cases} \tag{2-39}$$

满足 $\psi_{A}(-x)=-\psi_{A}(x)$，即波函数具有奇宇称。

代入第二组解 $\delta=\frac{\pi}{2}$，按照同样步骤求出波函数，表示为

$$\psi_{S}=\begin{cases}A\cos kx, & |x|<a \\ Be^{-k'x}, & x>a \\ Be^{k'x}, & x<-a\end{cases} \tag{2-40}$$

满足 $\psi_{S}(-x)=\psi_{S}(x)$，即波函数具有偶宇称。常数 $A$、$B$ 可由连续条件以及波函数归一化条件确定。

下面讨论能量本征值问题。

(1) 当 $\delta=0$ 时，代入式(2-35)得

$$k\cot ka=-k' \tag{2-41}$$

能量本征值可由该方程解出。采用作图法求解。为了简便，令 $u=ka$，$v=k'a$，并将上式改写成

$$u\cot u=-v \tag{2-42}$$

$u$ 和 $v$ 必须满足下列关系：

$$u^{2}+v^{2}=(k^{2}+k'^{2})a^{2}=\frac{2mV_{0}}{\hbar^{2}}a^{2} \tag{2-43}$$

$V_{0}$ 和 $a$ 已知时，由上述两个方程联立求解 $u$ 和 $v$（都取正值）。我们可以只取第一象限，画出式(2-42)代表的超越曲线和式(2-43)代表的以 $\sqrt{2mV_{0}a^{2}}/\hbar$ 为半径的圆弧曲线。仅当 $\frac{2mV_{0}a^{2}}{\hbar^{2}}\geqslant\frac{\pi^{2}}{4}$ 时，才有一个束缚态的解。

由

$$u=ka=\sqrt{2mE}\ \frac{a}{\hbar} \tag{2-44}$$

可得

$$E=\frac{\hbar^{2}u^{2}}{2ma^{2}} \tag{2-45}$$

将圆和超越曲线的交点横坐标 $u$ 的解带入式(2-45)中，得到粒子的能量可能值。

设 $\frac{2mV_0a^2}{\hbar^2}$ 分别为 1、4、12，画出式(2-43)表示的三个圆,这三个圆与曲线 $u\cot u=-v$ 的相交点给出能量本征值(见图 2-6)。可以得到,曲线与第一个圆 $\left(\frac{2mV_0a^2}{\hbar^2}=1\right)$ 没有交点,与第二个圆 $\left(\frac{2mV_0a^2}{\hbar^2}=4\right)$ 和第三个圆 $\left(\frac{2mV_0a^2}{\hbar^2}=12\right)$ 各有一个交点,这些曲线的交点各对应一个能级。

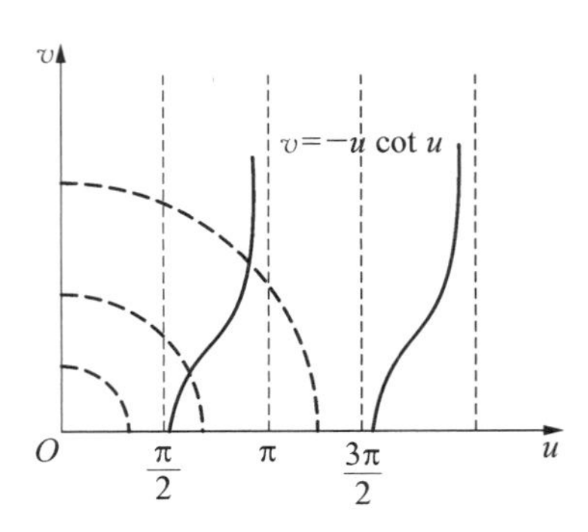

图 2-6　式(2-42)和式(2-43)联立求解

(2) 当 $\delta=\frac{\pi}{2}$ 时,代入式(2-35)得到

$$k\tan ka=k' \tag{2-46}$$

并表示为

$$u\tan u=v$$

同时结合 $u^2+v^2=\frac{2mV_0}{\hbar^2}a^2$，分析第二组曲线,画出 $u\tan u=v$ 和对应条件 $\frac{2mV_0a^2}{\hbar^2}=1,\ 4,\ 12$ 的三个圆。由图 2-7 可以得到,当 $\frac{2mV_0a^2}{\hbar^2}=1$ 和 $\frac{2mV_0a^2}{\hbar^2}=4$ 时,各有一个能级;而当 $\frac{2mV_0a^2}{\hbar^2}=12$ 时,有两个能级。

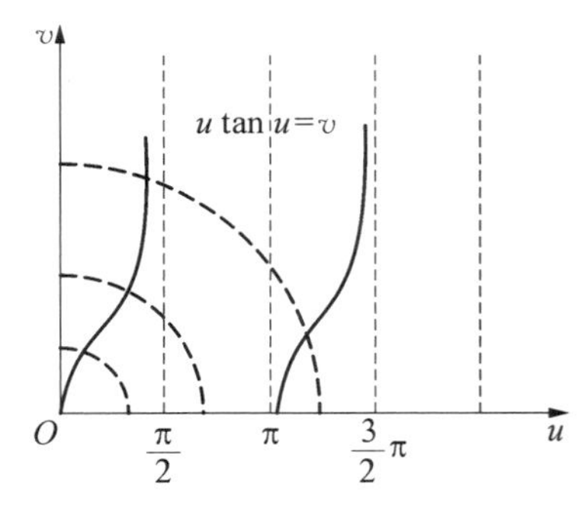

图 2-7　式(2-46)和式(2-43)联立求解

总之,当 $(n\pi)^2\leqslant\frac{2mV_0a^2}{\hbar^2}<[(n+1)\pi]^2$ 时,就有 $n+1$ 个偶宇称态,无论 $V_0a^2$ 多小,总存在一个态。因此,对于一维方势阱,总存在一个偶宇称的束缚态(基态)。当 $\left[\left(n+\frac{1}{2}\right)\pi\right]^2\leqslant\frac{2mV_0a^2}{\hbar^2}<\left[\left(n+\frac{3}{2}\right)\pi\right]^2$ 时,有 $n+1$ 个奇宇称态。注意到对于 $\frac{2mV_0a^2}{\hbar^2}<\left(\frac{\pi}{2}\right)^2$，没有奇宇称态。由以上讨论可知,当 $E<V_0$ 时,粒子能量只能取一些分立的值,这些分立的能级由势阱的深度 $V_0$ 和宽度 $a$ 共同决定。当 $x\to\pm\infty$，粒子波函数很快地趋近于零,即粒子被束缚在势垒内部,这种波函数所描写的状态称为束缚态。

如果粒子能量大于势阱深度,由式(2-21)和式(2-22)方程求得,粒子能量可取大于 $V_0$ 的任何值,即能量本征值是连续分布的。

最后给出 $V_0=\infty$ 的极限情况。由式(2-23)可知,这时 $k'=\infty$,因而两组解的波函数式(2-39)和式(2-40)可以写为

$$\psi_A=\begin{cases}A\sin kx, & |x|<a\\0, & |x|>a\end{cases} \tag{2-47}$$

$$\psi_S=\begin{cases}A\cos kx, & |x|<a\\0, & |x|>a\end{cases} \tag{2-48}$$

两组波函数在 $|x|>a$ 处都为零,说明在阱外找到粒子的概率为零,粒子不能逃出势阱。将 $k'=\infty$ 代入式(2-41)和式(2-46),可得到

$$ka=\frac{n\pi}{2} \tag{2-49}$$

对第一组解,$n$ 为偶数;对第二组解,$n$ 为奇数。由式(2-49)求出粒子能级为

$$E_n=\frac{n^2\pi^2\hbar^2}{8ma^2} \tag{2-50}$$

将式(2-49)代入式(2-47)和式(2-48)中,得出第一组解的波函数为

$$\psi_A=\begin{cases}A\sin\dfrac{n\pi}{2a}x, & |x|<a\\0, & |x|>a\end{cases} \tag{2-51}$$

第二组解的波函数为

$$\psi_S=\begin{cases}A\cos\dfrac{n\pi}{2a}x, & |x|<a\\0, & |x|>a\end{cases} \tag{2-52}$$

由归一化条件求出式(2-51)和式(2-52)中常数 $A=\dfrac{1}{\sqrt{a}}$。

## 2.3 谐振子

许多物理体系的运动都与简谐振动有关,受到微小扰动的体系可以看成谐振子系统,如分子的振动、晶格振动等。一般而言,任何一个体系在稳定平衡点附近都可以近似地用线性谐振子来表示。谐振子的势能可以表示为

$$V=\frac{1}{2}\mu\omega^2x^2 \tag{2-53}$$

式中，$\omega$ 是常量；$\mu$ 是谐振子的质量。这种体系为线性振子。在经典力学中，线性振子所做的运动是简谐振动。振子满足运动方程 $x = A\cos(\omega t + \phi)$，$A$ 是振幅，$\phi$ 是初相位，谐振子能量与振幅的平方成正比。量子理论的结果与经典力学的结果有着根本性的差异。我们用量子力学来解线性谐振子问题，求出能量和波函数。

选取适当的坐标系，则体系的薛定谔方程为

$$\left(-\frac{\hbar^2}{2\mu}\frac{d^2}{dx^2}+\frac{1}{2}\mu\omega^2x^2\right)\psi(x)=E\psi(x) \tag{2-54}$$

引入无量纲参数 $\xi$ 代替 $x$，即

$$\xi=\alpha x,\ \alpha=\sqrt{\frac{\mu\omega}{\hbar}} \tag{2-55}$$

令 $\lambda=\dfrac{E}{\frac{1}{2}\hbar\omega}$，用 $\dfrac{2}{\hbar\omega}$ 乘以式(2-54)的各项，就可把薛定谔方程改写为

$$\frac{d^2}{d\xi^2}\psi(\xi)+(\lambda-\xi^2)\psi(\xi)=0 \tag{2-56}$$

首先求出 $\xi\to\pm\infty$ 时的渐进行为。当 $\xi$ 很大时，上式的解应接近

$$\frac{d^2}{d\xi^2}\psi(\xi)-\xi^2\psi(\xi)=0 \tag{2-57}$$

其解为

$$\psi(\xi)\sim e^{\pm\frac{1}{2}\xi^2} \tag{2-58}$$

满足物理边界条件的解为

$$\psi(\xi)\sim e^{-\frac{1}{2}\xi^2} \tag{2-59}$$

因此设 $\psi(\xi)=e^{-\frac{1}{2}\xi^2}u(\xi)$，代入式(2-56)，得到 $u(\xi)$ 满足方程

$$\frac{d^2u}{d\xi^2}-2\xi\frac{du}{d\xi}+(\lambda-1)u=0 \tag{2-60}$$

上式是厄米方程(其解见附录Ⅲ)。可采用幂级数展开求解

$$u(\xi)=\sum_{k=0}^{\infty}c_k\xi^k \tag{2-61}$$

$$u'(\xi)=\sum_k c_k k\xi^{k-1} \tag{2-62}$$

$$u''(\xi)=\sum_k c_k k(k-1)\xi^{k-2} \tag{2-63}$$

所以得到

$$\sum_{k=0}^{\infty} c_k k(k-1)\xi^{k-2}-2\sum_k c_k k\xi^k+(\lambda-1)\sum_k c_k\xi^k=0 \tag{2-64}$$

比较 $\xi^j$ 的系数

$$c_{j+2}(j+2)(j+1)-2c_j j+(\lambda-1)c_j=0 \tag{2-65}$$

求得

$$c_{j+2}=\frac{2j-(\lambda-1)}{(j+2)(j+1)}c_j \tag{2-66}$$

即系数递推关系式。式(2-61)的解或者是偶次幂,或者是奇次幂。这两个解在 $\xi$ 取有限值时都收敛。

所有偶次幂系数都可以 $c_0$ 表示,所有奇次幂系数都可以 $c_1$ 表示。两个线性无关的解分别表示为

$$u_1(\xi)=c_0+c_2\xi^2+c_4\xi^4+\cdots \tag{2-67}$$

$$u_2(\xi)=c_1\xi+c_3\xi^3+c_5\xi^5+\cdots \tag{2-68}$$

这两个解在 $\xi\to\infty$ 取有限值时都收敛,所以系数 $c_{n+2}$, $c_{n+4}$, $c_{n+6}$, $\cdots$ 都为零。下面证明这个收敛性质。

当 $\xi\to\infty$ 时,级数行为是当 $j\to\infty$ 时,有

$$\frac{c_{j+2}}{c_j}\sim\frac{2}{j} \tag{2-69}$$

由级数系数关系知道,当 $j$ 为偶数 $(j=2m)$ 时,有

$$\frac{c_{2m+2}}{c_{2m}}\sim\frac{1}{m} \tag{2-70}$$

所以 $u_1(\xi)\xrightarrow{\xi\to\infty}e^{\xi^2}$。因为当 $m\to\infty$ 时,$e^{\xi^2}$ 级数的相邻系数之比也是 $\frac{1}{m}$,所以 $u_1(\xi)$ 与 $e^{\xi^2}$ 行为相同。

同理,如果 $j$ 是奇数 $(j=2m+1)$,$u_2(\xi)\xrightarrow{\xi\to\infty}\xi e^{\xi^2}$。当 $\xi\to\infty$ 时,可以得到 $\psi(\xi)=e^{-\frac{1}{2}\xi^2}u(\xi)$ 趋于无穷大,不满足波函数的基本要求,不能代表真实的状态。

所以,为求出在 $\xi\to\infty$ 时,$\psi(\xi)=e^{-\frac{1}{2}\xi^2}u(\xi)$ 是有限的波函数,$u(\xi)$ 必须是有

限多项式。为了使式(2-61)的级数在某一项中断,当

$$\lambda - 1 = 2n \qquad n = 0,\ 1,\ 2,\ \cdots \tag{2-71}$$

系数 $c_{n+2}$, $c_{n+4}$, $c_{n+6}$, … 都为零。上述要求给出的能量有一定限制,即谐振子的能量本征值为

$$E_n = \frac{\lambda}{2}\hbar\omega = \left(n + \frac{1}{2}\right)\hbar\omega \tag{2-72}$$

可以看到,谐振子的能级是量子化且均匀分布的,相邻能级间隔是 $\hbar\omega$。对应的能量本征函数为

$$\psi_n(x) = N_n H_n(\xi) \mathrm{e}^{-\frac{1}{2}\xi^2} \tag{2-73}$$

式中,$N_n$ 为归一化常数;$H_n(\xi)$ 为厄米多项式(它的数学性质见附录Ⅲ)。谐振子波函数表述为

$$\psi_n(x) = \left(\frac{\mu\omega}{\pi\hbar}\right)^{\frac{1}{4}} \frac{1}{\sqrt{2^n n!}} H_n\left(\sqrt{\frac{\mu\omega}{\hbar}}x\right) \mathrm{e}^{-\frac{\mu\omega}{2\hbar}x^2} \tag{2-74}$$

其中

$$H_n(\xi) = (-1)^n \mathrm{e}^{\xi^2} \frac{\mathrm{d}^n}{\mathrm{d}\xi^n} \mathrm{e}^{-\xi^2} \tag{2-75}$$

前面几项厄米多项式如下:

$$H_0(\xi) = 1$$

$$H_1(\xi) = 2\xi$$

$$H_2(\xi) = 4\xi^2 - 2$$

$$H_3(\xi) = 8\xi^3 - 12\xi$$

厄米多项式满足性质

$$\int_{-\infty}^{\infty} H_n(\xi) H_m(\xi) \mathrm{e}^{-\xi^2} \mathrm{d}\xi = \sqrt{\pi}\, 2^n n!\, \delta_{mn} \tag{2-76}$$

所以能量本征函数满足正交归一化条件

$$\int_{-\infty}^{\infty} \psi_n(x) \psi_m(x) \mathrm{d}x = \delta_{mn} \tag{2-77}$$

三个能量最低能级的波函数如下。

（1）基态：

$$\psi_0(x)=\left(\frac{\mu\omega}{\pi\hbar}\right)^{\frac{1}{4}}\mathrm{e}^{-\frac{\mu\omega}{2\hbar}x^2}$$

（2）第一激发态：

$$\psi_1(x)=\left(\frac{\mu\omega}{\pi\hbar}\right)^{\frac{1}{4}}\sqrt{\frac{2\mu\omega}{\hbar}}x\mathrm{e}^{-\frac{\mu\omega}{2\hbar}x^2}$$

（3）第二激发态：

$$\psi_2(x)=\left(\frac{\mu\omega}{4\pi\hbar}\right)^{\frac{1}{4}}\left(\frac{2\mu\omega}{\hbar}x^2-1\right)\mathrm{e}^{-\frac{\mu\omega}{2\hbar}x^2}$$

波函数如图 2 - 8 所示。抛物线代表势能函数，能谱用水平线表示，波浪线代表波函数 $\psi_n(x)$。注意到基态 $\psi_0(x)$ 在 $x=0$ 处有极大值，根据波函数的统计解释，粒子在平衡位置出现的概率最大。在经典物理中，谐振子在平衡位置速度最大，因而单位时间出现的概率最小。量子数 $n$ 较小时，经典结果与量子力学结果正相反。但随着量子数 $n$ 的增大，量子力学结果与经典结果趋于一致。

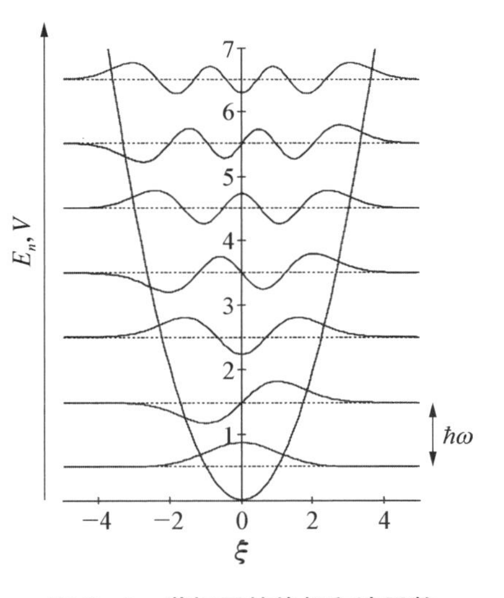


**图 2 - 8　谐振子的能级和波函数**

波函数有如下性质。

（1）具有确定宇称：当 $n$ 为偶数，有偶宇称 $\psi_n(-x)=\psi_n(x)$；当 $n$ 为奇数，有奇宇称 $\psi_n(-x)=-\psi_n(x)$。

（2）最低的能态是偶宇称的，能量是 $E_0=\hbar\omega/2$，第一激发态能量是 $E_1=3\hbar\omega/2$，而且是奇宇称态。谐振子能谱除了附加常数项 $\hbar\omega/2$ 以外，正好对应普朗克黑体辐射能谱。能谱中的常数项就是著名的零点能。零点能是微观粒子波粒二象性的表现。同样，可以用不确定度关系说明。

（3）选择定则，考虑不同量子态之间跃迁矩阵元

$$x_{nm}=\int_{-\infty}^{\infty}\psi_n^*(x)x\psi_m(x)\mathrm{d}x$$

考虑到厄米多项式关系

$$\xi H_m(\xi)=mH_{m-1}(\xi)+\frac{1}{2}H_{m+1}(\xi)$$

矩阵元可以化为

$$
\begin{aligned}
x_{nm} &= \frac{1}{\alpha^2}\int_{-\infty}^{\infty} N_n(\xi) N_m(\xi) \mathrm{e}^{-\xi^2} H_n(\xi)\xi H_m(\xi)\mathrm{d}\xi \\
&= \frac{1}{\alpha^2}\int_{-\infty}^{\infty} N_n N_m \mathrm{e}^{-\xi^2}\left[ m H_n(\xi) H_{m-1}(\xi) + \frac{1}{2} H_n(\xi) H_{m+1}(\xi)\right]\mathrm{d}\xi \\
&= \frac{1}{\alpha}\left[ m\frac{N_m}{N_{m-1}}\int_{-\infty}^{\infty}\psi_n(x)\psi_{m-1}(x)\mathrm{d}x + \frac{N_m}{2N_{m+1}}\int_{-\infty}^{\infty}\psi_n(x)\psi_{m+1}(x)\mathrm{d}x\right] \\
&= \frac{1}{\alpha}\left(\sqrt{\frac{m}{2}}\delta_{n,\,m-1} + \sqrt{\frac{m+1}{2}}\delta_{n,\,m+1}\right)
\end{aligned}
$$

这个表达式得出,只有 $n=m-1$ 或 $n=m+1$ 的矩阵元不等于零,量子数的跃迁定则决定于

$$
\Delta n = \pm 1
$$

它证明了只有在相邻能级之间,跃迁才可能发生。可以在此基础上讨论谐振子的辐射问题。

**例 2-1** 频率为 $\omega$ 的一维谐振子 $t=0$ 时的波函数为

$$
\Psi(x,\,0) = A[\psi_0(x) + 3\mathrm{i}\psi_1(x) + 2\psi_2(x)]
$$

(i 为虚数单位),$A$ 为待定常数,$\psi_n(x)$ 为谐振子能量本征函数,求

(1) $t$ 时刻的归一化波函数;

(2) $t$ 时刻测量能量为 $3\hbar\omega/2$ 的概率;

(3) $t$ 时刻体系的平均能量。

**解** (1) 谐振子的波函数随着时间演化满足 $\Psi(x,\,t)=\sum_n C_n\psi_n(x)\mathrm{e}^{-\mathrm{i}\frac{E_n}{\hbar}t}$,其中 $E_n=\left(n+\frac{1}{2}\right)\hbar\omega$。

由波函数的归一化条件得 $1=\int_{-\infty}^{\infty}\Psi^*(x,\,0)\Psi(x,\,0)\mathrm{d}x$,所以 $A=\frac{1}{\sqrt{14}}$。

$$
\begin{aligned}
\Psi(x,\,t) &= A\left[\psi_0(x)\mathrm{e}^{-\mathrm{i}\frac{E_0}{\hbar}t} + 3\mathrm{i}\psi_1(x)\mathrm{e}^{-\mathrm{i}\frac{E_1}{\hbar}t} + 2\psi_2(x)\mathrm{e}^{-\mathrm{i}\frac{E_2}{\hbar}t}\right] \\
&= A\left[\psi_0(x)\mathrm{e}^{-\mathrm{i}\frac{\omega}{2}t} + 3\mathrm{i}\psi_1(x)\mathrm{e}^{-\mathrm{i}\frac{3\omega}{2}t} + 2\psi_2(x)\mathrm{e}^{-\mathrm{i}\frac{5\omega}{2}t}\right]
\end{aligned}
$$

(2) 测量能量为 $3\hbar\omega/2$ 的概率,振子处于 $n=1$ 的状态的概率

$$
P = \left|\frac{3\mathrm{i}\mathrm{e}^{-\mathrm{i}\frac{3\omega t}{2}}}{\sqrt{1^2+3^2+2^2}}\right|^2 = \frac{9}{14}
$$

(3) 体系的平均能量 $\bar{E} = E_0 \mid C_0 \mid^2 + E_1 \mid C_1 \mid^2 + E_2 \mid C_2 \mid^2$

$$= \frac{\hbar\omega}{2}\left|\frac{e^{-i\frac{\omega t}{2}}}{\sqrt{1^2+3^2+2^2}}\right|^2 + \frac{3\hbar\omega}{2}\left|\frac{3e^{-i\frac{3\omega t}{2}}}{\sqrt{1^2+3^2+2^2}}\right|^2 + \frac{5\hbar\omega}{2}\left|\frac{2e^{-i\frac{5\omega t}{2}}}{\sqrt{1^2+3^2+2^2}}\right|^2 = \frac{12\hbar\omega}{7}$$

## 2.4　氢原子

氢原子是一个质子(电荷为 $+e$) 和一个电子(电荷为 $-e$) 组成的两体系统,二者之间存在库仑相互作用。由于质子的质量 $(M)$ 大约是电子质量 $m_e$ 的两千倍,作为近似处理,可以建立以质子为坐标原点的坐标系,电子位置用球坐标 $(r, \theta, \varphi)$ 表示。氢原子如同一个电子的陷阱,它把一个电子限定在某一区域。本节通过求解氢原子的薛定谔方程,解析得到当电子处于束缚态时,氢原子具有一系列确定能量的量子态。

### 2.4.1　氢原子的薛定谔方程

氢原子中电子的势能为

$$V(r) = -\frac{Ze^2}{4\pi\varepsilon_0 r} \tag{2-78}$$

式中, $Ze$ 是原子核的电荷,对于氢原子核, $Z=1$。 设原子核静止,将 $V(r)$ 代入定态薛定谔方程,得

$$\hat{H}\psi = \left(-\frac{\hbar^2}{2m}\nabla^2 - \frac{Ze^2}{4\pi\varepsilon_0 r}\right)\psi = E\psi \tag{2-79}$$

式中, $\nabla^2$ 是拉普拉斯算符, $m$ 是约化质量 $Mm_e/(M+m_e)$。 由于哈密顿量有球对称性,在球坐标中讨论比较方便,拉普拉斯算符用球坐标表示为

$$\begin{aligned}\nabla^2 &= \frac{1}{r^2}\frac{\partial}{\partial r}\left(r^2\frac{\partial}{\partial r}\right) + \frac{1}{r^2\sin\theta}\frac{\partial}{\partial\theta}\left(\sin\theta\frac{\partial}{\partial\theta}\right) + \frac{1}{r^2\sin\theta}\frac{\partial^2}{\partial\varphi^2}\\ &= \frac{1}{r^2}\frac{\partial}{\partial r}\left(r^2\frac{\partial}{\partial r}\right) - \frac{\hat{L}^2}{r^2\hbar^2}\end{aligned}$$

用分离变量法求解

$$\hat{H} = -\frac{\hbar^2}{2mr^2}\frac{\partial}{\partial r}\left(r^2\frac{\partial}{\partial r}\right) + \frac{\hat{L}^2}{2mr^2} + V(r) \tag{2-80}$$

式中,第一项是径向动能算符;第二项是离心势能。容易证明, $\hat{H}$、$\hat{\boldsymbol{L}}^2$、$\hat{L}_z$ 三者是彼此对易的,所以三者构成力学量完全集,有一套共同本征函数。

在这套本征函数中，能量、角动量、角动量 $z$ 分量有确定值。而 $L^2$ 和 $L_z$ 的本征函数和本征值如下：

$$\hat{\boldsymbol{L}}^2 Y_{lm}(\theta,\ \phi) = l(l+1)\hbar^2 Y_{lm}(\theta,\ \phi) \tag{2-81}$$

$$\hat{L}_z Y_{lm}(\theta,\ \phi) = m_l \hbar Y_{lm}(\theta,\ \phi) \tag{2-82}$$

$$l = 0,\ 1,\ 2,\ \cdots \tag{2-83}$$

$$m_l = -l,\ -l+1,\ \cdots,\ +l \tag{2-84}$$

式中，$l$ 是角量子数；$m_l$ 是磁量子数。对一个确定的角量子数 $l$，$m_l$ 可以取 $2l+1$ 个值。这表明角动量在空间取向只有 $2l+1$ 个可能(其解见附录Ⅳ)。

$\hat{H}$、$\hat{\boldsymbol{L}}^2$、$\hat{L}_z$ 的共同本征函数可写成分离变量形式：

$$\psi(r,\ \theta,\ \phi) = R(r)Y_{lm}(\theta,\ \phi) = R(r)\Theta(\theta)\Phi(\varphi)$$

将其代入薛定谔方程，得

$$\left[-\frac{\hbar^2}{2mr^2}\frac{\partial}{\partial r}\left(r^2\frac{\partial}{\partial r}\right) + \frac{l(l+1)\hbar^2}{2mr^2} + V(r)\right]R(r)Y_{lm}(\theta,\ \phi) = ER(r)Y_{lm}(\theta,\ \phi)$$

经过一些数学计算后，得到三个独立函数 $R(r)$、$\Theta(\theta)$、$\Phi(\varphi)$ 满足的三个常微分方程：

$$\frac{\mathrm{d}^2\Phi}{\mathrm{d}\varphi^2} + m_l^2\Phi = 0 \tag{2-85}$$

$$\frac{1}{\sin\theta}\frac{\mathrm{d}}{\mathrm{d}\theta}\left(\sin\theta\frac{\mathrm{d}\Theta}{\mathrm{d}\theta}\right) + \left[l(l+1) - \frac{m_l^2}{\sin^2\theta}\right]\Theta = 0 \tag{2-86}$$

$$\frac{1}{r^2}\frac{\partial}{\partial r}\left[r^2\frac{\mathrm{d}R(r)}{\mathrm{d}r}\right] + \left\{\frac{2m}{\hbar^2}[E - V(r)] - \frac{l(l+1)}{r^2}\right\}R(r) = 0 \tag{2-87}$$

式(2-87)称为径向方程。这是中心力场中波函数径向部分所满足的方程，给定具体的 $V(r)$ 可以求出对应的 $R(r)$ 和能量 $E$ (其解见附录Ⅴ)。

令 $R(r) = \dfrac{u(r)}{r}$，由式(2-87)得

$$\frac{\mathrm{d}^2 u(r)}{\mathrm{d}r^2} + \left\{\frac{2m}{\hbar^2}[E - V(r)] - \frac{l(l+1)}{r^2}\right\}u(r) = 0 \tag{2-88}$$

显然，$u(r)$ 必须满足边界条件

$$\mathrm{Lim}_{r\to 0}\, u(r) = 0$$
$$\mathrm{Lim}_{r\to\infty}\, u(r) = 0 \text{ 或有界}$$

这样可以保证 $\psi$ 有界及可归一化(归一化成 1 或狄拉克 $\delta$ 函数)，通常势场 $V(r)$ 是

单调的，并且在 $r\to\infty$ 时 $V(r)\to 0$，所解得的能量本征值通常分成两部分。

(1) $E<0$，本征值谱分立（束缚态）。其本征函数和本征值有解析解，这里直接给出结果(其解见附录Ⅵ)。

能量本征值为

$$E_n=-\frac{m_e e^4}{2(4\pi\varepsilon_0)^2\hbar^2 n^2}\approx-\frac{13.6\ \text{eV}}{n^2} \tag{2-89}$$

式中，$n$ 是主量子数，能量量子化特征是波函数满足标准条件的自然结果。图2-9中画出了基态(最低能量)和激发态的能量。

尽管式(2-88)的大括号里有参数 $l$，但是本征值仅仅依赖于一个量子数 $n$，与 $l$ 无关。这一结果与库仑势的特殊形式有关。式(2-87)的本征函数 $R(r)$ 则需要两个量子数表示，记作 $R_{nl}(r)$，$l=0, 1, 2, \cdots, n-1$。下面给出几个低能级的径向波函数：

$$R_{10}(r)=\frac{2}{a^{3/2}}e^{-\frac{r}{a}}$$

$$R_{20}(r)=\frac{1}{\sqrt{2}a^{3/2}}\left(1-\frac{r}{2a}\right)e^{-\frac{r}{2a}}$$

$$R_{21}(r)=\frac{1}{2\sqrt{6}a^{3/2}}\frac{r}{a}e^{-\frac{r}{2a}}$$

式中，氢原子的玻尔半径 $a=\dfrac{4\pi\varepsilon_0\hbar^2}{m_e e^2}\approx 0.53$ Å。氢原子的径向波函数部分满足归一化条件：

$$\int_0^\infty |R_{nl}(r)|^2 r^2 \mathrm{d}r=1$$

(2) $E>0$，本征值谱连续（散射问题)，式(2-88)能量有连续值。也就是说，电子不再被原子核束缚，而作自由运动。在图2-9中，$n\to\infty$，对应能量 $E_n=0$，对于更高能量的电子和质子没有束缚在一起，原子处在电离状态，能量可连续变化，因而在图2-9中的相应区域是非量子化区。

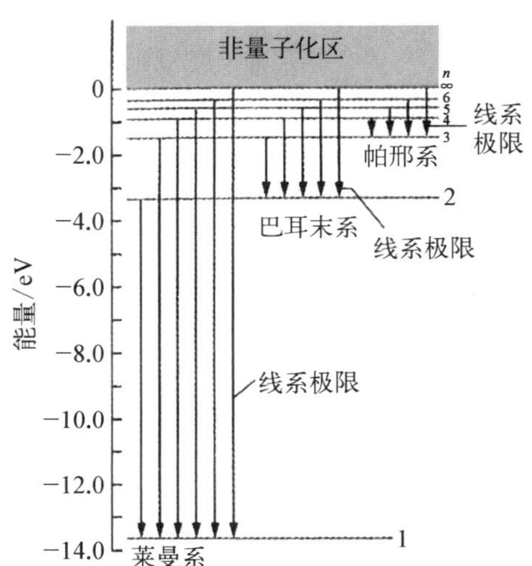

图2-9　氢原子能级和光谱系

以下将对氢原子光谱、量子数与电子状态、类氢离子进行详细讨论。

(1) 氢原子光谱。由式(2-89)可知，氢原子能谱是离散谱，主量子数 $n$ 增大，能级值越大,相邻能级间隔随着 $n$ 的增大而变小。根据原子物理知识,原子光谱源于原子中电子从较高能级 $E_n$ 向较低能级 $E_s$ 的跃迁,所发射光子的频率满足

$$E_n - E_s = h\nu,\ n > s$$

同理,原子吸收一个光子从较低能级 $E_s$ 跃迁到较高能级 $E_n$。也就是说,吸收(发射)光子的频率由两量子能级的能级差决定,对应的 $\nu$(或波长 $\lambda$)就是一条谱线,其波数(波长的倒数)为

$$\tilde{\nu}_{sn} = \frac{E_n - E_s}{hc} = R_\infty\left(\frac{1}{s^2} - \frac{1}{n^2}\right)$$

式中,$R_\infty$ 为里德伯常量,$R_\infty = \dfrac{m_e e^4}{8\varepsilon_0^2 h^3 c} = 1.097\,373\,1 \times 10^7\ \mathrm{m}^{-1}$,其理论值与实验值符合得很好。图 2-9 中表示出了氢原子能态所产生的各谱线系:莱曼系、巴耳末系、帕邢系、布拉开系、普丰德系等。例如,巴耳末系的四条谱线在可见光范围内,频率最低的谱线是从 $n=3$ 跃迁到 $s=2$,发射光是红光;下一个跃迁是从 $n=4$ 跃迁到 $s=2$,光子能量较大,对应的波长较短,发射光是蓝色。以此类推,随着 $n$ 的增大,发射光子频率变大,当量子数 $n=\infty$ 最高能级跃迁到 $s=2$,产生了巴尔末系的线系极限。因此,线系极限是相应的谱线系中的最短波长。图 2-10 是氢原子巴耳末发射谱线系的照片,谱线系的线系极限用一个三角形标出。玻尔早期量子理论也对氢原子光谱给出了很好的解释。

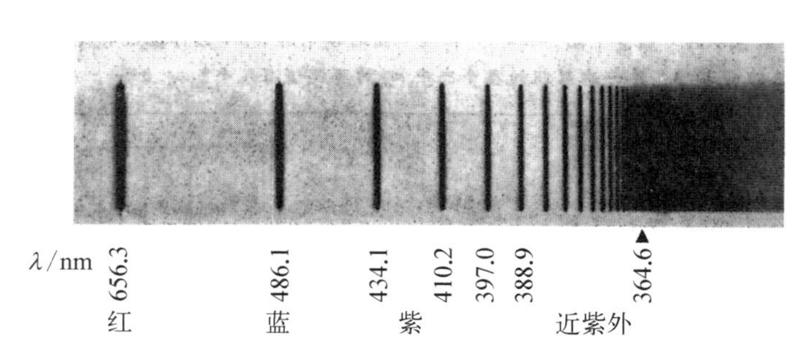


**图 2-10 氢原子巴尔末系**

(2) 量子数与电子状态。求解氢原子的薛定谔方程给出了三个重要的量子数($n$, $l$, $m_l$)。除了主量子 $n$ 表征能量子量子化,氢原子中电子状态还需要 $l$、$m_l$ 来描述。要得到式(2-85)和式(2-86)确定的解,氢原子电子绕核运动的角动量需要满足量子化条件 $L=\sqrt{l(l+1)}\hbar$,式中,$l=0, 1, 2, \cdots, n-1$,$l$ 称为轨道角动量量子数,简称角量子数。值得注意的是,角动量的最小值为零,氢原子的基态角动量为零。

同时,电子绕核运动的角动量的方向在空间的取向不能连续地改变,只能取一

些特定方向，即角动量 $L$ 在外磁场方向的投影分量 $L_z$ 满足量子化条件：

$$L_z = m_l \hbar$$

这称为空间量子化，$m_l$ 为磁量子数。对于一定的角量子数 $l$，磁量子数 $m_l$ 有 $2l+1$ 个值。如 $l=1$，$m_l$ 有 $0, \pm 1$ 三个值。塞曼效应证实了电子轨道角动量存在空间取向量子化。例如，氢原子从第一激发态 $(l=1)$ 跃迁到基态 $(l=0)$ 时，发射光谱中只有一条谱线，但当原子处于外磁场 $\boldsymbol{B}$ 中，上述谱线分裂为三条谱线，这类现象称为塞曼效应。这种谱线在磁场中的分裂现象可由轨道角动量空间量子化解释。当 $l=1$ 时，磁场中电子轨道角动量 $L$ 有三种可能的取向，即 $L_z$ 可取 $0, \pm\hbar$，而电子的轨道磁矩 $\boldsymbol{\mu}_l = -\dfrac{e}{2m_e}\boldsymbol{L}$ 在外磁场中有三种不同取向，对应附加磁能 $\left(\Delta E = -\boldsymbol{\mu}_l \cdot \boldsymbol{B} = \dfrac{e}{2m_e}L_z B = m_l \dfrac{e\hbar}{2m_e}B\right)$ 有三种不同取值，这样使氢原子的第一激发态能级分裂为三个子能级，而基态能级不变，所以原来的一条谱线分裂为三条谱线。

综上所述，氢原子中电子的稳定状态可以用一组量子数 $(n, l, m_l)$ 来描写。一般情况下，电子的能量主要决定于主量子数 $n$，与角量子数 $l$ 只有轻微关系。在无磁场时，电子能量与磁量子数无关。因此，电子的状态可以用 $n$、$l$ 来表示。习惯上用 s，p，d，f，g，… 字母表示 $l=0, 1, 2, 3, 4, \cdots$ 状态，具有角量子数 $l=0, 1, 2, 3, 4, \cdots$ 的电子分别称为 s 电子、p 电子、d 电子、f 电子及 g 电子等。

(3) 类氢离子。类氢离子是只有一个电子绕核转动的离子，如 $He^+$、$Li^{2+}$、$Be^{3+}$ 等，其能级公式为

$$E_n = -\frac{m_e Z^2 e^4}{2(4\pi\varepsilon_0)^2 \hbar^2 n^2} \tag{2-90}$$

这里要提及历史上一个重要事件——皮克林(Pickering)线系理论解释。1897 年，美国天文学家皮克林在恒星弧矢增二十二的光谱中发现了一组独特的线系，有一些谱线靠近巴耳末线系，但又不完全重合，另外有一些谱线位于巴耳末线系两邻近谱线之间。这个线系称为皮克林线系，起初被认为是氢的谱线，然而玻尔提出皮克林线系是类氢离子 $He^+$ 发出的谱线。随后，英国物理学家埃万斯在实验室中观察了 $He^+$ 的光谱，证实玻尔的判断完全正确。根据式(2-90)，$He^+$ $(Z=2)$ 从 $E_n$ 向较低能级 $E_s$ 的跃迁发出的波数为

$$\tilde{\nu}_{sn} = 4R_\infty\left(\frac{1}{s^2} - \frac{1}{n^2}\right)$$

对于 $s=4$，$n=5, 6, 7, \cdots$，有

$$\tilde{\nu}_{4n} = R_\infty\left(\frac{1}{4} - \frac{4}{n^2}\right) \xrightarrow{n\to\infty} \frac{R_\infty}{4}$$

而氢原子巴耳末系，$s=2$，$n=3, 4, 5, \cdots$，波数为

$$\tilde{\nu}_{2n}=R_{\infty}\left(\frac{1}{4}-\frac{1}{n^2}\right)\xrightarrow{n\to\infty}\frac{R_{\infty}}{4}$$

它们具有相同的高频率极限。实际上，考虑到 $He^+$ 与氢原子的核质量不同，电子约化质量不同及里德伯常量略有差异，所以两个线系的极限有微小的差异。

### 2.4.2 电子的概率分布

按照波函数的物理诠释，对于定态，$|\psi_{nlm}|^2=|R_{nl}(r)Y_{lm}(\theta, \phi)|^2$ 代表电子的概率密度。概率密度乘以球坐标的体积元 $\mathrm{d}\tau=r^2\sin\theta\mathrm{d}r\mathrm{d}\theta\mathrm{d}\varphi=r^2\mathrm{d}r\mathrm{d}\Omega$，其中 $\mathrm{d}\Omega=\sin\theta\mathrm{d}\theta\mathrm{d}\varphi$，$\mathrm{d}\Omega$ 是 $(\theta, \varphi)$ 方向上的立体角元，则

$$|\psi_{nlm}|^2\mathrm{d}\tau=|R_{nl}(r)Y_{lm}(\theta, \varphi)|^2r^2\mathrm{d}r\mathrm{d}\Omega \tag{2-91}$$

上式代表电子出现在体积元 $\mathrm{d}\tau$ 中的概率，且满足归一化条件

$$\int|\psi_{nlm}(r, \theta, \phi)|^2r^2\mathrm{d}r\mathrm{d}\Omega=1 \tag{2-92}$$

以此分析电子空间概率分布特征。

1) 径向概率分布

电子距离核 $r\to r+\mathrm{d}r$ 的概率，无关方向，这个概率就是电子出现在 $(r, r+\mathrm{d}r)$ 球壳的概率：

$$r^2\mathrm{d}r\int\mathrm{d}\Omega\ |R_{nl}(r)Y_{lm}(\theta, \varphi)|^2=|R_{nl}(r)|^2r^2\mathrm{d}r=W_{nl}\mathrm{d}r \tag{2-93}$$

式中，$|R_{nl}(r)|^2r^2\mathrm{d}r$ 代表电子出现在距离核为 $r$、厚度为 $\mathrm{d}r$ 的球壳内的概率。$W_{nl}$ 称为径向概率分布函数，它只与电子离开核的距离有关，不同 $n$、$l$，$W_{nl}$（纵坐标）随着 $r/a$（横坐标）的变化如图 2-11 所示。

对于每一个状态，相应概率分布有一个或几个高峰；还有零个或若干个节点，节点数为 $n-l-1$。例如基态

$$W_{10}=r^2|R_{10}(r)|^2=\frac{4r^2}{a^3}\mathrm{e}^{-\frac{2r}{a}} \tag{2-94}$$

由 $W_{10}$ 极大值条件得到，高峰出现在 $\frac{r}{a}=1$，也就是出现第一玻尔半径处，因此电子出现在该处的概率最大。尽管量子力学中电子无严格的轨道概念，但对于基态氢原子，量子力学给出的最可几半径与玻尔的原子结构——量子化轨道半径 $a$ 相同。而量子理论指明电子可以出现在量子轨道之外，电子的空间分布（电子的概率

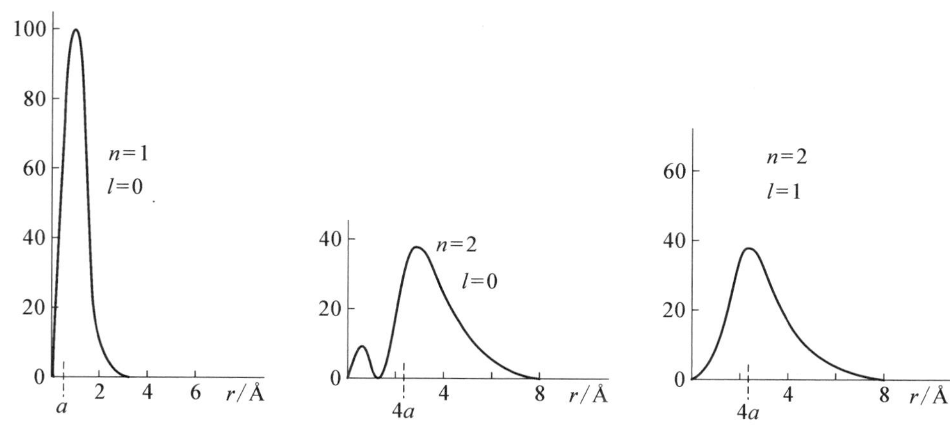


**图 2-11　$W_{nl}$ 与 $r/a$ 的函数关系**

分布)像“电子云”。

2）角向概率分布

若不考虑径向位置,电子出现在 $(\theta,\ \varphi)$ 方向的立体角 $d\Omega$ 中的概率为

$$d\Omega\int |R_{nl}(r)Y_{lm}(\theta,\ \varphi)|^2 r^2 dr = |Y_{lm}(\theta,\ \varphi)|^2 d\Omega = |\Theta(\theta)\Phi(\varphi)|^2 d\Omega$$
$$= |\Theta(\theta)|^2 d\Omega \tag{2-95}$$

由式(2-85)解得 $\Phi(\varphi)\propto e^{im\varphi}$, $|\Phi(\varphi)|^2$ 为常数,因而概率分布与 $\varphi$ 无关,也就是说,角向的概率分布函数对于 $z$ 轴具有旋转对称性。例如对于 $l=0$, s 电子,有

$$|Y_{00}(\theta,\ \varphi)|^2 = \frac{1}{4\pi} \tag{2-96}$$

对于 $l=1$, p 电子,有

$$|Y_{10}(\theta,\ \varphi)|^2 = \frac{3}{4\pi}\cos^2\theta \tag{2-97}$$

$$|Y_{1\pm1}(\theta,\ \varphi)|^2 = \frac{3}{8\pi}\sin^2\theta \tag{2-98}$$

对于 $l=2$, d 电子,有

$$|Y_{20}(\theta,\ \varphi)|^2 = \frac{5}{16\pi}(3\cos^2\theta - 1)^2 \tag{2-99}$$

$$|Y_{2\pm1}(\theta,\ \varphi)|^2 = \frac{15}{8\pi}\sin^2\theta\cos^2\theta \tag{2-100}$$

$$|Y_{2\pm2}(\theta,\ \varphi)|^2 = \frac{15}{32\pi}\sin^4\theta \tag{2-101}$$

图 2-12 是角向概率密度与角度关系的几个图形。可以看出，s 轨道角分布是球对称的，而 p 轨道的角分布则呈现“哑铃”状。

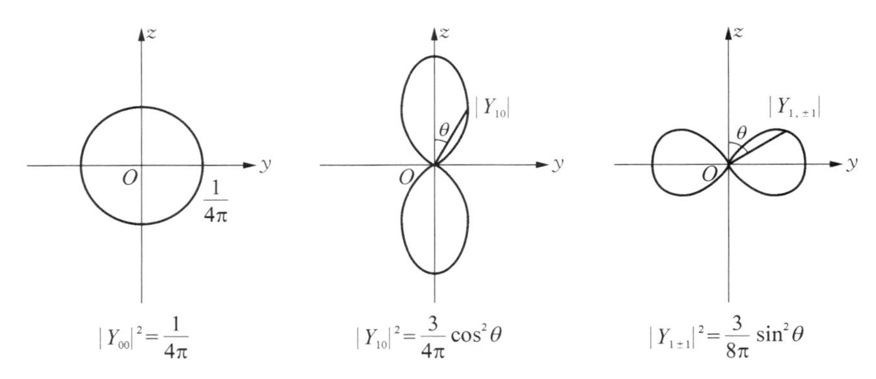


**图 2-12 电子的角向概率分布**

### 2.4.3 原子的电子壳层结构

上述概念在讨论多电子的原子结构问题时是很重要的。考虑电子的自旋，原子中电子状态由四个量子数来确定：主量子数 $n$、角量子数 $l$、磁量子数 $m_l$、自旋磁量子数 $m_s$。泡利(Pauli)指出，不可能有两个或两个以上的电子处在同一量子状态，即不可能具有相同的四个量子数，这称为泡利不相容原理。理论和实验均证明，包括电子在内，自旋为半整数的粒子都遵守泡利不相容原理，这类粒子称为费米子，例如质子、中子。还有一些粒子的自旋为整数，则不受泡利不相容原理限制，它们称为玻色子，例如光子等。

原子处于正常状态时，每一个电子趋向于占据尽可能低的能级，然后按照能量由低到高逐渐填充原子的各个状态，使得电子在核外有确定的排布。当原子中电子的能量最小时，整个原子的能量最低，称原子处于基态。当 $n$ 给定时，$l$ 的可能值共 $n$ 个；当 $l$ 给定时，$m_l$ 的可能值共 $2l+1$ 个；当 $n$、$l$、$m_l$ 都给定时，$m_s$ 取 $\frac{1}{2}$ 和 $-\frac{1}{2}$ 两个可能值。所以根据泡利不相容原理可以算出，原子中具有相同主量子数 $n$ 的电子数最多为

$$N_n=\sum_{l=0}^{n-1}2(2l+1)=2n^2 \tag{2-102}$$

全同粒子

1916 年，W. 科塞尔(W. Kossel)认为绕核运动的电子组成许多壳层，主量子数相同的电子属于同一壳层。$n$ 相同、不同的 $l$ 组成分壳层，对于 $n=1, 2, 3, \cdots$ 的

壳层,分别用 K、L、M、N、O、…来表示。所以当 $n=1$ 而 $l=0$ 时,K 壳层上可能有两个 s 电子,用 $1s^2$ 表示;当 $n=2$ 而 $l=0$(L 壳层,s 分层)时,可能有两个 s 电子,用 $2s^2$ 表示;当 $n=2$ 而 $l=1$(L 壳层,p 分层)时,可能有 6 个 p 电子,用 $2p^6$ 表示;所以 L 壳层上最多可能有 8 个电子,以此类推。表 2-1 列出了原子内主量子数 $n$ 壳层上最多可容纳的电子数 $N_n$ 和具有相同 $l$ 的分层上最多可能有的电子数。

**表 2-1 原子中壳层和分层最多容纳的电子数**

| $n$ \ $l$ | 0<br>s | 1<br>p | 2<br>d | 3<br>f | 4<br>g | 5<br>h | 6<br>i | $N_n$ |
|---|---|---|---|---|---|---|---|---|
| 1K | 2 | | | | | | | 2 |
| 2L | 2 | 6 | | | | | | 8 |
| 3M | 2 | 6 | 10 | | | | | 18 |
| 4N | 2 | 6 | 10 | 14 | | | | 32 |
| 5O | 2 | 6 | 10 | 14 | 18 | | | 50 |
| 6P | 2 | 6 | 10 | 14 | 18 | 22 | | 72 |
| 7Q | 2 | 6 | 10 | 14 | 18 | 22 | 26 | 98 |

能级的高低基本取决于主量子数 $n$, $n$ 愈小,能级愈低。原子中的电子一般按照 $n$ 由小到大的次序填入各能级。能级越低,也就是离核越近的壳层,首先被电子填充,其余电子依次向未被占据的最低能级填充,直至所有 $Z$ 个核外电子分别填入可能占据的最低能级为止。由于能量还与副量子数 $l$ 有关,所以在有些情况下,$n$ 较小的壳层尚未填满时,下一个壳层上就开始有电子填入了。关于 $n$ 和 $l$ 都不同时能级的高低问题,要在考虑电子轨道、自旋耦合作用后,通过求解薛定谔方程来确定。对此,我国科学家徐光宪教授总结出这样的规律:对于原子的外层电子,能级高低可以用 $n+0.7l$ 值来比较,其值越大,能级越高。此规律称为徐光宪定则。例如,3d 态能级比 4s 态能级高,因此钾的第 19 个电子不是填入 3d 态,而是填入 4s 态。

**例 2-2** 氢原子的能量本征函数为 $\psi_{nlm_l}$,能量本征值为 $E_n$,这里 $n$ 为主量子数,$l$ 为角量子数,$m_l$ 为磁量子数。在 $t=0$ 时,氢原子的波函数为 $\psi(\vec{r},\ 0)=\frac{1}{\sqrt{10}}(2\psi_{100}+\psi_{210}+\sqrt{2}\psi_{211}+\sqrt{3}\psi_{21-1})$,不考虑自旋。

(1) 写出任意时刻 $t$ 体系的波函数 $\psi(\vec{r},\ t)$;

(2) 求任意时刻 $t$ 体系处于 $l=1$, $m_l=1$ 态的概率;

(3) 求任意时刻 $t$ 体系处于 $m_l=0$ 态的概率;

(4) 求任意时刻 $t$ 体系的平均能量,角动量平方算符的平均值及角动量 $z$ 分量算符的平均值。

**解** (1) 任意时刻 $t$ 体系的波函数

$$\psi(\vec{r},\ t)=\frac{1}{\sqrt{10}}(2\mathrm{e}^{-\mathrm{i}E_1 t/\hbar}\psi_{100}+\mathrm{e}^{-\mathrm{i}E_2 t/\hbar}\psi_{210}+\sqrt{2}\,\mathrm{e}^{-\mathrm{i}E_2 t/\hbar}\psi_{211}+\sqrt{3}\,\mathrm{e}^{-\mathrm{i}E_2 t/\hbar}\psi_{21-1})$$

(2) 在任意时刻 $t$ 体系处于 $l=1$,$m_l=1$ 的态的概率是 $\left(\frac{\sqrt{2}}{\sqrt{10}}\right)^2=\frac{1}{5}$。

(3) 在任意时刻 $t$ 体系处于 $m_l=0$ 的态的概率是 $\left(\frac{2}{\sqrt{10}}\right)^2+\left(\frac{1}{\sqrt{10}}\right)^2=\frac{1}{2}$。

(4) 任意时刻 $t$ 体系的平均能量 $\bar{E}=\frac{4}{10}E_1+\frac{6}{10}E_2$,

角动量平方算符的平均值 $\bar{L}^2=\left(\frac{1}{10}+\frac{2}{10}+\frac{3}{10}\right)2\hbar^2=\frac{6}{5}\hbar^2$

角动量 $z$ 分量算符的平均值 $\bar{L}_z=\frac{2}{10}\hbar-\frac{3}{10}\hbar=-\frac{1}{10}\hbar$

**例 2-3** 氢原子处在基态 $\psi(r,\ \theta,\ \varphi)=\frac{1}{\sqrt{\pi a_0^3}}\mathrm{e}^{-r/a_0}$,$a_0$ 为玻尔半径,求电子的径向概率密度(径向概率分布函数)、最可几半径(径向概率密度最大值对应的半径)及 $\frac{1}{r^2}$ 的平均值。

**解** 电子在 $r\sim r+\mathrm{d}r$ 球壳内出现的概率为 $\rho(r)\mathrm{d}r=|\psi|^2\mathrm{d}V=|\psi|^2 4\pi r^2\mathrm{d}r=\frac{4}{a_0^3}\mathrm{e}^{-2r/a_0}r^2\mathrm{d}r$,所以径向概率密度为

$$\rho(r)=\frac{4}{a_0^3}\mathrm{e}^{-2r/a_0}r^2$$

径向概率密度最大值对应的半径(即最可几半径)条件

$$\frac{d\rho(r)}{\mathrm{d}r}=\frac{4}{a_0^3}\left(2-\frac{2}{a_0}r\right)r\mathrm{e}^{-2r/a_0}=0$$

所以

$$r=a_0$$

$\frac{1}{r^2}$ 的平均值:

$$\overline{\frac{1}{r^2}}=\int_0^\infty \frac{1}{r^2}\frac{4}{a_0^3}\mathrm{e}^{-2r/a_0}r^2\mathrm{d}r=\frac{4}{a_0^3}\int_0^\infty \mathrm{e}^{-2r/a_0}\mathrm{d}r=\frac{2}{a_0^2}$$

# 本章提要

1. 方势垒和隧道效应

入射波遇到势垒分为反射波和透射波，在方势垒的边界上，波函数和其导数是连续的。透射系数是

$$T=\left|\frac{C}{A}\right|^2=\frac{4k^2k'^2}{(k^2+k'^2)^2\sinh^2(k'a)+4k^2k'^2}$$

入射粒子能量低于势垒高度时，发生隧穿现象。

2. 有限深势阱

无论势阱 $V_0a^2$ 多小，总存在一个偶宇称的束缚态(基态)。

偶宇称波函数表示为

$$\psi_S=\begin{cases}A\cos kx, & |x|<a\\ Be^{-k'x}, & x>a\\ Be^{k'x}, & x<-a\end{cases}$$

奇宇称波函数表示为

$$\psi_A=\begin{cases}A\sin kx, & |x|<a\\ Be^{-k'x}, & x>a\\ -Be^{k'x}, & x<-a\end{cases}$$

$V_0=\infty$ 的极限情况，第一组解的波函数为

$$\psi_S=\begin{cases}A\cos\dfrac{n\pi}{2a}x, & |x|<a\\ 0, & |x|>a\end{cases}$$

第二组波函数为

$$\psi_A=\begin{cases}A\sin\dfrac{n\pi}{2a}x, & |x|<a\\ 0, & |x|>a\end{cases}$$

3. 谐振子

(1) 能级：$E_n=\left(n+\dfrac{1}{2}\right)\hbar\omega$；

(2) 波函数：$\psi_n(x)=\left(\dfrac{\mu\omega}{\pi\hbar}\right)^{\frac{1}{4}}\dfrac{1}{\sqrt{2^n n!}}H_n\sqrt{\dfrac{\mu\omega}{\hbar}}x\,e^{-\frac{\mu\omega}{2\hbar}x^2}$。

4. 氢原子

(1) 能级：$E_n=-\dfrac{m_e e^4}{2(4\pi\varepsilon_0)^2\hbar^2n^2}\approx-\dfrac{13.6\ \text{eV}}{n^2}$；

(2) 波函数：$\psi(r,\theta,\phi)=R_{nl}(r)Y_{lm}(\theta,\phi)=R_{nl}(r)\Theta(\theta)\Phi(\varphi)$；

(3) 氢原子的四个重要量子数：$n$，$l$，$m_l$，$m_s$。

## 习 题

**2-1** 自由粒子能量为 $E$，在台阶势垒

$$V(x)=\begin{cases}V_0>0, & x>0\\ 0, & x\leqslant 0\end{cases}$$

$x=0$ 处反射，粒子从左边入射，计算当粒子能量 $E>V_0$ 和 $0<E<V_0$ 这两种情况下的反射系数和透射系数。

**2-2** 设粒子对势垒的穿透系数 $T\approx e^{-\frac{2a}{\hbar}\sqrt{2m(V_0-E)}}$，其中 $a=1$ nm，$V_0-E=1$ eV，求电子的穿透系数。

**2-3** 如果势垒的高为 $0.9E$，宽度为 $D$，以能量为 $E$ 入射的电子受到势垒反射，求反射系数。如果势垒高度变为 $1.1E$，求该电子透射系数和反射系数。

**2-4** 质量为 $m$ 的粒子处于一维无限深势阱 $[-a, a]$ 中，势阱的宽度为 $2a$。$t=0$ 时体系处于无限深势阱中能量最低的两个态的线性叠加态，各自的概率为 50%。求 $t>0$ 时粒子的概率密度和动量平均值。

**2-5** 粒子在一维无限深势阱区间 $[0, a]$ 中运动，它的波函数是 $\Psi(x)=Ax(a-x)$。求

(1) 系数 $A$；

(2) 粒子在何位置附近出现的概率最大。

**2-6** 粒子在一维无限深势阱区间 $[0, a]$ 中运动，它开始处在 $\Psi(x)=A[\psi_1(x)+2i\psi_2(x)]$。求

(1) 系数 $A$；

(2) 粒子以后回到初始概率分布最早时间；

(3) 概率流密度 $\boldsymbol{J}(x, t)$。

**2-7** 一个处在一维无限深势阱中的粒子，其初始波函数是

$$\Psi(x, 0)=\begin{cases}Ax, & 0\leqslant x\leqslant \dfrac{a}{2}\\ A(a-x), & \dfrac{a}{2}<x\leqslant a\end{cases}$$

(1) 画出 $\Psi(x, 0)$ 的图形然后求出 $A$；

(2) 求 $\Psi(x, t)$；

(3) 求测量能量得到结果为最低能量 $E_1$ 的概率；

(4) 求能量的期望值，并与 $E_1$ 比较。

**2-8** 一个质子放在一维无限深阱中，阱宽 $L=10^{-14}$ m。求：

(1) 质子的零点能量有多大？

(2) 由 $n=2$ 态跃迁到 $n=1$ 态时，质子放出的光子的能量是多少？

**2-9** 宽为 $l$ 的一维无限深势阱中质量为 $m$ 的微观粒子，它的定态波函数为

$$\psi_n(x)=A\sin\frac{n\pi x}{l}。$$

(1) 确定归一化常量 $A$；

(2) 写出该势阱中粒子的定态薛定谔方程,并由此求粒子的能量表达式;

(3) 求粒子由第二激发态($n=3$)跃迁到基态所发射光的波长。

**2-10**　质量为 $m$ 的微观粒子处于宽度为 $a$ 的一维无限深势阱中,粒子的定态波函数为

$$\Phi_n(x)=\begin{cases}\sqrt{\dfrac{2}{a}}\sin\dfrac{n\pi x}{a} & 0\leqslant x\leqslant a\\ 0 & x<0,\ x>a\end{cases},$$

假设该粒子 $t=0$ 时处于状态 $\psi(x,0)=A\left[1+\cos\left(\dfrac{\pi x}{a}\right)\right]\sin\left(\dfrac{\pi x}{a}\right)$,

(1) 写出该波函数的归一化条件,并由此确定归一化常数 $A$;

(2) 求测量粒子能量得到的可能值、相应的概率及能量的平均值;

(3) 求 $t$ 时刻体系的状态 $\psi(x,t)$ 及概率密度;

(4) 题目(2)中的结果是否与时间有关?

**2-11**　质量为 $m$ 的粒子在一维势场 $V(x)=\begin{cases}0, & 0\leqslant x\leqslant a\\ \infty, & x>a \text{ 或 } x<0\end{cases}$ 中运动,粒子能量本征值 $E_n=n^2\pi^2\hbar^2/2ma^2(n=1,2,\cdots)$,能量本征函数 $\psi_n(x)=\begin{cases}\sqrt{\dfrac{2}{a}}\sin\dfrac{n\pi x}{a}, & 0\leqslant x\leqslant a\\ 0, & x>a \text{ 或 } x<0\end{cases}$,设 $t=0$ 时粒子归一化波函数为 $\psi(x,0)=\begin{cases}Ax(a-x), & 0\leqslant x\leqslant a\\ 0, & x>a \text{ 或 } x<0\end{cases}$,其中常数 $A$, $a$ 已知,求

(1) 粒子在 $\psi(x,0)$态上能量平均值 $\bar{E}$;

(2) 粒子在 $\psi(x,0)$态上的坐标与动量的平均值 $\bar{x}$、$\bar{p}_x$;

(3) $t=0$ 时刻动量的方均根偏差 $\Delta p_x=\sqrt{\langle\hat{p}_x^2\rangle-\langle\hat{p}_x\rangle^2}$ $(\langle\hat{p}_x\rangle\equiv\bar{p}_x)$;

(4) 任意 $t>0$ 时刻粒子波函数 $\psi(x,t)$ 表达式。

**2-12**　质量为 $m$ 的粒子在一维势场 $V(x)=\begin{cases}0, & 0\leqslant x\leqslant a\\ \infty, & x>a \text{ 或 } x<0\end{cases}$ 中运动。$t=0$ 时粒子的波函数为 $\psi(x,0)=A\left(1+2b\cos\dfrac{\pi x}{a}\right)\sin\dfrac{\pi x}{a}$,其中 $A$, $b$ 为常数。求任意 $t$ 时刻粒子波函数 $\psi(x,t)$,平均能量 $\bar{E}$ 和平均动量 $\bar{p}_x$。

**2-13**　一个粒子在一维势场

$$V(x)=\begin{cases}0, & |x|\leqslant\dfrac{a}{2}\\ \infty, & |x|\geqslant\dfrac{a}{2}\end{cases}$$

中运动,求粒子的能级和对应的波函数。

**2-14**　在题 2-13 中,如果把坐标原点沿 $x$ 轴平移距离 $L$,求阱中粒子的波函数和能级的表达式。

**2-15**　一个粒子在一维势阱中

$$V(x)=\begin{cases}V_0>0, & |x|>a\\ 0, & |x|\leqslant a\end{cases}$$

运动,求束缚态 $(0<E<V_0)$ 的能级所满足的方程。

**2-16** 已知谐振子的基态波函数为 $\varphi_0(x)=a_0 e^{-\alpha x^2}$，激发态波函数为 $\varphi_1(x)=b_0 x e^{-\alpha x^2}$，验证它们满足谐振子定态薛定谔方程,并求出能量和归一化常数。波函数中，$\alpha=\frac{\mu\omega}{2\hbar}$，$\mu$ 是谐振子质量，$\omega$ 是谐振子的频率。

**2-17** 二维各向同性谐振子 $V(x, y)=\frac{1}{2}m\omega^2(x^2+y^2)$。

(1) 求能级和本征函数;

(2) 求能级的简并度。

**2-18** 频率为 $\omega$ 的一维谐振子 $t=0$ 时的波函数为

$$\Psi(x, 0)=\sqrt{\frac{1}{2}}\psi_0(x)+i\sqrt{\frac{1}{5}}\psi_1(x)+A\psi_2(x)$$

(i 为虚数单位)，$A$ 为待定常数，$\psi_n(x)$ 为谐振子能量本征函数,求

(1) $t$ 时刻的归一化波函数;

(2) $t$ 时刻测量能量为 $3\hbar\omega/2$ 的概率;

(3) $t$ 时刻体系的平均能量。

**2-19** 粒子受到力 $F=-kx+A$，其中 $k=m\omega^2$，$m$ 是粒子质量,$A$ 和 $\omega$ 是常量,求粒子的波函数和能量的允许值。

**2-20** 一维谐振子能量本征态为 $\psi_n$，对应的本征值为 $E_n=\left(n+\frac{1}{2}\right)\hbar\omega$，分别求出计算 $\langle x\rangle$，$\langle x^2\rangle$，$\langle p\rangle$，$\langle p^2\rangle$ $\Delta x$ 和 $\Delta p$,验证不确定度关系。哪个态最接近不确定度的极限?

**2-21** 氢原子的定态波函数为 $\Psi_{nlm}(r, \theta, \varphi)$，$|\Psi_{nlm}(r, \theta, \varphi)|^2$ 代表什么? 电子出现在 $r_1 \rightarrow r_2(r_2>r_1)$ 球壳内的概率如何表示? 电子出现在上半球空间的概率如何表示?

**2-22** 对应于氢原子中电子轨道运动,试计算 $n=3$ 时氢原子可能具有的轨道角动量。

**2-23** 氢原子处于 $n=3$，$l=2$ 的激发态时,原子的轨道角动量在空间有哪些可能取向? 并计算各种可能取向的角动量与 $z$ 轴的夹角。

**2-24** 根据量子力学理论,氢原子中电子的角动量 $L=\sqrt{l(l+1)}\hbar$。当主量子数 $n=4$ 时,电子角动量的可能取值为哪些?

**2-25** 利用氢原子的能谱公式,写出:

(1) 电子偶素,即 $e^+-e^-$ 形成的束缚态能级;

(2) $\mu$ 氢原子[$\mu$ 子与氢原子核(质子)构成的原子,$\mu$ 子静止质量是电子质量的 207 倍,其余性质与电子相同]的能级。

**2-26** 氢原子能量本征函数为 $\psi_{nlm_l}$,能量本征值为 $E_n$,其中 $n$ 为主量子数,$l$ 为角量子数,$m_l$ 为磁量子数。在 $t=0$ 时,氢原子的波函数为 $\Psi(\boldsymbol{r}, 0)=\frac{1}{\sqrt{10}}(\psi_{100}+2\psi_{210}+\sqrt{3}\psi_{211}+\sqrt{2}\psi_{21-1})$，不考虑自旋。

(1) 写出任意时刻 $t$ 体系的波函数 $\psi(\vec{r}, t)$;

(2) 求任意时刻 $t$ 体系处于 $l=1$，$m_l=1$ 态的概率;

(3) 求任意时刻 $t$ 体系处于 $m_l=0$ 态的概率;

(4) 求任意时刻 $t$ 体系的平均能量,角动量平方算符的平均值及角动量 $z$ 分量算符的平均值。

# 第3章 双态系统

双态系统是最简单的量子系统,体系状态随时间演化的问题具有重要意义。根据量子系统性质,确定系统的状态,利用含时薛定谔方程研究量子系统动力学。一般量子体系不只有两个能级,不过往往其中有两个能级相差很小,这在研究问题中非常重要。与考虑的两能级间隔相比,这两个能级到其他能级的间隔要大若干数量级,在特定的问题中无须考虑它们与其他能级之间的跃迁,只考虑外界作用对这两个能级的影响。我们可以在二维态空间中完成运算,阐明重要物理概念,例如量子共振、拉比振荡、微波激射、磁共振等。

## 3.1 离散能级系统

自然界中多数量子系统的能级具有离散的特征,处理这些系统需要用矩阵代数。双态系统是最简单的量子系统,例如氨分子翻转分裂、苯分子共振能等。从分子体系到核磁共振有众多能态,一般我们将问题简化成最低或有效的两个能级系统,其他能级的间隔往往比上述选择的能级间隔大几个数量级,在特定问题中不考虑它们与其他能级之间的跃迁。我们先分析一般离散系统的表示形式,再应用结果来分析双态系统。

### 3.1.1 $N$ 态系统的薛定谔方程

系统有 $N$ 个不同的态(离散能级),用狄拉克符号和矩阵表示,当系统量子态处在 $|\psi(t)\rangle$,满足薛定谔方程

$$i\hbar\frac{\partial}{\partial t}|\psi(t)\rangle=\hat{H}|\psi(t)\rangle \tag{3-1}$$

现在取 $|u_j\rangle$, $j=1, 2, \cdots$, 这构成一组正交归一化的基,将 $|\psi(t)\rangle$ 在完备基上展开,从而得到

$$|\psi(t)\rangle=\sum_j|u_j\rangle\langle u_j|\psi(t)\rangle=\sum_j C_j|u_j\rangle \tag{3-2}$$

式中, $C_j(t)=\langle u_j|\psi(t)\rangle$。将式(3-2)代入式(3-1)右端,得

$$\mathrm{i}\hbar \frac{\partial}{\partial t} | \psi(t)\rangle = \sum_j \hat{H} | u_j\rangle\langle u_j | \psi(t)\rangle$$

以左矢 $\langle u_i |$ 乘上式两端,得

$$\mathrm{i}\hbar \frac{\partial}{\partial t}\langle u_i | \psi(t)\rangle = \sum_j \langle u_i | \hat{H} | u_j\rangle\langle u_j | \psi(t)\rangle$$

即

$$\mathrm{i}\hbar \frac{\partial C_i(t)}{\partial t} = \sum_j H_{ij}C_j(t) \tag{3-3}$$

式中,$H_{ij}=\langle u_i | \hat{H} | u_j\rangle$。$C_i(t)$ 是 $t$ 时刻波函数处在 $| u_i\rangle$ 的概率幅。式(3-3)中,$C_i(t)(i=1, 2, \cdots)$ 的时间变化等价于态 $| \psi(t)\rangle$ 的时间变化,因此可以用概率幅 $C_i(t)=\langle u_i | \psi(t)\rangle$ 来描写量子态 $| \psi(t)\rangle$。量子态的变化是由哈密顿矩阵 $H_{ij}$ 决定的,通常包括使系统发生变化的各种作用,这些作用可能依赖时间,只有知道了哈密顿矩阵,才能对系统随时间的变化进行完整描述。所以式(3-3)是量子动力学定律。

为进一步说明,我们考虑一个量子系统,它的态空间是二维的,将式(3-3)表达为矩阵形式,有

$$\mathrm{i}\hbar \frac{\partial}{\partial t}\begin{bmatrix} C_1 \\ C_2 \end{bmatrix} = \begin{bmatrix} H_{11} & H_{12} \\ H_{21} & H_{22} \end{bmatrix}\begin{bmatrix} C_1 \\ C_2 \end{bmatrix} \tag{3-4}$$

哈密顿算符用矩阵表示。如果选取基矢 $| \chi_\alpha\rangle$ ($\alpha=\pm$,即 $| \chi_+\rangle$ 和 $| \chi_-\rangle$)是哈密顿算符的本征矢,则

$$\hat{H} | \chi_+\rangle = E_1 | \chi_+\rangle$$
$$\hat{H} | \chi_-\rangle = E_2 | \chi_-\rangle$$

以此为基的表象是能量表象。由于本征矢的正交归一性,有

$$H_{11}=\langle \chi_+ | \hat{H} | \chi_+\rangle = E_1,\ H_{22}=\langle \chi_- | \hat{H} | \chi_-\rangle = E_2$$
$$H_{12}=\langle \chi_+ | \hat{H} | \chi_-\rangle = 0,\ H_{21}=\langle \chi_- | \hat{H} | \chi_+\rangle = 0$$

所以在能量表象中哈密顿矩阵是对角的:

$$\begin{bmatrix} H_{11} & H_{12} \\ H_{21} & H_{22} \end{bmatrix} = \begin{bmatrix} E_1 & 0 \\ 0 & E_2 \end{bmatrix}$$

一般表象下的哈密顿矩阵和能量表象下的哈密顿矩阵之间存在如下关系:

$$\begin{bmatrix} H_{11} & H_{12} \\ H_{21} & H_{22} \end{bmatrix} = \begin{bmatrix} S_{1+}^\dagger & S_{1-}^\dagger \\ S_{2+}^\dagger & S_{2-}^\dagger \end{bmatrix}\begin{bmatrix} E_1 & 0 \\ 0 & E_2 \end{bmatrix}\begin{bmatrix} S_{+1} & S_{+2} \\ S_{-1} & S_{-2} \end{bmatrix}$$

式中，$S^{\dagger}_{i\alpha}=\langle u_i \mid \chi_\alpha\rangle=(S_{\alpha i})^*$，$S_{\alpha i}=\langle \chi_\alpha \mid u_i\rangle$，$S^{\dagger}_{i\alpha}$ 是 $S_{\alpha i}$ 的厄米共轭矩阵。哈密顿矩阵对角元是实数，非对角元满足 $H_{21}=H_{12}{}^*$，哈密顿矩阵是厄米矩阵。

在能量表象下，哈密顿矩阵是对角的，薛定谔方程有

$$\mathrm{i}\hbar\frac{\partial}{\partial t}\begin{bmatrix}C_+\\C_-\end{bmatrix}=\begin{bmatrix}E_1 & 0\\0 & E_2\end{bmatrix}\begin{bmatrix}C_+\\C_-\end{bmatrix} \tag{3-5}$$

由此得到

$$C_\alpha(t)=C_\alpha(0)\mathrm{e}^{-\mathrm{i}\frac{E_\alpha t}{\hbar}} \qquad \alpha=\pm$$

可见，概率幅的模方是不随时间变化的常量。如果初态是哈密顿矩阵的一个本征态 $\mid \chi_\alpha\rangle$，则概率幅是 $\mid \psi(t)\rangle=\mathrm{e}^{-\mathrm{i}\frac{E_\alpha t}{\hbar}}\mid \chi_\alpha\rangle$，其模方是不变的，系统处于定态。

一般表象下，哈密顿矩阵不是对角化的，$\mid u_1\rangle$ 和 $\mid u_2\rangle$ 不是哈密顿算符本征态，因而不是定态。如果系统初始处于态 $\mid u_1\rangle$，则这个系统有一定概率 $P_{12}$ 在 $t$ 时刻处于态 $\mid u_2\rangle$。这是因为 $H_{12}$ 和 $H_{21}$ 引起了两个态之间的跃迁。因此，可以称非对角元为耦合。

### 3.1.2 氨分子的双态模型

氨分子中，三个氢原子分别位于正三角形的三个顶点上，而一个氮原子则位于三角形中心偏左方，整个分子呈四面体结构[见图 3-1(a)]。因此，氨分子内部可能产生振荡，也就是说，氮原子以三角形平面为对称面在两边来回振动。这个体系的势能 $V(z)$ 是氮原子与氢原子所在平面之间距离 $z$ 的函数[见图 3-1(b)]。相对于氢原子组成的平面，氮原子有一对镜像对称位置，也就是说，氨分子相对于平

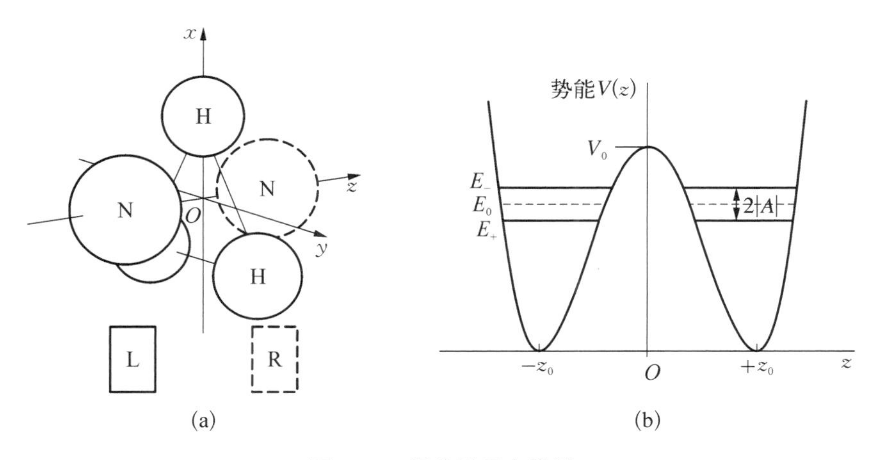


**图3-1　氨分子双态模型**

面 $z=0$ 的对称性决定着 $V(z)$ 是 $z$ 的偶函数，$V(z)$ 的两个极小值对应于分子的两个对称组态。从经典观点看，处于这种组态的分子是稳定的。选择能量起点，使这种组态的能量为零。在 $z=0$ 处，高度为 $V_0$ 的势垒表明，如果氮原子位于氢原子所在平面，会受到氢原子的排斥。由量子力学可知，不确定度关系使得分子最小能量不为零，即 $V(z)>V_{\min}$，同时由于存在量子隧穿，即使粒子能量小于 $V_0$ 也能穿越势垒，因此完全可能发生分子组态的翻转。设两种结构的量子态分别是 $|1\rangle$ 和 $|2\rangle$，它们具有相同的能量，即 $H_{11}=H_{22}=E_0$。由于氮原子穿越氢原子平面而翻转到另一侧，即穿透势垒发生量子隧穿，所以 $H_{12}$ 和 $H_{21}$ 不为零。不妨假定它们是负的实数，即 $H_{12}=H_{21}=A(A<0)$，于是得到氨分子双态的薛定谔方程为

$$\mathrm{i}\hbar\frac{\partial}{\partial t}\begin{bmatrix}C_1\\C_2\end{bmatrix}=\begin{bmatrix}E_0 & A\\A & E_0\end{bmatrix}\begin{bmatrix}C_1\\C_2\end{bmatrix} \tag{3-6}$$

令 $C_{\pm}=\frac{1}{\sqrt{2}}(C_1\pm C_2)$，则上式变成

$$\mathrm{i}\hbar\frac{\partial}{\partial t}\begin{bmatrix}C_+\\C_-\end{bmatrix}=\begin{bmatrix}E_0+A & 0\\0 & E_0-A\end{bmatrix}\begin{bmatrix}C_+\\C_-\end{bmatrix} \tag{3-7}$$

式(3-7)与式(3-5)相似，哈密顿矩阵是对角的，本征值 $E_{\pm}=E_0\pm A$，对应本征矢 $|\chi_+\rangle$ 和 $|\chi_-\rangle$ 为

$$|\chi_{\pm}\rangle=\frac{1}{\sqrt{2}}(|1\rangle\pm|2\rangle)$$

所以式(3-7)积分后得到

$$C_{\pm}(t)=C_{\pm}(0)\mathrm{e}^{-\mathrm{i}\frac{E_{\pm}t}{\hbar}}$$

式中，$C_{\pm}(0)$ 是由初始条件决定的积分常量。

由 $C_{\pm}=\frac{1}{\sqrt{2}}(C_1\pm C_2)$ 解得

$$\begin{aligned}C_1(t)&=\frac{1}{\sqrt{2}}[C_+(t)+C_-(t)]\\&=\frac{1}{\sqrt{2}}\left[C_+(0)\mathrm{e}^{-\mathrm{i}\frac{E_+t}{\hbar}}+C_-(0)\mathrm{e}^{-\mathrm{i}\frac{E_-t}{\hbar}}\right]\end{aligned} \tag{3-8}$$

$$\begin{aligned}C_2(t)&=\frac{1}{\sqrt{2}}[C_+(t)-C_-(t)]\\&=\frac{1}{\sqrt{2}}\left[C_+(0)\mathrm{e}^{-\mathrm{i}\frac{E_+t}{\hbar}}-C_-(0)\mathrm{e}^{-\mathrm{i}\frac{E_-t}{\hbar}}\right]\end{aligned} \tag{3-9}$$

由上面各式可以看出，$C_{\pm}$ 是定态的概率幅，其模方不变。如果 $C_{-}(0)=0$，氨分子“L”或“R”的两个状态具有相同的振幅，则氨分子具有确定的能量 $E_{+}=E_{0}+A$。

如果初始系统处于 $|1\rangle$ 态，即

$$C_{1}(0)=\frac{1}{\sqrt{2}}[C_{+}(0)+C_{-}(0)]=1$$

$$C_{2}(0)=\frac{1}{\sqrt{2}}[C_{+}(0)-C_{-}(0)]=0$$

由此得

$$C_{+}(0)=C_{-}(0)=\frac{1}{\sqrt{2}}$$

将其代入式(3-8)和式(3-9)得

$$C_{1}(t)=\mathrm{e}^{-\mathrm{i}\frac{E_{0}t}{\hbar}}\cos\frac{At}{\hbar}$$

$$C_{2}(t)=-\mathrm{i}\mathrm{e}^{-\mathrm{i}\frac{E_{0}t}{\hbar}}\sin\frac{At}{\hbar}$$

两振幅随时间做简谐变化。它们的模方是系统分别处于态 $|1\rangle$ 和 $|2\rangle$ 的概率，即 $P_{1}$ 和 $P_{2}$，表示为

$$P_{1}=|C_{1}(t)|^{2}=\cos^{2}\frac{At}{\hbar} \tag{3-10}$$

$$P_{2}=|C_{2}(t)|^{2}=\sin^{2}\frac{At}{\hbar} \tag{3-11}$$

$P_{2}$ 是 $t$ 时刻找到处于 $|2\rangle$ 态的氨分子的概率，开始的概率为零，然后逐渐增大到1，之后会在0和1之间周期性来回摆动，分子处在 $|1\rangle$ 态的概率保持相同的频率演化。这说明氮原子有一定概率从一个位置翻到另一个位置，分子能量不是 $E_{0}$，而是 $E_{\pm}=E_{0}\pm A$，这是双重能级，能级间隔为 $2|A|$，这个能级分裂的属性是纯量子力学效应。

### 3.1.3 氢分子离子的双态模型

氢分子离子可以被视作双态系统。19世纪化学家理解了分子由原子组成，原子通过化学键结合成分子，化学键是化学中最基本的理论问题。量子力学的诞生，给出了化学键满意的解释，化学键本质上是量子效应。

氢分子由两个氢原子组成，一个氢原子由一个质子和一个电子组成，氢分子由

两个质子和两个电子组成。如果氢分子因电离失去一个电子，就成为氢分子离子 $H_2^+$，它包含两个质子和一个电子。$H_2^+$ 中的两个质子共享一个电子，这个电子是如何把质子结合在一起的？

如果两个质子离得较远，电子会附着在其中一个质子上，也就存在电子的两种等价状态：一个在 a 原子周围，另一个在 b 原子周围，如图 3－2 所示。

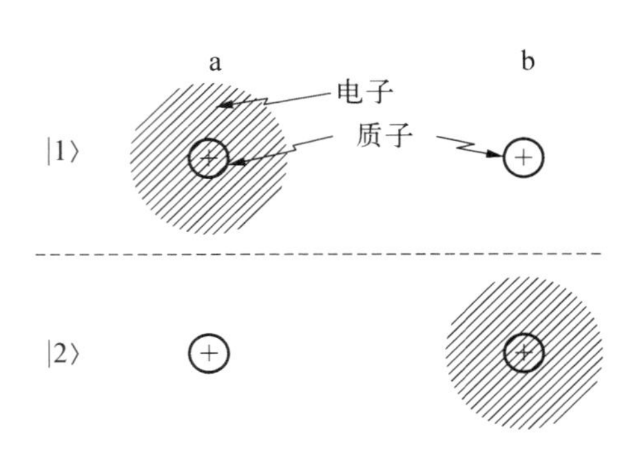


**图 3－2　氢分子离子的两个等价状态**

将这两个状态作为基础态（基矢），称为 $|1\rangle$ 和 $|2\rangle$，它们有相同的能量 $H_0$。实际两个质子的距离有限，电子可以从一个质子跳到另一个质子，即电子有一定的概率穿过中间的势垒，从一个状态过渡到另一个状态。以 $|1\rangle$ 和 $|2\rangle$ 为基，$H_2^+$ 离子的哈密顿矩阵具有下列形式：

$$H=\begin{bmatrix}H_{11} & H_{12}\\ H_{21} & H_{22}\end{bmatrix}=\begin{bmatrix}H_0 & V\\ V & H_0\end{bmatrix}\tag{3-12}$$

式中，$H_{11}=\langle 1|\hat{H}|1\rangle=H_0$；$H_{22}=\langle 2|\hat{H}|2\rangle=H_0$；$H_{12}=H_{21}^{\dagger}=V$。由于波函数有交叠，两态矢不正交，有 $\langle 1|2\rangle=S\neq 0$。构造一组新态基：

$$|\pm\rangle=\frac{1}{\sqrt{2(1\pm S)}}(|1\rangle\pm|2\rangle)$$

当 $|1\rangle$ 和 $|2\rangle$ 已归一化，且它们之间的内积 $S$ 是实数，那么 $|\pm\rangle$ 是正交归一的。在这组态基所描述的状态里，电子的运动遍历整个分子，不再局域于某一个原子核附近。如果希望有局域且正交归一化的态基，可以再做一次变换：

$$|u_1\rangle=\frac{1}{\sqrt{2}}(|+\rangle+|-\rangle)$$

$$|u_2\rangle=\frac{1}{\sqrt{2}}(|+\rangle-|-\rangle)$$

它们与原局域基矢的关系为

$$|u_1\rangle=\frac{1}{2\sqrt{1-S^2}}\left[(\sqrt{1+S}+\sqrt{1-S})|1\rangle-(\sqrt{1+S}-\sqrt{1-S})|2\rangle\right]$$

$$|u_2\rangle=\frac{1}{2\sqrt{1-S^2}}\left[(\sqrt{1+S}+\sqrt{1-S})|2\rangle-(\sqrt{1+S}-\sqrt{1-S})|1\rangle\right]$$

以这套基矢为表象，哈密顿矩阵将恢复式(3－6)的形式，即

$$H=\begin{bmatrix}E_0 & A\\ A & E_0\end{bmatrix} \tag{3-13}$$

式中,矩阵元

$$E_0=\langle u_1 \mid \hat{H} \mid u_1\rangle=\langle u_2 \mid \hat{H} \mid u_2\rangle \tag{3-14}$$

$$A=\langle u_1 \mid \hat{H} \mid u_2\rangle=\langle u_2 \mid \hat{H} \mid u_1\rangle \tag{3-15}$$

式(3-13)中矩阵元与式(3-12)中原矩阵元的关系为

$$E_0=\frac{H_0-SV}{1-S^2}$$

$$A=\frac{V-SH_0}{1-S^2}$$

如果变回到非局域化的基矢

$$|\pm\rangle=\frac{1}{\sqrt{2}}(|u_1\rangle\pm|u_2\rangle)$$

哈密顿矩阵对角化为

$$H=\begin{bmatrix}E_0+A & 0\\ 0 & E_0-A\end{bmatrix}$$

哈密顿矩阵的本征值 $E_\pm=E_0\pm A$,这是 $H_2^+$ 从等价量子态分裂出来的双重能级。本征值对应的本征矢分别是

$$|+\rangle=\frac{1}{\sqrt{2(1+S)}}(|1\rangle+|2\rangle)$$

$$|-\rangle=\frac{1}{\sqrt{2(1-S)}}(|1\rangle-|2\rangle)$$

$E_+$ 的能量低于一个氢原子加一个质子的能量,或者说两个质子距离很大的情况下的能量。随着质子间距离的减小,尽管两质子之间排斥能增加,但由于电子可以从一个质子跳到另一个质子,不再局域在某一个质子周围,这种离域性降低了电子的势能,这是化学键的成因。当两质子处于稳定平衡位置时,它们形成 $H_2^+$。

### 3.1.4 苯分子的双态模型

化学中碳氢化合物是最基本的有机化合物之一,碳与氢和碳与碳之间都通过共价键结合。下面以烷烃链分子为例,它们的结构式如下:

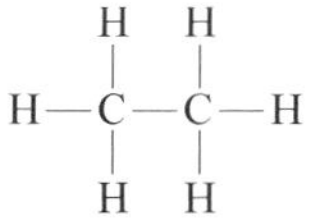

乙烷($C_2H_6$) 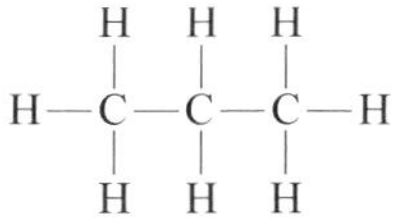　　丙烷($C_3H_8$) 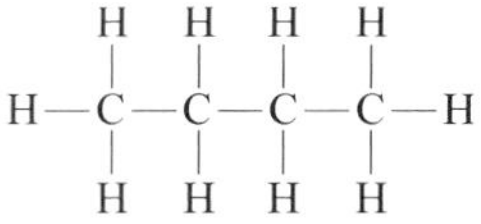　　丁烷($C_4H_{10}$)

它们的分子通式为 $C_nH_{2n+2}$，其中碳原子之间都是单键，它们最大限度地与氢原子结合，故称为饱和碳氢化合物。平面碳键倾向于互成 120°角，如果 $n=6$ 的己烷首尾相接，构成六角环状，此化合物称为环己烷($C_6H_{12}$)。碳原子除了以单键结合外，还可以双键结合。比如乙烯($C_2H_4$)，其结构式如下：

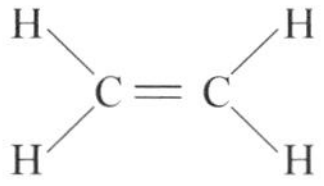

乙烯($C_2H_4$)

由于乙烯的碳原子之间是双键，它比乙烷($C_2H_6$)就少了两个氢原子，属于不饱和碳氢化合物。如果环己烷中碳原子之间 6 个单键中的 3 个换成双键，就成了苯分子($C_6H_6$)，如图 3-3 所示。

(a)　　(b)

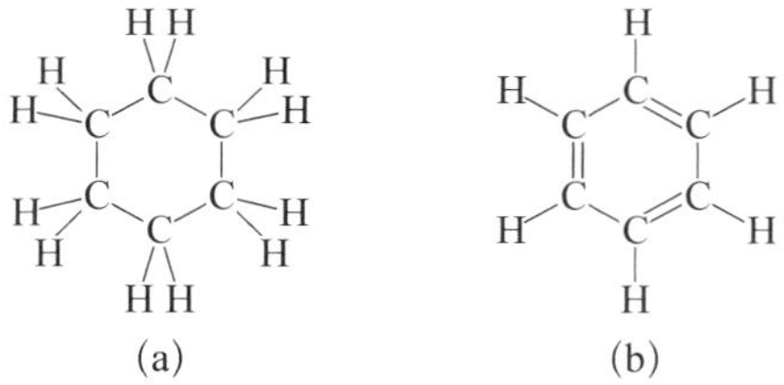

**图 3-3　碳原子之间的单键和双键**

(a) 环己烷；(b) 苯

苯分子相对来说是最稳定的分子。化学家通过测定含有几个苯环的化合物的能量，就可以计算出苯分子的总能量。然而，苯环的实际能量要远小于由这种方法计算出来的值，比起根据"未饱和双键系统"预期的情况而言，苯环结合得更紧密。通常不在环上的双键系统因有相对较高的能量而在化学反应中更易加氢而断开。但苯中的环则十分稳固，难以断开。如何在理论上解释这个现象呢？

苯环的 3 个双键有两种不同的配置，二者等价，形成一个双态系统。苯中的键可以取图 3-4 中的任何一种形式。它们实际上是相同的，具有的能量都是 $E_0$，两者之间有一定的概率幅 $|A|$ 过渡。于是依然可以用下面的哈密顿矩阵来描述该双态系统：

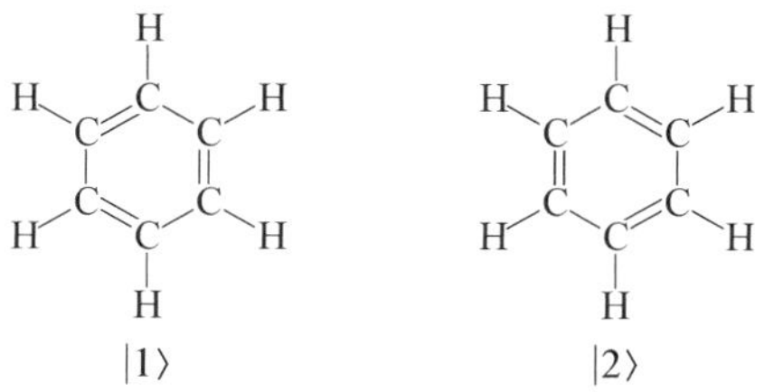

$|1\rangle$　　$|2\rangle$

**图 3-4　苯的双态系统**

$$\hat{H}=\begin{bmatrix}E_0 & A\\ A & E_0\end{bmatrix}$$

它的本征值是 $E_{\pm}=E_0\pm A$，即能级发生了分裂，基态能量为 $E_0+A$，降低了 $|A|$。化学家把这部分能量称为共振能或离域能。

在前面的论述中，我们给出了等价双态系统的两种描述。如果系统起初为等价双态之一，它们不是定态，两态的耦合导致系统在两态之间振荡变化。另一种表述侧重于系统能级的分裂，新能级的本征态都是定态(新态矢是原有双态态矢的重新组合)，能量低的能级是基态。后一种描述给出了等价双态的能量进一步降低的可能性，苯环、氢分子离子都属于这种情况。前一种描述类似于耦合摆，“共振能”的名称来源于此。虽然这种物理图像易接受，但是没有后一种表述准确。因此采用态叠加使能级分裂的量子观点，而不强调耦合振荡的准经典图像。

**例 3-1** 中子 $n$ 和反中子 $\bar{n}$ 的质量都是 $m$，它们的态 $|n\rangle$ 和 $|\bar{n}\rangle$ 可以看成是一自由哈密顿量的简并态：$\hat{H}_0|n\rangle=mc^2|n\rangle$，$\hat{H}_0|\bar{n}\rangle=mc^2|\bar{n}\rangle$。设某种相互作用能使中子和反中子相互转变：$\hat{H}'|n\rangle=\alpha|\bar{n}\rangle$，$\hat{H}'|\bar{n}\rangle=\alpha|n\rangle$，$\alpha$ 是实数，求在 $t$ 时刻一个中子变成反中子的概率。

**解** 在 $\hat{H}_0$ 表象，本征态 $|1\rangle=|n\rangle$，$|2\rangle=|\bar{n}\rangle$，它们满足正交归一条件

$$\langle i|j\rangle=\delta_{ij}\quad i,j=1,2$$

在 $\hat{H}_0$ 表象中，定态方程为

$$\hat{H}|\psi\rangle=E|\psi\rangle\text{ 或}\begin{bmatrix}H_{11} & H_{12}\\ H_{21} & H_{22}\end{bmatrix}\begin{bmatrix}c_1\\ c_2\end{bmatrix}=E\begin{bmatrix}c_1\\ c_2\end{bmatrix}$$

其中 $H_{ij}$ 是 $\hat{H}=\hat{H}_0+\hat{H}'$ 在 $\hat{H}_0$ 表象中的矩阵元：

$$H_{11}=\langle 1|\hat{H}_0+\hat{H}'|1\rangle=\langle n|\hat{H}_0+\hat{H}'|n\rangle=mc^2$$

$$H_{22}=\langle 2|\hat{H}_0+\hat{H}'|2\rangle=\langle \bar{n}|\hat{H}_0+\hat{H}'|\bar{n}\rangle=mc^2$$

$$H_{12}=\langle 1|\hat{H}_0+\hat{H}'|2\rangle=\langle n|\hat{H}_0+\hat{H}'|\bar{n}\rangle=\alpha$$

$$H_{21}=H_{12}^*=\alpha$$

将它们代入定态薛定谔方程，得

$$\begin{bmatrix}mc^2 & \alpha\\ \alpha & mc^2\end{bmatrix}\begin{bmatrix}c_1\\ c_2\end{bmatrix}=E\begin{bmatrix}c_1\\ c_2\end{bmatrix}$$

这个方程的解为

$$E_1=mc^2+\alpha,\quad |\psi_1\rangle=\frac{1}{\sqrt{2}}\begin{bmatrix}1\\ 1\end{bmatrix}=\frac{1}{\sqrt{2}}(|n\rangle+|\bar{n}\rangle)$$

$$E_2=mc^2-\alpha,\quad |\psi_2\rangle=\frac{1}{\sqrt{2}}\begin{bmatrix}1\\ -1\end{bmatrix}=\frac{1}{\sqrt{2}}(|n\rangle-|\bar{n}\rangle)$$

含时薛定谔方程的一般解为

$$|\psi(t)\rangle=A\mathrm{e}^{-\mathrm{i}E_1t/\hbar}|\psi_1\rangle+B\mathrm{e}^{-\mathrm{i}E_2t/\hbar}|\psi_2\rangle$$

其中常数 $A$，$B$ 由初条件决定，

$$|\psi(0)\rangle = A|\psi_1\rangle + B|\psi_2\rangle = \begin{bmatrix}1\\0\end{bmatrix}$$

$$A = \langle\psi_1|\psi(0)\rangle = \frac{1}{\sqrt{2}}[1,\ 1]\begin{bmatrix}1\\0\end{bmatrix} = \frac{1}{\sqrt{2}}$$

$$B = \langle\psi_2|\psi(0)\rangle = \frac{1}{\sqrt{2}}[1,\ -1]\begin{bmatrix}1\\0\end{bmatrix} = \frac{1}{\sqrt{2}}$$

$$\begin{aligned}
|\psi(t)\rangle &= \frac{1}{\sqrt{2}}e^{-i\frac{E_1}{\hbar}t}|\psi_1\rangle + \frac{1}{\sqrt{2}}e^{-i\frac{E_2}{\hbar}t}|\psi_2\rangle \\
&= \frac{1}{2}e^{-\frac{imc^2}{\hbar}t}\left[e^{-\frac{i\alpha t}{\hbar}}\begin{bmatrix}1\\1\end{bmatrix} + e^{\frac{i\alpha t}{\hbar}}\begin{bmatrix}1\\-1\end{bmatrix}\right] \\
&= e^{-\frac{imc^2 t}{\hbar}}\begin{bmatrix}\cos\frac{\alpha t}{\hbar}\\ -i\sin\frac{\alpha t}{\hbar}\end{bmatrix} \\
&= e^{-i\frac{mc^2}{\hbar}t}\left[\cos\frac{\alpha t}{\hbar}\begin{bmatrix}1\\0\end{bmatrix} - i\sin\frac{\alpha t}{\hbar}\begin{bmatrix}0\\1\end{bmatrix}\right] \\
&= e^{-i\frac{mc^2}{\hbar}t}\left(\cos\frac{\alpha t}{\hbar}|n\rangle - i\sin\frac{\alpha t}{\hbar}|\bar{n}\rangle\right)
\end{aligned}$$

$t$ 时刻 $n \to \bar{n}$ 的概率为 $\left|-ie^{-imc^2 t/\hbar}\sin\frac{\alpha t}{\hbar}\right|^2 = \sin^2\frac{\alpha t}{\hbar}$。

## 3.2 拉比模型动力学

### 3.2.1 拉比模型

光与物质相互作用中有一个重要的模型——拉比模型，即一个两能级原子与电磁场相互作用产生电子跃迁从而吸收或发射电磁波(光子)。在这个系统中，系统两能级 a、b 间隔对应固有频率 $\omega_0$，表示为

$$\omega_0 = \frac{E_a - E_b}{\hbar} \tag{3-16}$$

且 $E_a > E_b$，驱动力是外加的交变电磁场，通过系统的电矩或磁矩发生相互作用。当电磁场的频率 $\omega$ 接近系统的固有频率 $\omega_0$ 时，就会引起系统从电磁场吸收能量，从低能级跃迁到高能级(受激吸收)，或向电磁场释放能量，从高能级跃迁到低能级

(受激辐射),这就是量子共振。这与经典系统中的共振现象有相似之处,当一个振动系统在外部周期驱动下振动,振动系统的固有频率非常接近策动频率,振动系统的物理量趋于极大,振动系统能量与驱动系统之间有效地交换能量。

为了表述量子共振,我们首先写出系统的哈密顿矩阵。仅考虑系统的两个能级,它们的能量分别是 $E_a$、$E_b$,选取自身的本征能量表象 $|a\rangle$、$|b\rangle$,则

$$H_0=\begin{bmatrix}E_a & 0\\ 0 & E_b\end{bmatrix}$$

电磁场与原子的作用是偶极相互作用,$V=-e\boldsymbol{r}\varepsilon(t)$,其中场 $\varepsilon(t)=\varepsilon_0\cos\omega t$,所以

$$V=\begin{bmatrix}0 & A_0\cos\omega t\\ A_0^*\cos\omega t & 0\end{bmatrix}$$

式中,$A_0=-e\langle a|\boldsymbol{r}|b\rangle\varepsilon_0$。

相互作用系统的哈密顿算符为

$$H=\begin{bmatrix}E_a & A_0\cos\omega t\\ A_0^*\cos\omega t & E_b\end{bmatrix}$$

系统的波函数是

$$\psi(t)=C_a(t)|a\rangle+C_b(t)|b\rangle$$

式中,$C_a(t)$ 和 $C_b(t)$ 分别代表系统处在 $|a\rangle$ 和 $|b\rangle$ 的概率幅。系统的薛定谔方程为

$$\mathrm{i}\hbar\frac{\partial}{\partial t}\begin{bmatrix}C_a\\ C_b\end{bmatrix}=\begin{bmatrix}E_a & A_0\cos\omega t\\ A_0^*\cos\omega t & E_b\end{bmatrix}\begin{bmatrix}C_a\\ C_b\end{bmatrix}\tag{3-17}$$

写成分量方程形式,有

$$\mathrm{i}\hbar\frac{\partial C_a}{\partial t}=E_aC_a+\frac{A_0}{2}(\mathrm{e}^{\mathrm{i}\omega t}+\mathrm{e}^{-\mathrm{i}\omega t})C_b\tag{3-18}$$

$$\mathrm{i}\hbar\frac{\partial C_b}{\partial t}=E_bC_b+\frac{A_0^*}{2}(\mathrm{e}^{\mathrm{i}\omega t}+\mathrm{e}^{-\mathrm{i}\omega t})C_a\tag{3-19}$$

无外场时,$C_a(t)$ 和 $C_b(t)$ 都是定态概率幅:

$$C_a(t)=C_{a0}\mathrm{e}^{-\frac{\mathrm{i}E_at}{\hbar}},\ C_b(t)=C_{b0}\mathrm{e}^{-\frac{\mathrm{i}E_bt}{\hbar}}\tag{3-20}$$

有外场时,可以保持该形式,但 $C_{a0}\to C_{a0}(t)$ 和 $C_{b0}\to C_{b0}(t)$ 系数都随时间变

化,方程形式为

$$\mathrm{i}\hbar\frac{\partial C_{\mathrm{a}}}{\partial t}=\mathrm{i}\hbar\frac{\partial C_{\mathrm{a0}}}{\partial t}\mathrm{e}^{-\frac{\mathrm{i}E_{\mathrm{a}}t}{\hbar}}+E_{\mathrm{a}}C_{\mathrm{a0}}\mathrm{e}^{-\frac{\mathrm{i}E_{\mathrm{a}}t}{\hbar}} \tag{3-21}$$

$$\mathrm{i}\hbar\frac{\partial C_{\mathrm{b}}}{\partial t}=\mathrm{i}\hbar\frac{\partial C_{\mathrm{b0}}}{\partial t}\mathrm{e}^{-\frac{\mathrm{i}E_{\mathrm{b}}t}{\hbar}}+E_{\mathrm{b}}C_{\mathrm{b0}}\mathrm{e}^{-\frac{\mathrm{i}E_{\mathrm{b}}t}{\hbar}} \tag{3-22}$$

将式(3-20)～式(3-22)代入式(3-18)、式(3-19),经化简,得

$$\mathrm{i}\hbar\frac{\partial C_{\mathrm{a0}}}{\partial t}=\frac{A_0}{2}[\mathrm{e}^{\mathrm{i}(\omega+\omega_0)t}+\mathrm{e}^{-\mathrm{i}(\omega-\omega_0)t}]C_{\mathrm{b0}} \tag{3-23}$$

$$\mathrm{i}\hbar\frac{\partial C_{\mathrm{b0}}}{\partial t}=\frac{A_0^*}{2}[\mathrm{e}^{-\mathrm{i}(\omega+\omega_0)t}+\mathrm{e}^{\mathrm{i}(\omega-\omega_0)t}]C_{\mathrm{a0}} \tag{3-24}$$

上式右端两项中频率 $\omega+\omega_0$ 振荡的项是反共振项(反旋转波项),由于它振荡得非常快,在较长时间内平均效果趋于零;频率 $\omega-\omega_0$ 振荡的项是共振项(旋转波项),当 $\omega\sim\omega_0$ 时,共振附近情况下该项是缓慢变化的。舍去反共振项,保留共振项,得

$$\mathrm{i}\hbar\frac{\partial C_{\mathrm{a0}}}{\partial t}=\frac{A_0}{2}\mathrm{e}^{-\mathrm{i}(\omega-\omega_0)t}C_{\mathrm{b0}}=\frac{A_0}{2}\mathrm{e}^{-\mathrm{i}\Delta t}C_{\mathrm{b0}} \tag{3-25}$$

$$\mathrm{i}\hbar\frac{\partial C_{\mathrm{b0}}}{\partial t}=\frac{A_0^*}{2}\mathrm{e}^{\mathrm{i}(\omega-\omega_0)t}C_{\mathrm{a0}}=\frac{A_0^*}{2}\mathrm{e}^{\mathrm{i}\Delta t}C_{\mathrm{a0}} \tag{3-26}$$

式中,$\Delta=\omega-\omega_0$,$\Delta$ 称为频率失谐量。式(3-25)和式(3-26)是 $C_{\mathrm{a0}}(t)$ 和 $C_{\mathrm{b0}}(t)$ 的一阶联立方程。

### 3.2.2 拉比振荡

设 $C_{\mathrm{a0}}(t)$ 具有 $\mathrm{e}^{\lambda t}$ 形式的解,根据式(3-25),$C_{\mathrm{b0}}(t)$ 解的形式为 $\mathrm{e}^{(\lambda+\mathrm{i}\Delta)t}$。代入式(3-25)和式(3-26),得

$$\mathrm{i}\hbar\lambda C_{\mathrm{a0}}=\frac{A_0}{2}C_{\mathrm{b0}} \tag{3-27}$$

$$\frac{A_0^*}{2}C_{\mathrm{a0}}=\mathrm{i}\hbar(\lambda+\mathrm{i}\Delta)C_{\mathrm{b0}} \tag{3-28}$$

由方程组可解条件求得 $\lambda$ 的特征方程:

$$\begin{vmatrix}\mathrm{i}\hbar\lambda & -\frac{A_0}{2}\\ \frac{A_0^*}{2} & -\mathrm{i}\hbar(\lambda+\mathrm{i}\Delta)\end{vmatrix}=\hbar^2\lambda(\lambda+\mathrm{i}\Delta)+\frac{|A_0|^2}{4}=0$$

$\lambda$ 的两个特征根为

$$\lambda_{\pm}=\frac{\mathrm{i}}{2}(-\Delta \pm \omega_{\mathrm{R}}) \tag{3-29}$$

其中

$$\omega_{\mathrm{R}}=\sqrt{\Delta^{2}+\frac{|A_{0}|^{2}}{\hbar^{2}}} \tag{3-30}$$

$\omega_{\mathrm{R}}$ 称为拉比(Rabi)频率。

概率幅的通解是两个特征指数项的叠加,例如

$$C_{\mathrm{a0}}(t)=C_{+}\,\mathrm{e}^{\lambda_{+}t}+C_{-}\,\mathrm{e}^{\lambda_{-}t}$$

考虑 $E_{\mathrm{a}}>E_{\mathrm{b}}$ 这种情况,分析从低能级到高能级的跃迁,即共振吸收问题。初始条件是当 $t=0$ 时,$C_{\mathrm{a0}}(0)=0$, $C_{\mathrm{b0}}(0)=1$。因此,上式 $C_{\mathrm{a0}}(0)$ 中的系数 $C_{+}=-C_{-}=C$,于是

$$C_{\mathrm{a0}}(t)=C(\mathrm{e}^{\lambda_{+}t}-\mathrm{e}^{\lambda_{-}t}) \tag{3-31}$$

$$\left(\frac{\partial C_{\mathrm{a0}}}{\partial t}\right)_{t=0}=C(\lambda_{+}-\lambda_{-})=\mathrm{i}C\omega_{\mathrm{R}} \tag{3-32}$$

将式(3-32)和 $C_{\mathrm{b0}}(0)=1$ 代入 $t=0$ 时刻的式(3-25),有

$$-\hbar C\omega_{\mathrm{R}}=\frac{A_{0}}{2}$$

得

$$C=-\frac{A_{0}}{2\hbar\omega_{\mathrm{R}}}$$

所以

$$\begin{aligned}C_{\mathrm{a0}}(t)&=-\frac{A_{0}}{2\hbar\omega_{\mathrm{R}}}(\mathrm{e}^{\lambda_{+}t}-\mathrm{e}^{\lambda_{-}t})\\&=-\frac{A_{0}}{2\hbar\omega_{\mathrm{R}}}\mathrm{e}^{-\mathrm{i}\frac{\Delta t}{2}}\left(\mathrm{e}^{\mathrm{i}\frac{\omega_{\mathrm{R}}t}{2}}-\mathrm{e}^{-\mathrm{i}\frac{\omega_{\mathrm{R}}t}{2}}\right)\\&=-\mathrm{i}\,\frac{A_{0}}{\hbar\omega_{\mathrm{R}}}\mathrm{e}^{-\mathrm{i}\frac{\Delta t}{2}}\sin\frac{\omega_{\mathrm{R}}t}{2}\end{aligned} \tag{3-33}$$

在 $t$ 时刻,系统从 $|b\rangle$ 态跃迁到 $|a\rangle$ 态的概率 $P_{\mathrm{a}}=|C_{\mathrm{a}}(t)|^{2}=|C_{\mathrm{a0}}|^{2}$。按照概率的归一化条件:

$$P_a + P_b = |C_{a0}|^2 + |C_{b0}|^2 = 1$$

由式(3-33)得

$$P_a = |C_{a0}|^2 = \left|\frac{A_0}{\hbar\omega_R}\right|^2 \sin^2\frac{\omega_R t}{2} \tag{3-34}$$

$$P_b = 1 - |C_{a0}|^2 = 1 - \left|\frac{A_0}{\hbar\omega_R}\right|^2 \sin^2\frac{\omega_R t}{2} \tag{3-35}$$

上述结果是式(3-25)和式(3-26)的解，它们首先由拉比导出。同理，可以推导出共振发射时满足的关系，即当 $C_{a0}(0)=1$，$C_{b0}(0)=0$ 的结果。我们讨论以下几种情况：

(1) 外场严格符合共振条件，即 $\omega=\omega_0$。这时 $\Delta=0$，$\omega_R=\frac{|A_0|}{\hbar}$，式(3-34)、式(3-35)简化为

$$P_a = \sin^2\left(\frac{|A_0|}{2\hbar}t\right) \tag{3-36}$$

$$P_b = \cos^2\left(\frac{|A_0|}{2\hbar}t\right) \tag{3-37}$$

上述函数周期 $T_R=\frac{2\pi\hbar}{|A_0|}$，系统在 $|a\rangle$ 态与 $|b\rangle$ 态之间以拉比周期往复振荡。如图 3-5 所示，实线表示 $P_a$，虚线表示 $P_b$。$t=\frac{T_R}{2}=\frac{\pi\hbar}{|A_0|}$ 时，$P_a$ 第一次到达峰值，即系统此时完全处于 $|a\rangle$ 态。

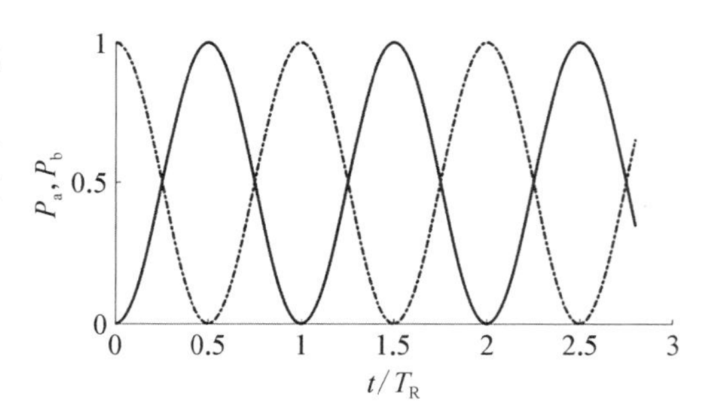


图 3-5　两能级的占据概率振荡

(2) 在失谐的情况下，$\Delta\neq 0$。跃迁概率已由式(3-34)、式(3-35)给出。失谐时振荡频率 $\omega_R>\frac{|A_0|}{\hbar}$，跃迁概率仍然周期性变化，与共振情况相比，其幅度和周期都随失谐量 $\Delta=\omega-\omega_0$ 的增大而减小，如图 3-6 所示。$P_a$ 的振荡幅度小于 1，说明系统处于低能级的概率 $P_b$ 不会减小到 0，系统总有一定概率处于 $|b\rangle$ 态。

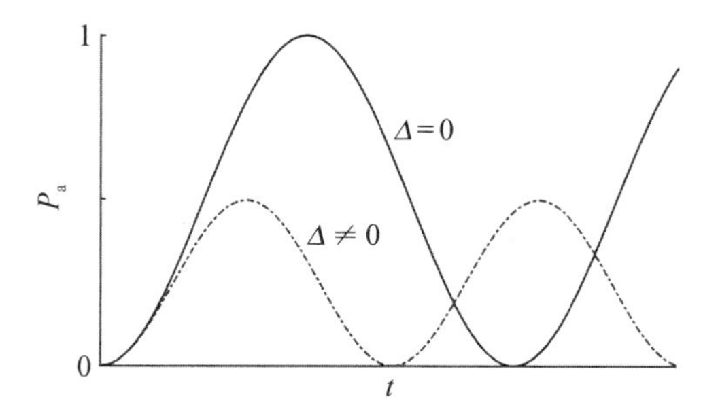


图 3-6　跃迁概率随失谐量的变化

(3) 弱场近似，$\omega_0 \gg |A_0|$。由于电磁场与原子的相互作用非常弱，相互作用时间不长，当 $\frac{|A_0|}{2\hbar}t \ll 1$，以致系统偏离 $|a\rangle$ 态不远，$P_a \sim 0$，$P_b \sim 1$。拉比频率可以近似为

$$\omega_R = \sqrt{\Delta^2 + \frac{|A_0|^2}{\hbar^2}} \approx \Delta \tag{3-38}$$

则式(3-34)简化为

$$P_a = \left|\frac{A_0}{\hbar\omega_R}\right|^2 \sin^2\frac{\omega_R t}{2} = \left|\frac{A_0 t}{2\hbar}\right|^2 \left(\frac{\sin\frac{\Delta t}{2}}{\frac{\Delta t}{2}}\right)^2$$

上式中第一个因子表明，跃迁概率正比于相互作用时间 $t$ 的平方，第二个因子是 $\sin c$ 函数的平方，它与光学中单缝衍射因子具有相同形式，如图 3-7 所示。

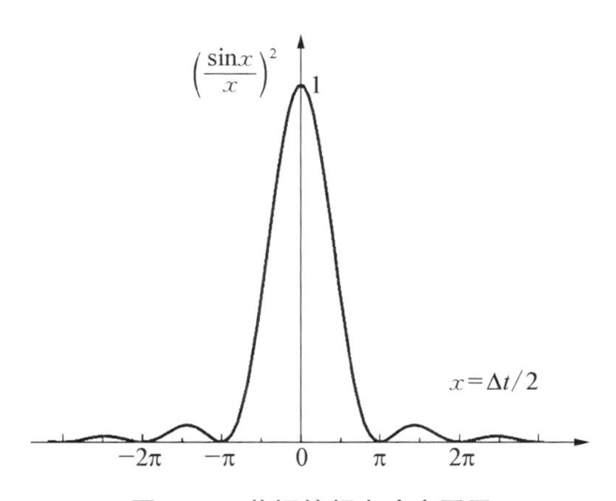


**图 3-7　共振的频率响应因子**

此函数在 $\Delta t/2 = \pi$ 时趋于零。可以认为满足此关系的失谐量 $\Delta$ 为吸收或发射谱线的极限宽度，即在给定时间 $t$ 内能发生跃迁的允许宽度。相互作用时间越长，能激发跃迁的辐射场的谱线宽度越小。这个因子还可以换个角度理解：$\hbar\Delta = \delta E$ 理解为谐振能量不确定度，$t$ 写成 $\delta t$ 理解为跃迁时刻的不确定度。这样就得到能量和时间的不确定度关系：

$$\delta E \delta t = 2\pi\hbar = h \tag{3-39}$$

式(3-39)称为能量-时间不确定度关系。

(4) 有耗散导致衰减情况。实际上系统不是严格的双态系统，系统由于跃迁到其他量子态引起衰减外，还有其他各种衰减因素。处理这类问题可以在概率幅演化方程[式(3-25)和式(3-26)]中唯象地引入衰减项：

$$\frac{\partial C_{a0}}{\partial t} = -\frac{\gamma}{2}C_{a0} - \mathrm{i}\,\frac{A_0}{2\hbar}\mathrm{e}^{-\mathrm{i}\Delta t}C_{b0} \tag{3-40}$$

$$\frac{\partial C_{b0}}{\partial t} = -\frac{\gamma}{2}C_{b0} - \mathrm{i}\,\frac{A_0^*}{2\hbar}\mathrm{e}^{\mathrm{i}\Delta t}C_{a0} \tag{3-41}$$

式中,$\gamma$ 是阻尼系数。做变量代换

$$C'_{a0}=C_{a0}e^{\frac{\gamma t}{2}} \qquad C'_{b0}=C_{b0}e^{\frac{\gamma t}{2}}$$

则式(3-40)和式(3-41)变为

$$\frac{\partial C'_{a0}}{\partial t}=-i\frac{A_0}{2\hbar}e^{-i\Delta t}C'_{b0}$$

$$\frac{\partial C'_{b0}}{\partial t}=-i\frac{A_0^*}{2\hbar}e^{i\Delta t}C'_{a0}$$

这与无阻尼概率幅演化方程[式(3-25)和式(3-26)]的形式相同,概率幅与式(3-33)相似。

当 $t=0$ 时,$C_{a0}(0)=0$,$C_{b0}(0)=1$,得

$$C'_{a0}(t)=-i\frac{A_0^*}{\hbar\omega_R}e^{-i\frac{\Delta t}{2}}\sin\frac{\omega_R t}{2}$$

这样

$$C_{a0}=C'_{a0}e^{-\frac{\gamma t}{2}}=-i\frac{A_0^*}{\hbar\omega_R}e^{-\frac{\gamma t}{2}}e^{-i\frac{\Delta t}{2}}\sin\frac{\omega_R t}{2}$$

$$P_a=|C_{a0}|^2=\left|\frac{A_0^*}{\hbar\omega_R}\right|^2e^{-\gamma t}\sin^2\frac{\omega_R t}{2} \qquad (3-42)$$

这是一个指数衰减的振荡。概率不再守恒,可以描写由环境引起的量子退相干问题。

## 3.3 微波激射

### 3.3.1 静电场中的氨分子

在第一节中分析了氨分子的翻转能级分裂。虽然分裂前氨分子并不是一个单一能级,讨论中的能级 $E_0$ 是某一个转动能级。由于各转动能级间能量差远大于翻转分裂能量差 $2|A|$,因此可以当作单一能级来分析。

氨分子的结构如图3-8所示,呈四面体形,由于电子倾向于靠近氮原子核,正负电荷中心不重合,其中三个氢原子构成的底面中心是正电中心,负电中心偏向氮原子,整个分子具有一

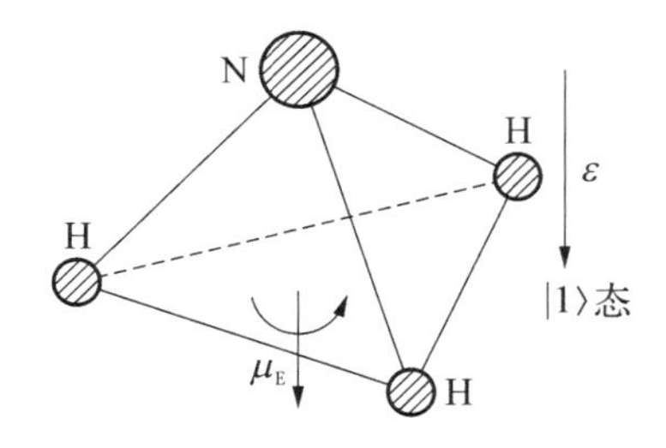


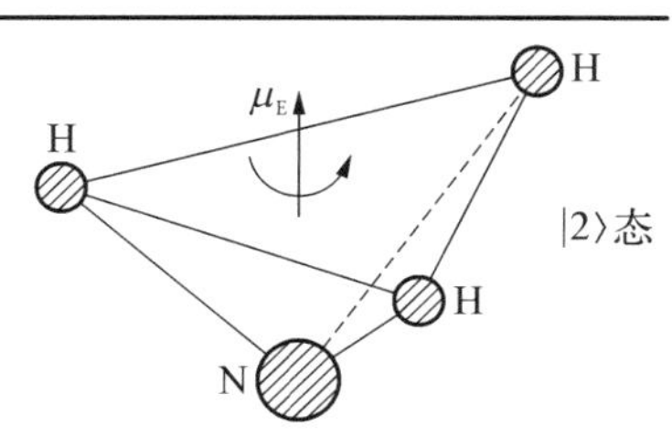


图3-8 氨分子的电矩

定的电矩 $\mu_E$，方向从氮原子指向氢原子构成的平面。氨分子翻转时，偶极矩随之反向，然而在无外电场的情况下能量与偶极矩方向无关，翻转态 $|1\rangle$ 和 $|2\rangle$ 的能量 $E_0$ 相等。现加外场 $\varepsilon$ 于 $|1\rangle$ 态的偶极矩方向，而它与 $|2\rangle$ 态的偶极矩方向相反，于是两态能量是 $E_0 \mp \mu_E\varepsilon$，取 $H_{11}=\langle 1|\hat{H}|1\rangle = E_0-\mu_E\varepsilon$，$H_{22}=\langle 2|\hat{H}|2\rangle = E_0+\mu_E\varepsilon$。

外电场不影响分子的几何位置，也不影响氨分子从一个位置跳至另一位置的振幅，$H_{12}=H_{21}=A(A<0)$。

$$\mathrm{i}\hbar\frac{\partial}{\partial t}\begin{bmatrix}C_1\\C_2\end{bmatrix}=\begin{bmatrix}E_0-\mu_E\varepsilon & A\\ A & E_0+\mu_E\varepsilon\end{bmatrix}\begin{bmatrix}C_1\\C_2\end{bmatrix} \tag{3-43}$$

或写成分量形式

$$\mathrm{i}\hbar\frac{\partial C_1}{\partial t}=(E_0-\mu_E\varepsilon)C_1+AC_2 \tag{3-44}$$

$$\mathrm{i}\hbar\frac{\partial C_2}{\partial t}=AC_1+(E_0+\mu_E\varepsilon)C_2 \tag{3-45}$$

上述方程相加和相减，得

$$\mathrm{i}\hbar\frac{\partial(C_1+C_2)}{\partial t}=(E_0+A)(C_1+C_2)-\mu_E\varepsilon(C_1-C_2)$$

$$\mathrm{i}\hbar\frac{\partial(C_1-C_2)}{\partial t}=(E_0-A)(C_1-C_2)-\mu_E\varepsilon(C_1+C_2)$$

令 $C_\pm=\frac{1}{\sqrt{2}}(C_1\pm C_2)$，则

$$\mathrm{i}\hbar\frac{\partial C_\pm}{\partial t}=(E_0\pm A)C_\pm-\mu_E\varepsilon C_\mp \tag{3-46}$$

矩阵形式为

$$\mathrm{i}\hbar\frac{\partial}{\partial t}\begin{bmatrix}C_+\\C_-\end{bmatrix}=\begin{bmatrix}E_0+A & -\mu_E\varepsilon\\ -\mu_E\varepsilon & E_0-A\end{bmatrix}\begin{bmatrix}C_+\\C_-\end{bmatrix} \tag{3-47}$$

式(3-47)以能级分裂态 $|\pm\rangle=\frac{1}{\sqrt{2}}(|1\rangle\pm|2\rangle)$ 为表象。当有外场时，$|\pm\rangle$ 就不再是哈密顿矩阵的本征态，它们不再是定态。要找到哈密顿矩阵的本征态，还要进一步变换，使它对角化。

下面介绍求能量本征值和本征态的标准方法。设能量本征值等于 $E$ 的本征态为 $|E\rangle=\alpha_+|+\rangle+\alpha_-|-\rangle$。因为哈密顿量不含时，本征态满足的本征方程是

$$\begin{bmatrix} E_0+A & -\mu_E\varepsilon \\ -\mu_E\varepsilon & E_0-A \end{bmatrix}\begin{bmatrix} \alpha_+ \\ \alpha_- \end{bmatrix}=E\begin{bmatrix} \alpha_+ \\ \alpha_- \end{bmatrix} \tag{3-48}$$

或

$$\begin{bmatrix} E_0+A-E & -\mu_E\varepsilon \\ -\mu_E\varepsilon & E_0-A-E \end{bmatrix}\begin{bmatrix} \alpha_+ \\ \alpha_- \end{bmatrix}=0 \tag{3-49}$$

这是求未知量 $\alpha_+$、$\alpha_-$ 的一组齐次线性代数方程,其可解条件是系数行列式为零。当

$$\det\begin{bmatrix} E_0+A-E & -\mu_E\varepsilon \\ -\mu_E\varepsilon & E_0-A-E \end{bmatrix}=0 \tag{3-50}$$

时,$\alpha_+$、$\alpha_-$ 有非零解。由此可以得到

$$\frac{\alpha_+}{\alpha_-}=\frac{\mu_E\varepsilon}{E_0+A-E}$$

或

$$\frac{\alpha_+}{\alpha_-}=\frac{E_0-A-E}{\mu_E\varepsilon}$$

这两个比值相等,得到 $E$ 满足的方程:

$$E^2-2E_0E-A^2+E_0^2-(\mu_E\varepsilon)^2=0 \tag{3-51}$$

这是一个 $E$ 的二次方程,它有两个解:

$$E_1=E_0-\sqrt{A^2+(\mu_E\varepsilon)^2},\ E_2=E_0+\sqrt{A^2+(\mu_E\varepsilon)^2} \tag{3-52}$$

这就是能量的两个本征值,也就是两个定态的能级。两个能量随电场强度 $\varepsilon$ 变化的曲线如图 3-9 所示。

当电场为零时,能量正好是 $E_0\pm A$。在施加电场后,两个能级之间的分裂随场强的增加而增大。当 $\mu_E\varepsilon\ll|A|$,式(3-52)可以近似写成

$$E_1=E_0-|A|-\frac{(\mu_E\varepsilon)^2}{2|A|}$$

$$E_2=E_0+|A|+\frac{(\mu_E\varepsilon)^2}{2|A|}$$

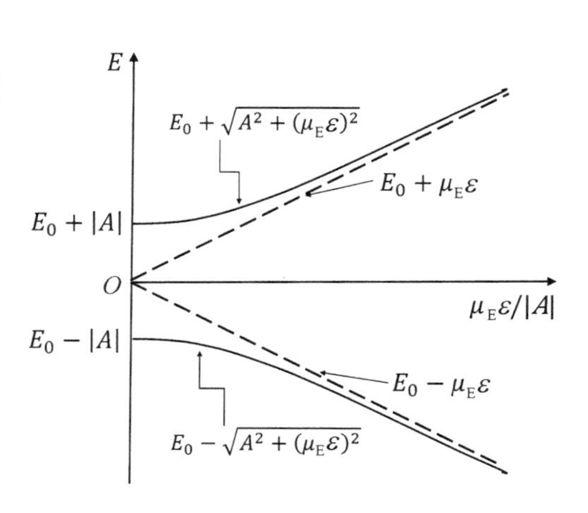


图 3-9 静电场中氨分子能级

能量近似地与 $\varepsilon^2$ 呈线性关系。当场强非常大时，$E_1$ 和 $E_2$ 趋向与 $\varepsilon$ 成正比，近似值为 $E_0 \pm \mu_E \varepsilon$。

### 3.3.2 微波场中的氨分子

现在讨论氨分子在微波场中的振荡。设微波场的角频率为 $\omega$，电场强度为

$$\varepsilon(t) = \varepsilon_0 \cos \omega t = \frac{\varepsilon_0}{2}(e^{i\omega t} + e^{-i\omega t}) \tag{3-53}$$

将上式代入式(3-47)，其中的哈密顿矩阵变为

$$\begin{bmatrix} E_0 + A & -\frac{\mu_E \varepsilon_0}{2}(e^{i\omega t} + e^{-i\omega t}) \\ -\frac{\mu_E \varepsilon_0}{2}(e^{i\omega t} + e^{-i\omega t}) & E_0 - A \end{bmatrix} \tag{3-54}$$

所以薛定谔方程为

$$i\hbar \frac{\partial}{\partial t}\begin{pmatrix} C_+ \\ C_- \end{pmatrix} = \begin{bmatrix} E_0 + A & -\frac{\mu_E \varepsilon_0}{2}(e^{i\omega t} + e^{-i\omega t}) \\ -\frac{\mu_E \varepsilon_0}{2}(e^{i\omega t} + e^{-i\omega t}) & E_0 - A \end{bmatrix}\begin{bmatrix} C_+ \\ C_- \end{bmatrix} \tag{3-55}$$

令 $C_\pm = C_{\pm 0} e^{i(E_0 \pm A)t}$，式(3-55)与式(3-17)数学形式完全一样，这里的 $\mu_E \varepsilon_0$ 与式(3-17)中的 $A_0$ 等价，$C_+$ 和 $C_-$ 分别等价于 $C_b$ 和 $C_a$，$E_0 + |A|$ 和 $E_0 - |A|$ 分别等价于 $E_a$ 和 $E_b$，所以有相似的结果。这里拉比频率为

$$\omega_R = \sqrt{(\hbar\omega - 2|A|)^2 + (\mu_E \varepsilon_0)^2}/\hbar$$

初始条件是当 $t = 0$ 时，$C_{+0}(0) = 1$，$C_{-0}(0) = 0$。也就是初始处于下能级 $E_0 - |A|$，$t$ 时刻跃迁到上能级 $E_0 + |A|$ 的概率为

$$P_- = \left|\frac{\mu_E \varepsilon_0}{\hbar \omega_R}\right|^2 \sin^2 \frac{\omega_R t}{2} \tag{3-56}$$

这反映了系统状态的周期性振荡变化，式(3-56)称为拉比公式。

### 3.3.3 微波激射

氨分子激射器利用了氨分子振动基态的分裂能级跃迁，辐射波长处在

1.25 cm 波段,属于微波范围。对于不同的分子转动能级,能级分裂的大小不同。早期的氨分子振荡器采用 $J=3$, $K=3$ 转动能级,则这条线的反演分裂谱线称为(3, 3)线。这里 $J$、$K$ 分别表示分子转动量子数和转动角动量在分子轴上投影的量子数。氨分子在振荡过程中会发射频率为 24 GHz 的电磁波。可以从另一个角度来解释这种现象:假设氨分子占据两个不同能级中的一个,两能级差等于波长为 1.25 cm 的光子的能量。若氨分子从高能级跃迁到低能级,就会发射出上述波长的光子。反之,若处于低能级的分子吸收了这一波长的光子,便能跃迁至高能级。

查尔斯·哈德·汤斯简介

若用这种能量的光子去照射已处在高能级的氨分子,又会出现什么情况呢?早在 1917 年,爱因斯坦就指出,如果发生这种情况,这个位于高能级的分子会再度被拉回低能级,同时会循着入射光子的方向放出一个与其一模一样的光子,这个发射光子的过程为受激辐射。所以,便出现了两个相同的光子,其中有一个是原来的入射光子。

用微波照射氨分子会产生两种可能的变化:一种是氨分子从低能级跃迁至高能级;另一种是自高能级跃迁至低能级。一般情况下,前者发生的概率较大,因为在平衡态时分子处在高能级的概率毕竟不大。

然而,若是能运用某些方法使全部或绝大多数分子都处于高能级,那么后者发生的概率就较大。这会导致十分有趣的情况发生:当第一束微波光子撞击到分子后,将它推至低能级,随即放出第二个光子,这两个光子又分别撞击另外两个分子,再放出两个光子,这时共有四个光子,以此类推,便能使氨分子释放出一大堆能量相同且运动方向完全相同的光子。

1953 年,美国物理学家查尔斯·哈德·汤斯(Charles Hard Townes)研制出一种方法,先获得高能级的氨分子,再利用适当波长的微波光子去激励它们。只要有少量的光子射入,便能放射出大量相同的光子,也就相当于入射的微波被放大了许多倍。这个过程被称为微波激射放大,这种仪器被称为微波激射器。

微波激射器发展很快。最初的微波激射器只是间歇式的,固态和气态同时存在。对于气态氨分子,先将氨分子提升至高能级,然后去激励它们。经过一阵快速辐射后,必须重新将氨分子提升至高能级再去激励,才会再有大量光子发射出来。

后来,荷兰出生的美籍物理学家 N. 布隆伯根(N. Bloembergen)提出用三能级系统来克服这个缺点。如果微波激射器选用的芯材具有高、中、低三种能级,那么能级的提升和能量的释放便能同时进行。先使电子自低能级升至高能级,再利用波长适度的光子去激励它们,使它们先掉至中能级,再至低能级。所以,只要有提升能级和激励微波的两种不同光子,就不会使两个过程相互干扰。此后,连续性微波激射器终于问世。

微波激射器的工作原理与激光相似,首先把粒子抽运到较高能级上,形成所谓的粒子数布居反转。一种方法类似于施特恩-格拉赫实验,这里用不均匀电场取代了不均匀磁场。让氨气由细小的喷嘴射出，通过一对准直的狭缝使之成一细束，然后让细束通过一个横向电场区，电场强度的平方 $\varepsilon^2$ 在横向有很大的梯度，如图3-10所示。在经过横向电场区时，处于低能态 $E_1=E_0-\sqrt{A^2+(\mu_E\varepsilon)^2}$ 的氨分子偏向 $\varepsilon^2$ 较大的区域，处于高能态 $E_2=E_0+\sqrt{A^2+(\mu_E\varepsilon)^2}$ 的氨分子偏向 $\varepsilon^2$ 较小的区域，分子束分成两束。

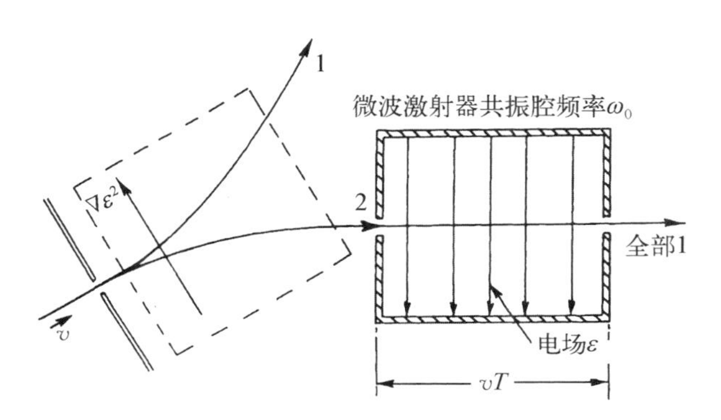


**图3-10 氨微波激射器示意图**

为了形成粒子数布居反转，下一步需要把低能级的氨分子偏转到一边，弃之不用，而把高能级的分子束送入共振腔，使之产生与频率 $\omega_0=2\mid A\mid$ 相当的微波作用，产生受激辐射，实现微波放大。

设氨分子通过共振腔需要时间 $T$。如果 $\omega=\omega_0$ 且腔长满足 $\frac{\mu_E\varepsilon_0 T}{\hbar}=\pi$，根据拉比公式 $P_-=\cos^2\left(\frac{\mu_E\varepsilon_0}{2\hbar}t\right)$，那么进腔时处于高能态 $|-\rangle$ 的分子，离开时必处于态 $|+\rangle$。它在这个过程中丢失能量，能量辐射出去。总之，分子进入共振腔后，以恰当频率振荡的腔内电场诱发分子从高能态跃迁至低能态，而释放的能量则进入振荡电场。在一个工作的微波激射器中，分子提供足够的能量以维持腔的振荡，不仅提供足够的功率以弥补腔内损耗，还提供从腔中引出的额外功率。于是，分子能量被转换为外界电磁场能量。

氨分子激射器属于弱场情形，分子束飞跃腔的时间也有限。按照能量-时间不确定度关系，受激发射带宽的数量级反比于分子在共振腔内的渡越时间 $\tau$。若 $\tau$ 为 $1\times10^{-4}$ s，则 $\Delta\nu$ 的数量级为10 kHz，而氨分子中心频率 $\nu_0=24$ GHz，相对带宽 $\frac{\Delta\nu}{\nu_0}=1\times10^{-7}$。但应指出，这不是微波激射器最终输出信号的频率宽度。在各种因素的影响下，采取稳频措施后，整个装置的输出信号带宽仅为 $1\times10^{-3}$ Hz 量级，而相对宽度则为 $1\times10^{-13}$ 量级。

1954 年 4 月,汤斯研制成功了以受激发射过程为主的微波辐射源,这是第一个量子电子学器件,并命名为“微波激射器”。由于振荡信号具有极窄的带宽和频率稳定性,很快就被用作频率标准。周期或频率作为基本物理量,计时方法的准确和稳定极大地改进和提高了相关科学技术。以量子态之间跃迁给出高度稳定信号为基础的频率标准为量子频标。汤斯、巴索夫(Basov)和普罗霍罗夫(Prokhorov)获得 1964 年诺贝尔物理学奖。

## 3.4 磁共振

本节讨论静磁场和旋转磁场中自旋 1/2 粒子的一种双态系统,给出经典和量子描述,并分析磁共振原理。

### 3.4.1 拉莫尔进动的经典模型

旋转的陀螺在重力矩的作用下产生进动,磁矩在磁力矩的作用下产生拉莫尔进动。微观世界中电子、质子或其他磁性原子核的自旋在磁场中的拉莫尔进动是很重要的现象,在物理、化学、生命科学中有着广泛应用。

磁矩 $\boldsymbol{\mu}_{\mathrm{M}}$ 在外磁场 $\boldsymbol{B}$ 中受到磁力矩,其运动方程为

$$\frac{\mathrm{d}\boldsymbol{J}}{\mathrm{d}t}=\boldsymbol{\mu}_{\mathrm{M}}\times\boldsymbol{B} \tag{3-57}$$

式中,$\boldsymbol{J}$ 为角动量。磁矩与角动量之比称为旋磁比,记作 $\gamma$,表示为

$$\gamma=\frac{\boldsymbol{\mu}_{\mathrm{M}}}{\boldsymbol{J}} \tag{3-58}$$

$\gamma$ 正比于电荷。对于电子,$\gamma<0$;对于质子,$\gamma>0$。式(3-57)乘以 $\gamma$,得只含磁矩的方程:

$$\frac{\mathrm{d}\boldsymbol{\mu}_{\mathrm{M}}}{\mathrm{d}t}=\gamma\boldsymbol{\mu}_{\mathrm{M}}\times\boldsymbol{B} \tag{3-59}$$

若外磁场是沿 $z$ 方向的恒磁场:$\boldsymbol{B}=B_0\boldsymbol{k}$,令 $\boldsymbol{\mu}_{\mathrm{M}}$ 的三个分量是 $\mu_x$、$\mu_y$、$\mu_z$,将上式写成分量形式,则有

$$\frac{\mathrm{d}\mu_x}{\mathrm{d}t}=\gamma\mu_yB_0$$

$$\frac{\mathrm{d}\mu_y}{\mathrm{d}t}=-\gamma\mu_xB_0$$

$$\frac{\mathrm{d}\mu_z}{\mathrm{d}t}=0$$

解得

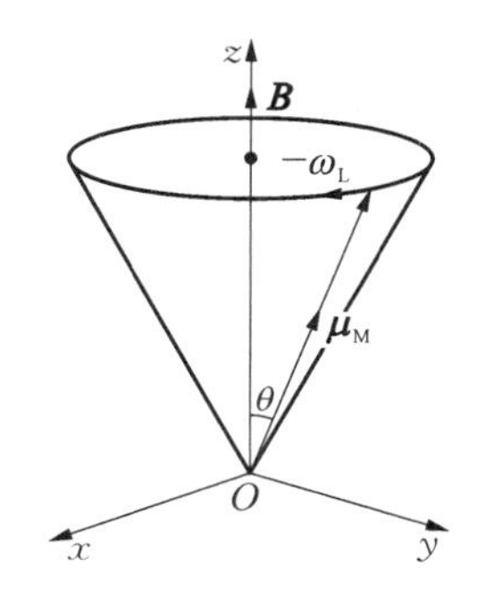


图 3-11 拉莫尔进动

$$\mu_x=\mu_\perp \cos(\omega_L t+\varphi)$$

$$\mu_y=-\mu_\perp \sin(\omega_L t+\varphi)$$

$$\mu_z=常数$$

式中，$\omega_L=\gamma B_0$，$\omega_L$ 称为拉莫尔角频率；$\mu_\perp=\sqrt{\mu_x^2+\mu_y^2}$。如图 3-11 所示，$\boldsymbol{\mu}_M$ 与 $z$ 轴之间的夹角 $\theta$ 不变，以 $\omega_L$ 的角速度绕轴旋转，这就是拉莫尔进动。

## 3.4.2 拉莫尔进动的量子模型

讨论一个自旋 1/2 的粒子在静磁场中的行为。对于这个粒子所处的自旋态 $|s\rangle$，通常选取 $z$ 方向的自旋分量 $\hat{S}_z$ 的本征矢：

$$\chi_1=\begin{bmatrix}1\\0\end{bmatrix}\rightarrow|\uparrow\rangle,\ \chi_{-1}=\begin{bmatrix}0\\-1\end{bmatrix}\rightarrow|\downarrow\rangle$$

自旋态 $|s\rangle$ 可以按照这组基矢展开，得

$$|s\rangle=C_1|\uparrow\rangle+C_2|\downarrow\rangle \tag{3-60}$$

自旋态波函数对应的矩阵形式为

$$\chi_S=\begin{bmatrix}C_1\\C_2\end{bmatrix}$$

其满足 $|C_1|^2+|C_2|^2=1$。

一般说粒子处在某个自旋态，不能说自旋指向某一方向，因为 $|s\rangle$ 不一定是自旋算符的本征态。但是当 $|s\rangle$ 是本征态时，如 $|s\rangle=|\downarrow\rangle$，该粒子的自旋指向 $-z$ 方向。

假设磁场沿 $z$ 方向，$\boldsymbol{B}=B_0\boldsymbol{k}$，讨论磁矩为 $\mu_M$ 的自旋粒子在磁场中概率幅的变化，自旋平行和反平行于 $\boldsymbol{B}$ 态矢是两个本征态，处在 $|\uparrow\rangle$ 的对应能量为 $-\mu_M B_0$，而在 $|\downarrow\rangle$ 则对应于 $\mu_M B_0$。这时哈密顿矩阵为

$$H=-\boldsymbol{\mu}_M\cdot\boldsymbol{B}\sigma_z=-\mu_M B_0\sigma_z=\begin{bmatrix}-\mu_M B_0 & 0\\0 & \mu_M B_0\end{bmatrix} \tag{3-61}$$

式中，$\sigma_z$ 是泡利矩阵。对应的薛定谔方程是

$$i\hbar \frac{\partial}{\partial t}\begin{bmatrix}C_1\\C_2\end{bmatrix}=\begin{bmatrix}-\mu_M B_0 & 0\\ 0 & \mu_M B_0\end{bmatrix}\begin{bmatrix}C_1\\C_2\end{bmatrix} \tag{3-62}$$

对方程求解得到

$$C_1(t)=C_1(0)e^{i\frac{\mu_M B_0}{\hbar}t}=C_1(0)e^{i\frac{\omega_L}{2}t} \tag{3-63}$$

$$C_2(t)=C_2(0)e^{-i\frac{\mu_M B_0}{\hbar}t}=C_2(0)e^{-i\frac{\omega_L}{2}t} \tag{3-64}$$

式中

$$\omega_L=\frac{2\mu_M B_0}{\hbar}=\gamma B_0 \tag{3-65}$$

自旋角动量是 $\hbar/2$，旋磁比 $\gamma=2\mu_M/\hbar$。

在外磁场中，$t$ 时刻的自旋状态为

$$|s\rangle=C_1(0)e^{i\frac{\omega_L}{2}t}|\uparrow\rangle+C_2(0)e^{-i\frac{\omega_L}{2}t}|\downarrow\rangle \tag{3-66}$$

考察自旋磁矩的平均值，自旋磁矩算符可以表示成 $\mu_M\boldsymbol{\sigma}$，则

$$\langle\mu_x\rangle=\langle s|\mu_M\sigma_x|s\rangle=2\mu_M A\cos(\omega_L t-\varphi) \tag{3-67}$$

$$\langle\mu_y\rangle=\langle s|\mu_M\sigma_y|s\rangle=-2\mu_M A\sin(\omega_L t-\varphi) \tag{3-68}$$

$$\langle\mu_z\rangle=\langle s|\mu_M\sigma_z|s\rangle=\mu_M[|C_1(0)|^2-|C_2(0)|^2] \tag{3-69}$$

式中，$C_1^*(0)C_2(0)=Ae^{i\varphi}$。$\langle\mu_z\rangle$ 是常量，自旋矢量或自旋磁矩在均匀磁场中绕 $z$ 轴进动，进动的频率由式(3-65)决定。磁场越强，进动频率越高，磁矩平均值与经典磁矩在均匀磁场中进动的图像一致。

**例 3-2** 设想一束自旋 1/2 的粒子在磁场沿着 $x$ 方向的施特恩-格拉赫装置里选出自旋沿着 $+x$ 的一束，在 $t=0$ 时刻射入 $z$ 方向的磁场中。经过时间 $t$ 后再令此束粒子射入磁场沿着 $x$ 方向的施特恩-格拉赫装置里，测量其自旋沿着 $\pm x$ 或 $\pm y$ 方向的概率及自旋算符的平均值。

**解** 在 $\hat{S}_z$ 的表象中沿着 $+x$ 的本征态为

$$|x_+\rangle\rightarrow\frac{1}{\sqrt{2}}\begin{bmatrix}1\\1\end{bmatrix}$$

$t=0$ 时刻的初始态为

$$C_1(0)=\frac{1}{\sqrt{2}},\ C_2(0)=\frac{1}{\sqrt{2}}$$

所以在 $z$ 方向磁场中，$t$ 时刻后状态为

$$|x_+(t)\rangle=\frac{1}{\sqrt{2}}e^{i\frac{\omega_L}{2}t}|\uparrow\rangle+\frac{1}{\sqrt{2}}e^{-i\frac{\omega_L}{2}t}|\downarrow\rangle$$

沿着 $x$ 方向的本征矢为

$$|x_+\rangle=\frac{1}{\sqrt{2}}\begin{bmatrix}1\\1\end{bmatrix},\ |x_-\rangle=\frac{1}{\sqrt{2}}\begin{bmatrix}1\\-1\end{bmatrix}$$

沿着 $y$ 方向的本征矢为

$$|y_+\rangle=\frac{1}{\sqrt{2}}\begin{bmatrix}1\\i\end{bmatrix},\ |y_-\rangle=\frac{1}{\sqrt{2}}\begin{bmatrix}1\\-i\end{bmatrix}$$

$t$ 时刻测量粒子束自旋沿着 $x$、$y$ 方向的概率幅为

$$\langle x_+|x_+(t)\rangle=\frac{1}{2}\left(e^{i\frac{\omega_L}{2}t}+e^{-i\frac{\omega_L}{2}t}\right)=\cos\frac{\omega_L}{2}t$$

$$\langle x_-|x_+(t)\rangle=\frac{1}{2}\left(e^{i\frac{\omega_L}{2}t}-e^{-i\frac{\omega_L}{2}t}\right)=i\sin\frac{\omega_L}{2}t$$

$$\langle y_+|x_+(t)\rangle=\frac{1}{2}\left(e^{i\frac{\omega_L}{2}t}-ie^{-i\frac{\omega_L}{2}t}\right)$$

$$\langle y_-|x_+(t)\rangle=\frac{1}{2}\left(e^{i\frac{\omega_L}{2}t}+ie^{-i\frac{\omega_L}{2}t}\right)$$

概率为

$$|\langle x_+|x_+(t)\rangle|^2=\frac{1+\cos\omega_L t}{2}$$

$$|\langle x_-|x_+(t)\rangle|^2=\frac{1-\cos\omega_L t}{2}$$

$$|\langle y_+|x_+(t)\rangle|^2=\frac{1-\sin\omega_L t}{2}$$

$$|\langle y_-|x_+(t)\rangle|^2=\frac{1+\sin\omega_L t}{2}$$

利用

$$|x_+\rangle\langle x_+|+|x_-\rangle\langle x_-|=1$$

$$|y_+\rangle\langle y_+|+|y_-\rangle\langle y_-|=1$$

求自旋的 $x$、$y$ 分量平均值为

$$\begin{aligned}
\langle x_+(t)|\hat{S}_x|x_+(t)\rangle &= \frac{\hbar}{2}\langle x_+(t)|\sigma_x|x_+(t)\rangle \\
&= \frac{\hbar}{2}\langle x_+(t)|x_+\rangle\langle x_+|\sigma_x|x_+\rangle\langle x_+|x_+(t)\rangle \\
&\quad + \frac{\hbar}{2}\langle x_+(t)|x_-\rangle\langle x_-|\sigma_x|x_-\rangle\langle x_-|x_+(t)\rangle \\
&= \frac{\hbar}{2}|\langle x_+|x_+(t)\rangle|^2 - \frac{\hbar}{2}|\langle x_-|x_+(t)\rangle|^2 \\
&= \frac{\hbar}{2}\cos\omega_L t
\end{aligned}$$

$$\begin{aligned}
\langle x_+(t)|\hat{S}_y|x_+(t)\rangle &= \frac{\hbar}{2}\langle x_+(t)|\sigma_y|x_+(t)\rangle \\
&= \frac{\hbar}{2}\langle x_+(t)|y_+\rangle\langle y_+|\sigma_y|y_+\rangle\langle y_+|x_+(t)\rangle \\
&\quad + \frac{\hbar}{2}\langle x_+(t)|y_-\rangle\langle y_-|\sigma_y|y_-\rangle\langle y_-|x_+(t)\rangle \\
&= \frac{\hbar}{2}|\langle y_+|x_+(t)\rangle|^2 - \frac{\hbar}{2}|\langle y_-|x_+(t)\rangle|^2 \\
&= -\frac{\hbar}{2}\sin\omega_L t
\end{aligned}$$

从平均值来看,自旋矢量在 $x-y$ 平面内以角速度 $-\omega_L$ 旋转。

### 3.4.3 磁共振

除了在 $z$ 方向上的均匀磁场 $\boldsymbol{B}=B_0\boldsymbol{k}$,在 $x-y$ 平面内加以交变磁场 $\boldsymbol{B}_1=B_1\cos\omega t\boldsymbol{i}+B_1\sin\omega t\boldsymbol{j}$,旋转频率是 $\omega$,但是不随着位置变化,将看到,在两种磁场共同作用下,自旋状态可以发生翻转。这种量子特性获得了广泛应用,它为核磁共振提供了理论基础。

讨论一个自旋 1/2 的粒子在静磁场和交变磁场共同作用下的行为。依然选取自旋分量 $\hat{S}_z$ 的本征矢作为基矢,这个体系的态矢可以表示为

$$|s\rangle = C_1(t)|\uparrow\rangle + C_2(t)|\downarrow\rangle \tag{3-70}$$

体系的哈密顿量为

$$\begin{aligned}
H &= -\boldsymbol{\mu}_M\cdot\boldsymbol{B} = -\mu_M\boldsymbol{\sigma}\cdot\boldsymbol{B} \\
&= -\mu_M\sigma_x B_1\cos\omega t - \mu_M\sigma_y B_1\sin\omega t - \mu_M\sigma_z B_0 \\
&= \frac{\hbar\omega_0}{2}\sigma_z + \frac{\hbar\omega_1}{2}(\cos\omega t\sigma_x + \sigma_y\sin\omega t)
\end{aligned} \tag{3-71}$$

式中，$\omega_0 = -2\mu_M B_0/\hbar$；$\omega_1 = -2\mu_M B_1/\hbar$。用矩阵表述为

$$H = \frac{\hbar}{2}\begin{bmatrix} \omega_0 & \omega_1 e^{-i\omega t} \\ \omega_1 e^{i\omega t} & -\omega_0 \end{bmatrix} \tag{3-72}$$

薛定谔方程为

$$i\hbar \frac{\partial}{\partial t}\begin{bmatrix} C_1 \\ C_2 \end{bmatrix} = \frac{\hbar}{2}\begin{bmatrix} \omega_0 & \omega_1 e^{-i\omega t} \\ \omega_1 e^{i\omega t} & -\omega_0 \end{bmatrix}\begin{bmatrix} C_1 \\ C_2 \end{bmatrix} \tag{3-73}$$

作旋转变换，得

$$b_1 = C_1 e^{i\omega t/2}, \ b_2 = C_2 e^{-i\omega t/2} \tag{3-74}$$

则式(3-73)变为

$$i\frac{d}{dt}b_1 = -\frac{\Delta\omega}{2}b_1 + \frac{\omega_1}{2}b_2 \tag{3-75}$$

$$i\frac{d}{dt}b_2 = \frac{\omega_1}{2}b_1 + \frac{\Delta\omega}{2}b_2 \tag{3-76}$$

式中，$\Delta\omega = \omega - \omega_0$。将此方程组写成如下形式：

$$i\hbar \frac{d}{dt}|\tilde{s}\rangle = \tilde{H}|\tilde{s}\rangle \tag{3-77}$$

式中，右矢 $|\tilde{s}\rangle$ 和算符 $\tilde{H}$ 的定义如下：

$$|\tilde{s}\rangle = b_1(t)|\uparrow\rangle + b_2(t)|\downarrow\rangle \tag{3-78}$$

$$\tilde{H} = \frac{\hbar}{2}\begin{bmatrix} -\Delta\omega & \omega_1 \\ \omega_1 & \Delta\omega \end{bmatrix} \tag{3-79}$$

可以写出

$$|\tilde{s}\rangle = e^{i\omega t\sigma_z/2}|s\rangle \tag{3-80}$$

相当于绕着 $z$ 轴旋转了一个角度 $\omega t$。

式(3-77)的解很容易求出。知道了 $|\tilde{s}(0)\rangle$，要确定 $|\tilde{s}(t)\rangle$，只需要 $|\tilde{s}(0)\rangle$ 按照 $\tilde{H}$ 的本征矢展开。最后利用式(3-74)来实现从 $|\tilde{s}(t)\rangle$ 到 $|s(t)\rangle$ 的变换。

考虑这样一个自旋，在 $t=0$ 时刻，它处于 $|\uparrow\rangle$ 态，即

$$|s(0)\rangle = |\uparrow\rangle \tag{3-81}$$

所以 $|\tilde{s}(0)\rangle = |\uparrow\rangle$。现在问，在 $t$ 时刻发现这个自旋处于 $|\downarrow\rangle$ 态的概率为多少？

由于 $b_2$ 和 $C_2$ 具有相同的模,可以得到

$$P_{\downarrow}=|\langle\downarrow|s\rangle|^2=|C_2|^2=|b_2|^2=|\langle\downarrow|\tilde{s}\rangle|^2 \tag{3-82}$$

问题归结于 $|\langle\downarrow|\tilde{s}\rangle|^2$,这里 $|\tilde{s}(t)\rangle$ 是式(3-77)满足适合初始条件式(3-81)的解。

这个问题已在3.2节求解,利用3.2节的结果,作如下替换:

$$|a\rangle\rightarrow|\uparrow\rangle \qquad |b\rangle\rightarrow|\downarrow\rangle$$

$$E_a\rightarrow\frac{\hbar\omega_0}{2} \qquad E_b\rightarrow-\frac{\hbar\omega_0}{2} \qquad A_0\rightarrow\hbar\omega_1=-2\mu_M B_1$$

$$\Delta\rightarrow\Delta\omega$$

所以,自旋翻转概率为

$$P_{\downarrow}=\left|\frac{\omega_1}{\omega_R}\right|^2\sin^2\frac{\omega_R t}{2}=\left|\frac{2\mu_M B_1}{\hbar\omega_R}\right|^2\sin^2\frac{\omega_R t}{2} \tag{3-83}$$

式中,拉比频率为

$$\omega_R=\sqrt{(\omega-\omega_0)^2+\left|\frac{2\mu_M B_1}{\hbar}\right|^2}$$

这就是拉比公式。翻转概率 $P_{\downarrow}$ 在 $t=0$ 时等于0,然后在0与 $\left|\frac{\omega_1}{\omega_R}\right|^2$ 之间随时间按正弦规律变化。在这个问题中,有三种频率 $\omega_0$、$\omega_1$ 和 $\omega$, $\omega_0$ 是由静磁场决定的,$\omega_1$ 和 $\omega$ 是由旋转磁场的强度和旋转角速度决定的,这些可以在实验中控制。

下面讨论两种情况:

(1) 旋转磁场的频率 $\omega$ 等于或接近拉莫尔角频率 $\omega_0$,即 $\omega\sim\omega_0$,那么 $\omega_R\sim\omega_1$, $P_{\downarrow}$ 在0和1之间振荡。严格共振且 $t=(2n+1)\pi/\omega_1$ 时,$P_{\downarrow}=1$,这是共振现象。在共振时,很弱的旋转磁场能够翻转自旋的方向,粒子从电磁场吸收能量 $\hbar\omega_0$。

(2) $|\omega-\omega_0|\gg\omega_1$, $P_{\downarrow}(t)$ 都接近零,即测量自旋角动量时几乎不变。

### 3.4.4 核磁共振

伊西多·伊萨克·拉比简介

原子的磁矩由电子轨道磁矩和电子的自旋磁矩所贡献。原子核由质子和中子组成,它们都是自旋角动量为 $\frac{\hbar}{2}$ 的费米子,且都有磁矩。电子的磁矩是以玻尔磁子为量子化单位来衡量的,$\boldsymbol{\mu}_s=-2\mu_B\boldsymbol{s}/\hbar$, $\boldsymbol{s}$ 代表电子自旋角动量,$\boldsymbol{\mu}_s$ 代表自旋磁

矩，$\mu_B = e\hbar/2m_e$。核磁矩以核磁子 $\mu_N$ 来衡量，与玻尔磁子的差别在于电子质量换成质子质量，即

$$\mu_N = \frac{e\hbar}{2m_p} = \frac{1}{1\,836}\mu_B$$

核磁矩一般要比原子或分子的磁矩小三个数量级。实验测定，质子和中子磁矩分别为

$$\mu_p = 2.793\mu_N = 1.521 \times 10^{-3}\mu_B$$

$$\mu_n = -1.913\mu_N = -1.042 \times 10^{-3}\mu_B$$

实验中利用自旋磁矩或自旋在磁场中翻转来测量粒子的核磁矩，发展了核磁共振技术。1938 年，拉比首先用分子束核磁共振法测量了原子核的磁矩，因此获得 1944 年诺贝尔物理学奖。

图 3-12 是拉比的分子束实验装置，包括粒子源、两个施特恩-格拉赫偏转器（A、B 磁场梯度方向相反）、叠加磁场（C）、粒子接收器（D）。

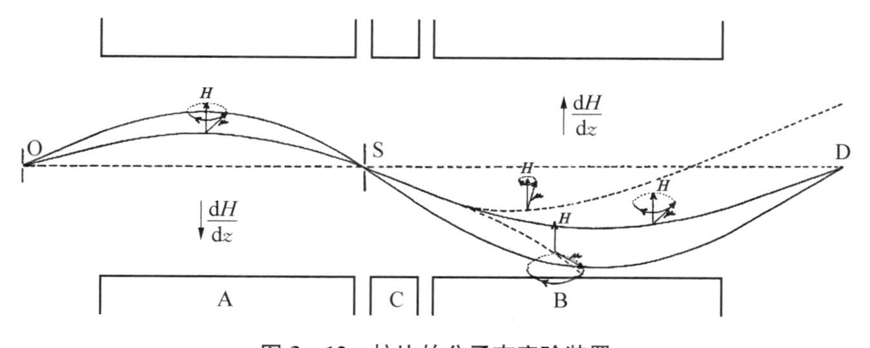


**图 3-12 拉比的分子束实验装置**

当一束具有自旋的粒子经过第一个施特恩-格拉赫偏转器后，将分成两束，分别标记为 $|\uparrow\rangle$ 和 $|\downarrow\rangle$，滤掉状态为 $|\downarrow\rangle$ 的一束，留下状态为 $|\uparrow\rangle$ 的一束。若在两个施特恩-格拉赫偏转器之间的 C 区不加磁场，经过第二个施特恩-格拉赫偏转器之后都可以到达粒子探测器。如果在两个施特恩-格拉赫偏转器之间有叠加磁场存在，会产生自旋磁矩的翻转。在磁场存在的 C 区（一个强大的恒定垂直水平方向磁场 $\boldsymbol{B}_0$ 和一个微弱振动的水平磁场 $\boldsymbol{B}_1$），改变恒定均匀磁场 $\boldsymbol{B}_0$ 的大小，也就改变了进动的拉莫尔频率 $\omega_0$。当满足共振条件 $\omega \sim \omega_0$ 时，在某时刻，磁矩会翻转到 $|\downarrow\rangle$ 态，经过第二个施特恩-格拉赫偏转器后，$|\downarrow\rangle$ 态的粒子将向背离探测器的方向偏转，这时探测器检测到的粒子数目减少很多，共振位置因粒子能量吸收，所以观察到吸收峰，如图 3-13 所示。若振动磁场的频率与进动频率明显不同，就不会引起磁矩的翻转，因而粒子按照不受干扰的路径到达探测器。可以从探测器粒

子流明显变弱来确定共振条件：$\boldsymbol{B}_0$ 场中进动频率 $\omega_0$ 等于驱动场 $\boldsymbol{B}_1$ 的频率 $\omega$。这样就给出了 $|\mu|=j\dfrac{\hbar\omega_0}{B_0}$，其中角动量量子数 $j$ 可由其他实验确定。图 3－13 中的 LiCl 曲线显示在均匀场的不同值上重新聚焦的粒子束强度。1 A 约相当于 18.4 Gs，振荡场的频率保持在 $3.518\times10^6$ Hz。

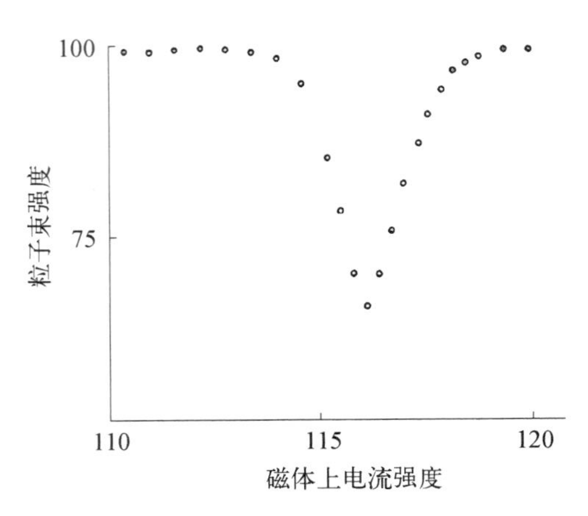

图 3－13 LiCl 分子束的核磁共振吸收峰

随着无线电技术和雷达技术的发展，F. 布洛赫(F. Bloch)和 E. M. 珀塞尔(E. M. Purcell)发现，固体、液体中也能观察到核磁共振吸收的现象。在磁场中，能级分裂后，粒子按照玻尔兹曼分布在各能级上，高能级粒子数少于低能级粒子数，在与电磁场交换能量时，吸收大于辐出，总体表现为共振吸收，由于粒子数多，信号更强，实验上更容易控制。布洛赫和珀塞尔因为发展核磁共振的方法和成果获得 1952 年诺贝尔物理学奖。核磁共振技术已经在物理、化学、生命、量子信息等领域获得广泛应用。

## 本 章 提 要

1. 双态系统

$$H=\begin{bmatrix}E_0 & A\\ A & E_0\end{bmatrix}\Rightarrow\begin{bmatrix}E_0+A & 0\\ 0 & E_0-A\end{bmatrix}$$

哈密顿矩阵对角化，本征值 $E_\pm=E_0\pm A$，对应本征矢 $|\chi_+\rangle$ 和 $|\chi_-\rangle$ 为

$$|\chi_\pm\rangle=\frac{1}{\sqrt{2}}(|1\rangle\pm|2\rangle)$$

能级分裂为 $2|A|$。

2. 拉比模型

$$H=\begin{bmatrix}E_a & A_0\cos\omega t\\ A_0^*\cos\omega t & E_b\end{bmatrix}$$

系统的波函数 $\psi(t)=C_a(t)|a\rangle+C_b(t)|b\rangle$。令 $C_a(t)=C_{a0}\mathrm{e}^{-\frac{\mathrm{i}E_a t}{\hbar}}$，$C_b(t)=C_{b0}\mathrm{e}^{-\frac{\mathrm{i}E_b t}{\hbar}}$。

初始条件 $C_{a0}(0)=0$，$C_{b0}(0)=1$。采用旋转波近似得到

$$C_{a0}(t)=-\mathrm{i}\frac{A_0}{\hbar\omega_R}\mathrm{e}^{-\mathrm{i}\frac{\Delta t}{2}}\sin\frac{\omega_R t}{2}$$

$$C_{b0}(t)=e^{i\frac{\Delta t}{2}}\left(\cos\frac{\omega_R t}{2}-i\frac{\Delta}{\omega_R}\sin\frac{\omega_R t}{2}\right)$$

式中，$\Delta$ 称为频率失谐量，$\Delta=\omega-\omega_0$；$\omega_R$ 为拉比频率，$\omega_R=\sqrt{\Delta^2+\frac{|A_0|^2}{\hbar^2}}$。

占据概率为

$$P_a=|C_{a0}|^2=\left|\frac{A_0}{\hbar\omega_R}\right|^2\sin^2\frac{\omega_R t}{2}$$

$$P_b=1-|C_{a0}|^2=1-\left|\frac{A_0}{\hbar\omega_R}\right|^2\sin^2\frac{\omega_R t}{2}$$

3. 氨分子激射器

静电场氨分子

$$\begin{bmatrix} E_0-\mu_E\varepsilon & A \\ A & E_0+\mu_E\varepsilon \end{bmatrix}$$

能量本征值 $E_1=E_0-\sqrt{A^2+(\mu_E\varepsilon)^2}$，$E_2=E_0+\sqrt{A^2+(\mu_E\varepsilon)^2}$。通过非均匀电场，把粒子抽运到较高能级上，形成所谓的粒子数布居反转。再通过微波腔的频率共振，释放能量。

4. 磁共振

$$\begin{aligned} H&=-\boldsymbol{\mu}_M\cdot\boldsymbol{B}=-\mu_M\boldsymbol{\sigma}\cdot\boldsymbol{B} \\ &=\frac{\hbar\omega_0}{2}\sigma_z+\frac{\hbar\omega_1}{2}(\cos\omega t\sigma_x+\sigma_y\sin\omega t) \end{aligned}$$

在 $t=0$ 时刻，它处于 $|\uparrow\rangle$ 态，自旋翻转概率为

$$P_\downarrow=\left|\frac{\omega_1}{\omega_R}\right|^2\sin^2\frac{\omega_R t}{2}=\left|\frac{2\mu_M B_1}{\hbar\omega_R}\right|^2\sin^2\frac{\omega_R t}{2}$$

式中，拉比频率 $\omega_R=\sqrt{(\omega-\omega_0)^2+\left|\frac{2\mu_M B_1}{\hbar}\right|^2}$。

## 习　题

**3-1** 求等价双态系统哈密顿矩阵

$$H=\begin{bmatrix} E_0 & A \\ A & E_0 \end{bmatrix}$$

的本征值和本征矢，以及使之对角化的幺正变换。

**3-2** 如果双态不等价，即 $H_{11}\neq H_{22}$，则哈密顿矩阵

$$H=\begin{bmatrix} E_1 & A \\ A & E_2 \end{bmatrix}$$

取 $\dfrac{E_1+E_2}{2}=E_0$，$\dfrac{E_1-E_2}{2}=\sqrt{3}A$，两定态能级间隔与原来相比是增大还是减小？如何用原基矢 $|1\rangle$ 和 $|2\rangle$ 表示定态矢？任意态矢在新表象中的概率幅 $C_\pm$ 与在原表象中的概率幅 $C_1$、$C_2$ 的关系如何？

**3-3**　电子在恒定磁场 $\boldsymbol{B}=\boldsymbol{e}_x B_0$ 中，$t=0$ 时，电子的自旋分量 $S_z=\dfrac{\hbar}{2}$，求 $t$ 时刻发现电子自旋波函数和 $S_y=\pm\dfrac{\hbar}{2}$ 的概率。

**3-4**　求空间任意方向 $\hat{n}$ 的自旋分量 $\hat{S}_n$ 的本征值和本征矢。

**3-5**　磁共振实验中，加上旋转磁场 $\boldsymbol{B}=\boldsymbol{e}_x B_1\cos\omega t+\boldsymbol{e}_y B_1\sin\omega t$ 和恒定磁场 $\boldsymbol{B}=\boldsymbol{e}_z B_0$。

(1) 推导质子满足哈密顿量；

(2) $t=0$ 时，自旋向上，推导跃迁概率幅和概率的公式。

**3-6**　考虑一个自旋 1/2 粒子，磁矩 $\boldsymbol{\mu}_M=\gamma\boldsymbol{S}$，自旋态的空间以算符 $\hat{S}_z$ 的本征矢作为基矢 $|\uparrow\rangle$ 和 $|\downarrow\rangle$。$\boldsymbol{B}=\boldsymbol{e}_x B_0+\boldsymbol{e}_z B_0$。试求：

(1) 哈密顿矩阵；

(2) 本征值和本征矢；

(3) $t=0$ 时自旋处于 $|\downarrow\rangle$ 态，测量能量可以得到能量值的可能值及相应的概率；

(4) 计算 $t$ 时刻的态矢 $|s\rangle$，测量 $\langle S_x\rangle$，给出几何解释。

**3-7**　考虑自旋为 $\hbar/2$ 的粒子，具有磁矩 $\mu$；在转动磁场 $\boldsymbol{B}(t)$ 中运动。转动磁场 $\boldsymbol{B}(t)$ 如图 3-14 所示，其表达式为 $\boldsymbol{B}(t)=(B_1\cos 2\omega_0 t,\ B_1\sin 2\omega_0 t,\ B_0)$，其中 $\omega_0=\mu B_0/\hbar$。该粒子的哈密顿量表示为（$\sigma_z$ 表象）

$$H(t)=-\mu\cdot\boldsymbol{B}(t)=-\mu\sigma\cdot\boldsymbol{B}(t)=\begin{bmatrix}-\mu B_0 & -\mu B_1 e^{-2i\omega_0 t}\\ -\mu B_1 e^{2i\omega_0 t} & \mu B_0\end{bmatrix}$$

含时哈密顿量具有周期性，$H(\tau)=H(0)$，$\tau=\pi/\omega_0$。

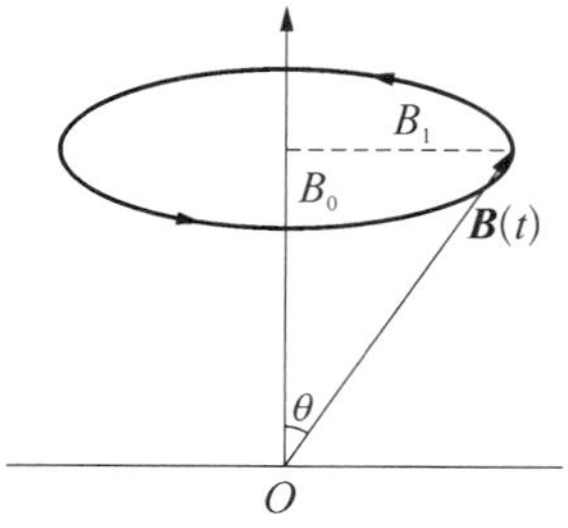

**图 3-14　旋转磁场**

(1) 把 $t$ 看成参数，求 $H(t)$ 的瞬时本征态 $\psi_-(t)$、$\psi_+(t)$ 和本征值 $E_-$ 和 $E_+$。

(2) 设粒子初态 $\psi(0)=\psi_-(0)$。在绝热近似下（磁场转动极慢），粒子自旋态保持在 $\psi_-(t)$[忽略 $\psi_+(t)$ 的混合]，$\psi(t)$ 可表示为

$$\psi(t)=a_-(t)\exp\left[\frac{-iE_-t}{\hbar}\right]\psi_-(t)$$

代入含时薛定谔方程

$$i\hbar\frac{\partial}{\partial t}\psi=H\psi$$

求解 $a_-(t)=e^{i\beta_-(t)}$，讨论经历一个周期后，相位 $\beta_-(t)$。

(3) 不做绝热近似，$\psi(t)$ 的一般解应表示成 $\psi(t)=[a(t),\ b(t)]^T$。设初态 $\psi(0)=(a_0,\ b_0)^T$，试求 $\psi(t)$。

**3-8** 一个体系由两个不同类型的中微子组成,其哈密顿量 $\hat{H}$ 的本征态为$|1\rangle$和$|2\rangle$,相应的本征能量分别为 $|E_1\rangle$ 和 $|E_2\rangle$($E_1 < E_2$)。已知电子中微子与 $\mu$ 子中微子的态分别表示为

$$|e\rangle = \cos\theta\,|1\rangle + \sin\theta\,|2\rangle,\ |\mu\rangle = -\sin\theta\,|1\rangle + \cos\theta\,|2\rangle$$

其中 $\theta$ 是混合角。设体系在 $t=0$ 时处于电子中微子态 $|e\rangle$,求

(1) 任意 $t$ 时刻体系的态矢 $|\psi(t)\rangle$;

(2) 任意 $t$ 时刻体系处于基态$|1\rangle$的概率;

(3) 任意 $t$ 时刻体系处于 $\mu$ 子中微子的态 $|\mu\rangle$ 的概率;

(4) 何时体系又回到电子中微子 $|e\rangle$,周期 $T$ 为多少?

# 第 4 章　激　　光

激光器的成功制造是 20 世纪 60 年代初量子物理对近代科学技术做出的一项重要贡献。1917 年，爱因斯坦论述黑体辐射公式推导时已经明确提出受激辐射的概念，不过没有设想利用受激辐射实现光的放大。40 年后，受激辐射概念在微波和激光技术上得到了应用。1954 年，美国科学家汤斯首先在微波波段实现了微波量子振荡器，这种系统称为辐射受激发射的微波放大，简称微波激射器（MASER）。1960 年 5 月，美国科学家梅曼研制成功了第一台红宝石激光器，发射波长为 694.3 nm的红光。自此，激光技术发展迅速，现在已成功研制出种类不同的激光器，在实验中找到激光工作物质上千种，获得激光谱线万余条，波长遍及红外到紫外的整个光谱段。与普通光源（如太阳、白炽灯等）相比，激光作为光源有一系列优点，如方向性好，发散角可以小到 $10^{-4}$ rad；单色性好，线宽只有 $\Delta\lambda \sim 1\times10^{-8}$ Å；波长范围大，从紫外谱线到亚毫米波范围；强度大，脉冲瞬时功率可达 $1\times10^{15}$ W。

激光（laser）的意思是“受激辐射的光放大（light amplification by stimulated emission of radiation）”。光与物质相互作用可产生激光，激光的产生与物质的吸收和辐射过程有关，其中辐射又包括原子的自发辐射和原子的受激辐射。

我国激光发展

## 4.1　受激跃迁

### 4.1.1　爱因斯坦的受激辐射理论

原子发射和吸收电磁辐射量子理论是玻尔在 1913 年提出来的。他假设：

(1) 原子存在一系列定态，定态的能量取离散值 $E_1$，$E_2$，$E_3$，…，原子在定态上不发射也不吸收电磁辐射能。

(2) 当原子在能级 $E_1$、$E_2$ 之间跃迁时，以发射或吸收特定频率光子的形式与电磁辐射场交换能量，光子频率满足

$$h\nu = E_2 - E_1 \tag{4-1}$$

上式成为玻尔频率条件，$h$ 为普朗克常量。

一个孤立的光子系统，在 $k_B T \ll m_e c^2$ 时，由于光子之间没有直接相互作用，不会趋向平衡。所以，只有存在与光子发生相互作用的其他系统，如原子系统时，光

子系统才会达到平衡。

1916 年爱因斯坦提出，原子与辐射场的相互作用分为两类：受激跃迁和自发跃迁。其中，受激跃迁包括受激辐射和受激吸收，而自发跃迁只有自发辐射。在此基础上，他重新推导了普朗克公式。

1）自发辐射

常温下，物质中的原子大多处于基态，只有少量处于激发态。处于激发态的粒子是不稳定的，在没有外界影响下，可以自发从高能级 $E_2$ 跃迁到低能级 $E_1$ 并且发射频率 $\nu=(E_2-E_1)/h$ 的光，这种过程称为自发辐射[见图 4-1(a)]。单位时间内跃迁的次数 $N_{21}$ 正比于始态上原子布居数 $N_2$，即

$$\left(\frac{\mathrm{d}N_{21}}{\mathrm{d}t}\right)_{\text{自发}}=-A_{21}N_2 \tag{4-2}$$

式中，$A_{21}$ 称为自发辐射系数，表示一个原子在单位时间内从 $E_2$ 跃迁到低能级 $E_1$ 的概率。

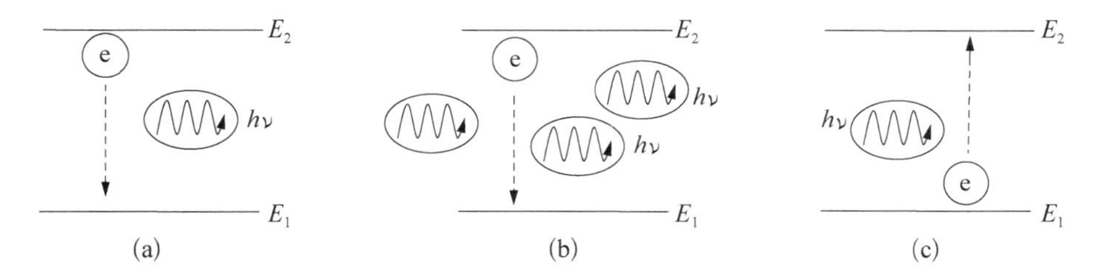


**图 4-1 自发辐射、受激辐射、受激吸收**

由自发辐射引起的 $N_2$ 减小满足如下规律：

$$N_2(t)=N_2(0)\exp(-A_{21}t)=N_2(0)\exp(-t/\tau)$$

式中，$N_2(0)$ 是 $t=0$ 时刻能级 $E_2$ 上的布居数；$\tau=1/A_{21}$ 称为自发辐射寿命，它是 $N_2$ 减小到初始值的 1/e 时所需要的时间。$A_{21}$ 与跃迁所涉及的能级有关。如果 $A_{21}=0$，则这两个能级之间不能发生辐射跃迁，称为禁戒跃迁。

2）受激辐射

当频率 $\nu=(E_2-E_1)/h$ 的光子从外部入射时，处于高能级 $E_2$ 的原子除自发辐射外，原子还会迅速从能级 $E_2$ 跃迁到能级 $E_1$，同时辐射一个与外来光子频率、相位、偏振方向和传播方向完全相同的光子，这种过程称为受激辐射[见图 4-1(b)]。受激辐射在单位时间内发生此类跃迁的次数 $N_{21}$ 正比于辐射场能量谱密度 $u(\nu)$ 和始态上的原子布居数 $N_2$，即

$$\left(\frac{\mathrm{d}N_{21}}{\mathrm{d}t}\right)_{\text{受激辐射}}=B_{21}u(\nu)N_2 \tag{4-3}$$

式中，$B_{21}$ 是受激辐射系数。这里辐射场的能量谱密度 $u(\nu)$ 是单位体积中频率在 $\nu$ 附近单位频率间隔的辐射能量，它正比于电磁场模密度(一个模就是一个振动方式)、光子能量和光子简并度。

3）受激吸收

当处于低能级的原子吸收频率为 $\nu$ 的光子时，可以从低能态 $E_1$ 跃迁到激发态 $E_2$，这一过程称为受激吸收过程［见图 4-1(c)］。单位时间内此类跃迁次数正比于辐射场能量谱密度 $u(\nu)$ 和初始态上的原子布居数 $N_1$，即

$$\left(\frac{\mathrm{d}N_{12}}{\mathrm{d}t}\right)_{受激吸收}=B_{12}u(\nu)N_1 \tag{4-4}$$

式中，$B_{12}$ 是受激吸收系数。

在热平衡情况下，同一对能级 $E_1$、$E_2$ 之间，三种跃迁过程达到平衡，即单位时间内原子体系中发射光子数等于吸收光子数时，才能保持辐射总能量密度不变。所以

$$\left(\frac{\mathrm{d}N_{21}}{\mathrm{d}t}\right)_{自发}+\left(\frac{\mathrm{d}N_{21}}{\mathrm{d}t}\right)_{受激辐射}=\left(\frac{\mathrm{d}N_{12}}{\mathrm{d}t}\right)_{受激吸收} \tag{4-5}$$

得到

$$A_{21}N_2+B_{21}u(\nu)N_2=B_{12}u(\nu)N_1 \tag{4-6}$$

由此得到辐射场的平衡谱分布为

$$u(\nu)=\frac{A_{21}}{B_{12}\dfrac{N_1}{N_2}-B_{21}} \tag{4-7}$$

热平衡下，粒子的能量分布满足玻尔兹曼分布，即

$$\frac{N_1}{N_2}=\frac{g_1}{g_2}\exp\left(-\frac{E_1-E_2}{kT}\right)=\frac{g_1}{g_2}\exp\left(\frac{h\nu}{kT}\right) \tag{4-8}$$

式中，$g_1$、$g_2$ 分别是 $E_1$、$E_2$ 能级的简并度。所谓简并度，就是粒子具有相同能量但运动状态不同的状态数。

$$u(\nu)=\frac{A_{21}/B_{21}}{\dfrac{B_{12}}{B_{21}}\dfrac{N_1}{N_2}-1}=\frac{A_{21}/B_{21}}{\dfrac{B_{12}}{B_{21}}\dfrac{g_1}{g_2}\exp\left(\dfrac{h\nu}{kT}\right)-1} \tag{4-9}$$

上式与黑体辐射光谱能量密度的普朗克公式

$$u(\nu)=\frac{8\pi h\nu^2}{c^3}\frac{1}{\exp\left(\dfrac{h\nu}{kT}\right)-1} \tag{4-10}$$

对比，可得

$$\frac{A_{21}}{B_{21}}=\frac{8\pi h\nu^3}{c^3} \tag{4-11}$$

$$B_{12}g_1=B_{21}g_2 \tag{4-12}$$

如果 $g_1=g_2$，则 $B_{12}=B_{21}$。上述关系就是爱因斯坦关系。根据这个关系，知道一个系数，可以推出其他。根据式(4-11)，该关系说明了自发辐射概率与频率三次方的正比关系。由此可知，自发过程的重要性在不同的频段完全不同。

在推导过程中，受激辐射的概念被首次提出。受激辐射出来的光不仅在强度上正比于辐射场中该振荡模式的强度，而且在振荡的频率、相位、传播方向、偏振态方面都与辐射场中的原振荡模式相同，这是受激辐射的重要特征。由于这一特性，受激辐射和入射电磁波相干叠加，产生光放大作用。如果大量原子处在高能级 $E_2$ 上，一个频率 $\nu=(E_2-E_1)/h$ 的入射光子与原子相互作用，可辐射出两个完全相同的光子，两个光子又使其他原子受激辐射，产生四个相同的光子。如此反复激发，原来的光信号被放大，这种在受激辐射过程中产生并被放大的光就是激光。

在热平衡状态下，原子按能级分布的数目服从玻尔兹曼分布律 $N_n\propto e^{-\frac{E_n}{kT}}$，其中 $N_n$ 为分布在能级 $E_n$ 上的原子数目，服从指数分布。两能级 $E_1$、$E_2$ 上的原子数目之比为

$$\frac{N_2}{N_1}=e^{-\frac{E_2-E_1}{kT}} \tag{4-13}$$

由于 $E_2>E_1$，所以 $N_1\gg N_2$，低能级原子数密度远大于高能级上原子数密度，这是热平衡状态下原子数的正常分布。

若要产生激光，必须对光进行放大，但由前面的分析可知，在一般情况下，发光介质只有少数原子处在激发态上，当一束光射入介质后，同时引起受激吸收和受激辐射。因为 $N_1>N_2$，由式(4-3)～式(4-5)，有

$$\left(\frac{dN_{21}}{dt}\right)_{受激辐射}<\left(\frac{dN_{12}}{dt}\right)_{受激吸收} \tag{4-14}$$

即有更多的原子吸收入射光被激发，客观上表现为光的吸收，不会产生光的放大。如果由一种方法获得原子的分布 $N_2>N_1$，称为粒子数分布反转，则有

$$\left(\frac{dN_{21}}{dt}\right)_{受激辐射}>\left(\frac{dN_{12}}{dt}\right)_{受激吸收} \tag{4-15}$$

最终效果是受激辐射占主导地位，客观上表现为辐射光子，可实现光的放大。处于粒子数反转分布的介质称为激活介质，它是激光器的工作物质。

### 4.1.2 爱因斯坦 $A$、$B$ 系数的量子力学推导

以外周期电场作用下原子的两能级哈密顿量入手讨论。当周期电场 $\varepsilon(t)=E_0\cos\omega t$，沿着 $z$ 轴,则以原子核为零点的电子势能 $V$ 可以表示为

$$\hat{V}=-e\hat{r}\varepsilon(t)=-\frac{e\hat{r}E_0}{2}(e^{i\omega t}+e^{-i\omega t}) \tag{4-16}$$

只考虑原子两个能级 $E_1$、$E_2(E_2>E_1)$，外场算符可以表示为

$$V=\begin{bmatrix} 0 & A_0\cos\omega t \\ A_0^*\cos\omega t & 0 \end{bmatrix} \tag{4-17}$$

式中，$A_0=-e\langle 1\mid \hat{r}E_0\mid 2\rangle$，$A_0^*=-e\langle 2\mid \hat{r}E_0\mid 1\rangle$。由于波函数的对称性,不考虑 $\langle 1\mid \hat{r}E_0\mid 1\rangle$ 和 $\langle 2\mid \hat{r}E_0\mid 2\rangle$。所以总的哈密顿量是

$$H=\begin{bmatrix} E_1 & A_0\cos\omega t \\ A_0^*\cos\omega t & E_2 \end{bmatrix} \tag{4-18}$$

薛定谔方程是

$$i\hbar\frac{\partial}{\partial t}\begin{bmatrix} C_1 \\ C_2 \end{bmatrix}=\begin{bmatrix} E_1 & A_0\cos\omega t \\ A_0\cos\omega t & E_2 \end{bmatrix}\begin{bmatrix} C_1 \\ C_2 \end{bmatrix} \tag{4-19}$$

在没有外场时，$C_1(t)$ 和 $C_2(t)$ 的定态概率幅为

$$C_1(t)=C_{10}e^{-\frac{iE_1t}{\hbar}} \tag{4-20}$$

$$C_2(t)=C_{20}e^{-\frac{iE_2t}{\hbar}} \tag{4-21}$$

有外场时,仍然采用这种形式,但是 $C_{10}\to C_{10}(t)$，$C_{20}\to C_{20}(t)$ 都变为时间的函数,令 $\omega_0=\dfrac{E_2-E_1}{\hbar}$，得

$$i\hbar\frac{\partial C_{10}}{\partial t}=\frac{A_0}{2}[e^{i(\omega-\omega_0)t}+e^{-i(\omega+\omega_0)t}]C_{20} \tag{4-22}$$

$$i\hbar\frac{\partial C_{20}}{\partial t}=\frac{A_0^*}{2}[e^{i(\omega+\omega_0)t}+e^{-i(\omega-\omega_0)t}]C_{10} \tag{4-23}$$

为了研究 $C_{10}$ 和 $C_{20}$ 随时间的变化,采用与 3.2 节拉比模型相同的研究方法,按照频率 $\omega+\omega_0$ 振荡的项都是反旋转波项,由于振荡得非常快,在较长时间的平均

效果为零;按照频率 $\omega-\omega_0$ 振荡的项是旋转波项,在共振状态附近是个缓慢变化的项。舍去反旋转波项,保留旋转波项,这就是旋转波近似方法。由此得

$$\mathrm{i}\hbar\frac{\partial C_{10}}{\partial t}=\frac{A_0}{2}\mathrm{e}^{\mathrm{i}(\omega-\omega_0)t}C_{20}=\frac{A_0}{2}\mathrm{e}^{\mathrm{i}\Delta t}C_{20} \tag{4-24}$$

$$\mathrm{i}\hbar\frac{\partial C_{20}}{\partial t}=\frac{A_0^*}{2}\mathrm{e}^{-\mathrm{i}(\omega-\omega_0)t}C_{10}=\frac{A_0^*}{2}\mathrm{e}^{-\mathrm{i}\Delta t}C_{10} \tag{4-25}$$

式中,$\Delta$ 为频率失谐量,$\Delta=\omega-\omega_0$。于是弱场近似下的吸收概率公式为

$$P_2=\left|\frac{A_0}{\hbar\omega_{\mathrm{R}}}\right|^2\sin^2\frac{\omega_{\mathrm{R}}t}{2}=\left|\frac{A_0 t}{2\hbar}\right|^2\left(\frac{\sin\frac{\Delta t}{2}}{\frac{\Delta t}{2}}\right)^2 \tag{4-26}$$

下面设法与黑体辐射联系起来,以求得爱因斯坦 $A$、$B$ 系数的表达式。黑体辐射不是单色谱,$\varepsilon_0$ 的取向各向同性。原子电偶极矩可以用 $-e\langle 1\mid\hat{r}\mid 2\rangle=\boldsymbol{\mu}_{\mathrm{E}}$ 来表示,它是电子对原子中心的电偶极矩的矩阵元,$A_0=-e\langle 1\mid\hat{r}E_0\mid 2\rangle$,在所有方向上做平均,得

$$\begin{aligned}\overline{\mid A_0\mid^2}&=\overline{\mid\boldsymbol{\mu}_{\mathrm{E}}\cdot E_0\mid^2}=\overline{\mid\mu_{\mathrm{E}}E_0\cos\theta\mid^2}\\&=(\mu_{\mathrm{E}}E_0)^2\,\overline{\cos^2\theta}=\frac{(\mu_{\mathrm{E}}E_0)^2}{3}\end{aligned} \tag{4-27}$$

单色的 $E_0$ 代换成黑体辐射谱密度,并对频率积分。已知简谐电磁波的平均能量密度为 $\frac{1}{2}\varepsilon_0E_0^2$($\varepsilon_0$ 是介电常数),这个量应用黑体辐射谱密度 $u(\nu)$ 对频率 $\nu$ 积分。综上所述,可得

$$\begin{aligned}P_2&=\overline{\left|\frac{A_0 t}{2\hbar}\right|^2}\left(\frac{\sin\frac{\Delta t}{2}}{\frac{\Delta t}{2}}\right)^2=\left|\frac{\mu_{\mathrm{E}}E_0 t}{2\hbar}\right|^2\overline{\cos^2\theta}\left(\frac{\sin\frac{\Delta t}{2}}{\frac{\Delta t}{2}}\right)^2\\&=\frac{1}{3}\left|\frac{\mu_{\mathrm{E}}t}{2\hbar}\right|^2E_0^2\left(\frac{\sin\frac{\Delta t}{2}}{\frac{\Delta t}{2}}\right)^2\end{aligned} \tag{4-28}$$

代换为积分,得

$$P_2=\frac{1}{3}\left|\frac{\mu_{\mathrm{E}}t}{2\hbar}\right|^2\frac{2}{\varepsilon_0}\int_0^\infty u(\nu)\left[\frac{\sin(\pi\Delta\nu t)}{\pi\Delta\nu t}\right]^2\mathrm{d}\nu \tag{4-29}$$

下面给出积分结果。弱场近似下要求作用时间不太长，即比拉比周期短，$\omega_R t \ll 2\pi$，但 $\omega_0 t$ 是很大的，$\omega_0 t \gg 2\pi$，也就是 $\nu_0 t \gg 2$。在被积函数中的 $\sin c$ 平方因子带宽为 $2\pi$，即可近似认为它只在下列范围内不为零：

$$-\pi < \pi\Delta\nu t < \pi$$

式中，$\Delta\nu = \nu - \nu_0$。或者

$$\nu_0 - \frac{2}{t} < \nu < \nu_0 + \frac{2}{t}$$

可以认为，以共振频率 $\nu_0$ 为中心，在 $-\frac{2}{t} \sim \frac{2}{t}$ 范围内 $u(\nu)$ 几乎不变，它近似等于常量 $u(\nu_0)$，可以从积分号里提出来。作变量代换

$$\pi\Delta\nu t = x$$

所以

$$\mathrm{d}\nu = \frac{x}{\pi t}$$

积分下限 $\nu_0$ 对应于 $x = -x_0 = -\pi\nu_0 t$，而 $x_0 \gg 2\pi$。因此，上述积分

$$\int_0^\infty u(\nu)\left[\frac{\sin(\pi\Delta\nu t)}{\pi\Delta\nu t}\right]^2 \mathrm{d}\nu = \frac{u(\nu_0)}{\pi t}\int_{-x_0}^\infty \left(\frac{\sin x}{x}\right)^2 \mathrm{d}x \approx \frac{u(\nu_0)}{\pi t}\int_{-\infty}^\infty \left(\frac{\sin x}{x}\right)^2 \mathrm{d}x$$

利用积分公式 $\int_{-\infty}^\infty \left(\frac{\sin x}{x}\right)^2 \mathrm{d}x = \pi$，得

$$\int_0^\infty u(\nu)\left[\frac{\sin(\pi\Delta\nu t)}{\pi\Delta\nu t}\right]^2 \mathrm{d}\nu = \frac{u(\nu_0)}{t}$$

将上式代入式(4-29)，得

$$P_2 = \frac{1}{3}\left|\frac{\mu_E t}{2\hbar}\right|^2 \frac{2}{\varepsilon_0}\int_0^\infty u(\nu)\left[\frac{\sin(\pi\Delta\nu t)}{\pi\Delta\nu t}\right]^2 \mathrm{d}\nu = \frac{t}{6\varepsilon_0}\left|\frac{\mu_E}{\hbar}\right|^2 u(\nu_0) \tag{4-30}$$

所以

$$\frac{\mathrm{d}P_2}{\mathrm{d}t} = \frac{1}{6\varepsilon_0}\left|\frac{\mu_E}{\hbar}\right|^2 u(\nu_0) \tag{4-31}$$

与受激吸收

$$\left(\frac{\mathrm{d}N_{12}}{\mathrm{d}t}\right)_{\text{受激吸收}} = B_{12}u(\nu_0)N_1$$

对比得到

$$\frac{\mathrm{d}P_2}{\mathrm{d}t} \Leftrightarrow \frac{1}{N_1}\left(\frac{\mathrm{d}N_{12}}{\mathrm{d}t}\right)_{\text{受激吸收}} = B_{12}u(\nu_0)$$

$$B_{12} = \frac{1}{6\varepsilon_0}\left|\frac{\mu_E}{\hbar}\right|^2 \tag{4-32}$$

利用式(4-11)和式(4-12)求得受激辐射系数和自发辐射系数为

$$B_{21} = B_{12}\frac{g_1}{g_2} = \frac{1}{6\varepsilon_0}\left|\frac{\mu_E}{\hbar}\right|^2\frac{g_1}{g_2} \tag{4-33}$$

$$A_{21} = B_{21}\frac{8\pi h\nu_0^3}{c^3} = \frac{8\pi^2\nu_0^3}{\hbar c^3}\frac{1}{3\varepsilon_0}\mid\mu_E\mid^2\frac{g_1}{g_2} \tag{4-34}$$

上式表明自发辐射系数 $A_{21}$ 正比于 $\nu_0^3$。在可见光波段，$\nu_0 \sim 1\times10^{14}$ Hz，$A_{21}\sim1\times10^8\ \mathrm{s}^{-1}$，$\frac{\nu_0}{A_{21}}\sim1\times10^{-6}$，它决定着光谱线的自然宽度。在微波波段，$\nu_0\sim1\times10^9$ Hz，$A_{21}\sim1\times10^{-7}\ \mathrm{s}^{-1}$，$\frac{\nu_0}{A_{21}}\sim1\times10^{-16}$。在射频波段，$\nu_0\sim1\times10^6$ Hz，$A_{21}\sim1\times10^{-16}\ \mathrm{s}^{-1}$，$\frac{\nu_0}{A_{21}}\sim1\times10^{-21}$，自发辐射完全不用考虑。

## 4.2 激光器原理

### 4.2.1 激光器的结构

一台激光器主要由工作物质、激励能源和光学谐振腔等组成。按工作物质种类分为气体、固体、液体、半导体、自由电子激光器。以红宝石激光器为例说明(见图 4-2)。它的工作物质为两面带有反射镜的红宝石棒($Al_2O_3$ 晶体，掺杂铬离子)，氙灯为激励能源，两反射镜构成一个光学谐振腔。

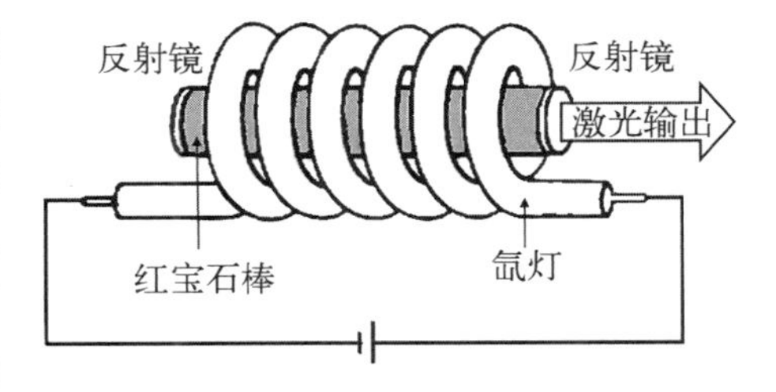


图 4-2 红宝石激光器基本结构

### 4.2.2 产生激光的基本条件

1) 粒子数反转

为使受激辐射占优势，粒子体系处于非平衡态，为此需要外界输入能量，对粒子体系进行选择性激发,这一过程称为激励或抽运(泵浦)。常用手段有光激励、电激励、化学激励等。被激励的原子体系能否实现粒子数反转分布,使介质对光有增益作用,取决于粒子体系本身是否有一个合适的能级结构。不同种类的激光器工作物质有不同的粒子数反转方式。

对于两能级系统,两能级 $E_1$、$E_2$ 上分布的粒子数目之比 $\frac{N_2}{N_1}=e^{-\frac{E_2-E_1}{kT}}$。在泵浦光的照射下,处于能级 $E_1$ 上的粒子吸收光子能量激发到能级 $E_2$,使能级 $E_2$ 上的粒子数增加。然而在这种泵浦光的作用下,不仅发生受激吸收过程,也发生受激辐射过程,也就是同时刺激处于高能级 $E_2$ 的粒子跃迁下来放出光子。因为 $N_1>N_2$,受激吸收过程占优势,但是当能级 $E_2$ 上的粒子数 $N_2$ 增加后,受激辐射过程就增强了,这时 $N_2$ 的增加就变得缓慢。因此,即使泵浦光很强,至多达到受激辐射和受激吸收相平衡,使 $N_1=N_2$,这就是激励饱和。因此,对于两能级系统,用光泵浦的方法无法实现粒子数反转分布。

处于激发态的原子是不稳定的,一般原子的激发态寿命为 $1\times10^{-8}$ s,但也有些激发态的寿命长达 $1\times10^{-3}$ s 甚至长达 1 s,这种长寿命的激发态称为亚稳态。利用原子的亚稳态可以实现粒子数反转,从而实现光放大。一般而言,产生激光的工作物质有三能级系统和四能级系统等。

下面以三能级系统为例说明实现光放大的原理。假设原子只有三个能级 $E_1$、$E_2$ 和 $E_3$,其中 $E_2$ 为亚稳态能级。如图 4-3 所示,激励能源把处在基态 $E_1$ 上的粒子抽运到激发态 $E_3$ 上,由于激发态 $E_3$ 的寿命很短,粒子通过碰撞很快以无辐射跃迁的方式从 $E_3$ 态转移到亚稳态 $E_2$ 上(见图 4-4),这样一方面 $E_2$ 能级上的粒子数增多,另一方面处在 $E_1$ 上的粒子数减少,使得 $N_2>N_1$,结果出现了粒子数反转,工作物质被激活。如果这时有一频率满足 $\nu=(E_2-E_1)/h$ 的外来光子射入,就会使受激辐射占主导而产生光放大。红宝石是一个典型的三能级系统,在铬离子的一对能级间实现粒子数反转,发射波长为 694.3 nm 的光。

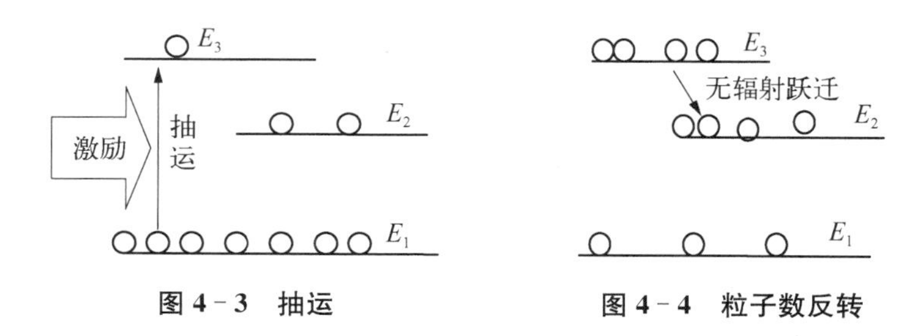


**图 4-3 抽运**　　　**图 4-4 粒子数反转**

实际工作物质的原子能级结构要复杂得多,可能存在多对能级之间的粒子数分布反转,相应发射几种波长的激光。例如,氦氖激光器可以发射 0.632 8 μm、1.15 μm 和 3.39 μm 等波长的激光。

2）光学谐振腔

光学谐振荡腔为激光振荡提供光学正反馈，控制光束特性，限制激光只在一个或几个模式上振荡。在实现了粒子数反转的激活介质内部，初始诱发物质原子发生受激辐射的光是杂乱无章的非相干光，在这样的激励下，发生的受激辐射也是随机的，光在传播方向上各向同性，所辐射的光的相位、偏振态、频率是不相关的。如果需要获得某一确定方向和确定频率的光子并进行光放大，可以采用光学谐振腔来实现该目标。

若在工作物质两端加上反射镜（平面镜、凹面镜、凸面镜等），其中一面镜子是全反射的，反射率为100%；为了让激光输出，另一面镜子是部分反射的（见图4-5）。这样由于反射镜的作用，只有传播方向与轴线平行的光才会在两个镜面之间往复反射、连锁放大，形成稳定的激光，最后从部分反射镜输出，凡偏离谐振腔轴线的光都会散射出工作物质之外，不会被放大而形成激光。只有沿着腔轴线的光子，在腔内来回反射，产生光放大。在一定的条件下，从部分反射镜射出很强的光束，这就是输出的激光，即光学谐振腔具有对激光束选择方向的作用。

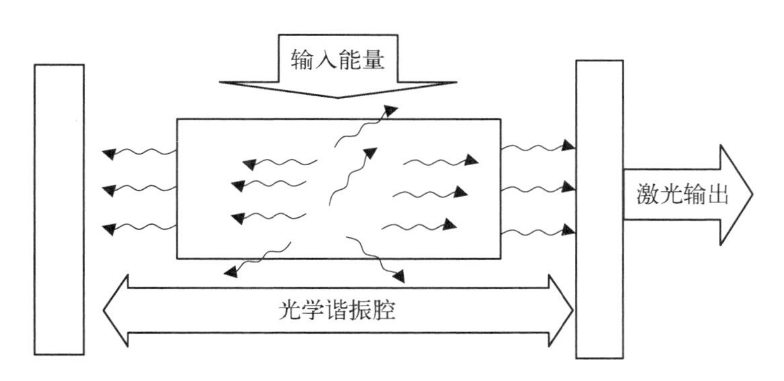


图4-5 光学谐振腔

谐振腔的另一个作用是选频。图4-6为氦氖激光器中氦原子的0.632 8 μm受激辐射光的谱线自然展宽示意图，自然宽度 $\Delta\nu$ 高达 $1.5\times10^{9}$ Hz，单色性很差。但加上谐振腔后，可以只让满足共振条件的某几种单色光得到放大，其他频率的光被抑制，达到选频的目的。

受激辐射光在轴线附近往返，它们相干叠加，只有某些频率的光因干涉加强，形成以反射镜为波节的驻波。设谐振腔的长度为 $L$，可以被放大的光一定满足驻波条件（共振条件），即

$$nL = q\,\frac{\lambda_q}{2} \tag{4-35}$$

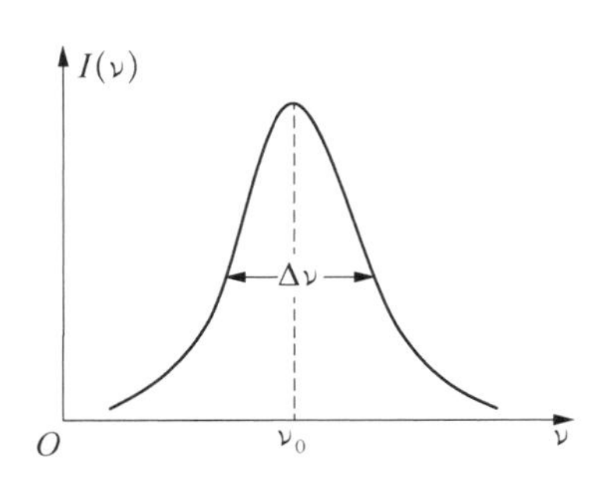


图4-6 谱线自然展宽示意图

式中，$q=1, 2, 3, \cdots$；$n$ 为谐振腔内媒质的折射率；$\lambda_q$ 为真空中的波长。也可将上式写为

$$\lambda_q=\frac{2nL}{q}$$

频率为

$$\nu_q=q\ \frac{c}{2nL}$$

可见，在光学谐振腔内只有某些频率的光才能形成稳定的驻波，称每一个谐振频率为振动纵模（见图 4-7）。

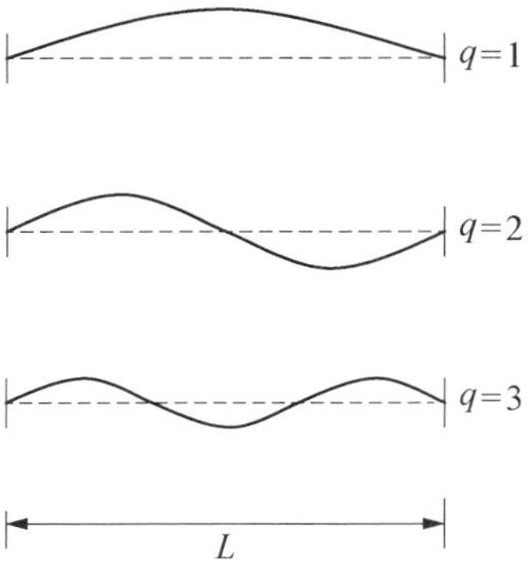

相邻两个纵模频率的间隔为

$$\Delta\nu_q=\frac{c}{2nL} \tag{4-36}$$

例如，对于 $L\sim 0.3$ m 的氦氖激光器，$\Delta\nu_q=5\times 10^8$ Hz，波长为 632.8 nm 的谱线宽度 $\Delta\nu\approx 1.5\times 10^9$ Hz，在该线宽内可以存在的纵模个数为

$$N=\frac{\Delta\nu}{\Delta\nu_q}=3 \tag{4-37}$$

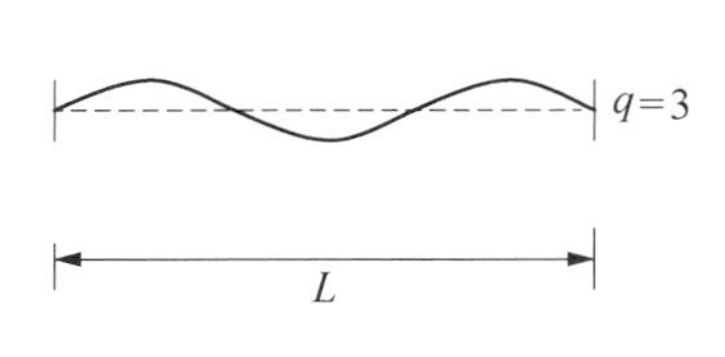


图 4-7　振动纵模

这种激光束中可能出现三种频率的激光，也就是出现三个纵模（见图 4-8）。利用加大纵模频率间隔 $\Delta\nu_q$ 的方法，可以使谱线宽度 $\Delta\nu$ 区间中只存在几个甚至一个纵模频率。比如将谐振腔管长 $L$ 缩短到 0.1 m，则纵模频率间隔增大 $\Delta\nu_q=1.5\times 10^9$ Hz，由于 $\Delta\nu_q=\Delta\nu$，在 $\Delta\nu$ 区间中，只可能存在一个纵模（见图 4-9）。正是由于谐振腔的这种频率限制作用，可以设计适当的谐振腔腔长，获得单一频率工作的激光器，这使得激光具有极好的单色性。若在激光管的两端用两片玻璃片按照布儒斯特角方向封贴，可获得偏振性极好的平面偏振激光。

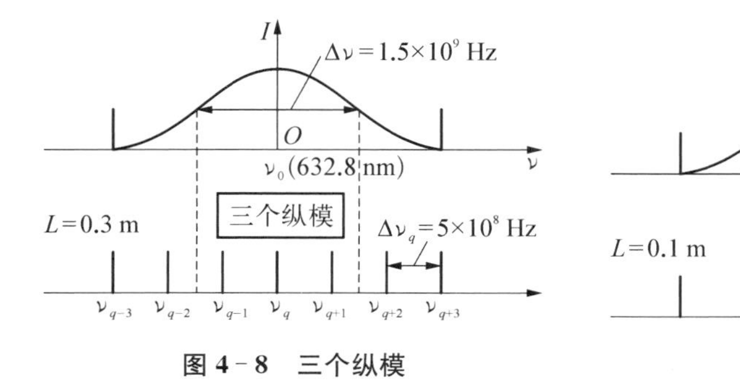


图 4-8　三个纵模

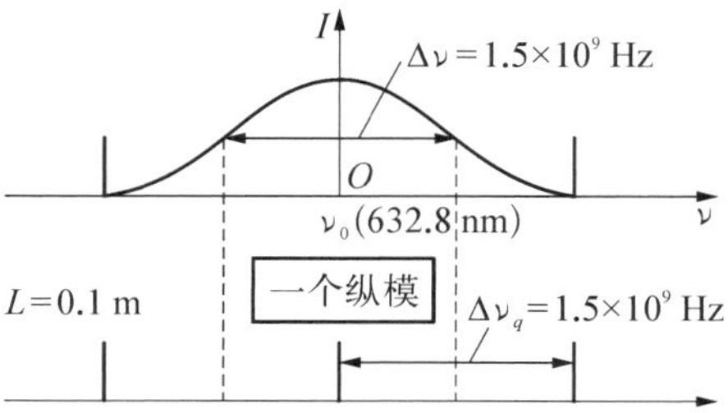

图 4-9　一个纵模

总之，光学谐振腔主要有如下3个作用：① 使激光具有极好的方向性(沿轴线)；② 增强光放大作用("延长"工作物质的工作时间)；③ 使激光具有极好的单色性(选频)。

必须指出，为了形成激光，激光器谐振腔必须具有一定的增益。受激辐射光在激光器的工作物质内来回传播时，一方面可以产生光的放大，工作物质对光的放大作用可用增益系数 $G$ 描述；另一方面，由于工作物质对光的吸收和散射以及反射镜的透射和吸收等因素，也会造成各种损耗。只有当光在谐振腔内来回传播，并且以此得到的增益大于损耗时，才能形成激光。也就是说，增益系数必须大于某个阈值。下面做定量说明(见图4-10)。设有一束光沿着 $x$ 方向射入介质，在 $x$ 处光强为 $I(x)$，经过距离 $\mathrm{d}x$ 后，光强的增量为 $\mathrm{d}I$，与光的吸收类似，有

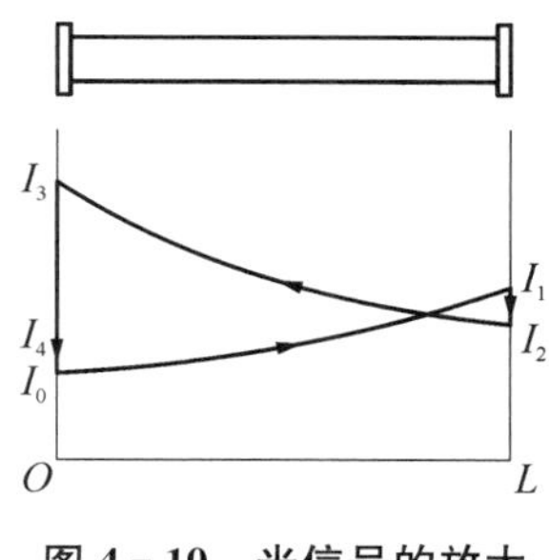

**图4-10 光信号的放大和衰减**

$$\mathrm{d}I = GI\mathrm{d}x$$

将上式积分，得

$$I = I_0 \mathrm{e}^{Gx}$$

式中，$I_0$ 为 $x=0$ 处的光强。

设谐振腔左右两个反射镜的反射率分别为 $r_2$、$r_1$，增益介质长为 $L$，设左端 $x=0$ 处光强为 $I_0$，则光强到增益介质右端时，光强增加为

$$I_1 = I_0 \mathrm{e}^{GL}$$

经右端反射镜发射后，光强为

$$I_2 = I_1 r_1$$

光返回，又通过介质到达左端，此时光强为

$$I_3 = I_2 \mathrm{e}^{GL}$$

再经过左端反射镜的反射后，光强为

$$I_4 = I_3 r_2$$

综合以上各式，可得

$$I_4 = I_0 r_1 r_2 \mathrm{e}^{2GL}$$

显然，要使光在谐振腔中的增益大于损耗，必须满足条件：

$$\frac{I_4}{I_0} = r_1 r_2 \mathrm{e}^{2GL} > 1$$

这称为阈值条件。对于固定的谐振腔,决定光强增减的 $r_1r_2e^{2GL}$ 的大小随 $G$ 的增加而增大。这就是说,只有当 $G$ 大于某一最小值 $G_m$,才能使 $r_1r_2e^{2GL}>1$。这个最小值 $G_m$ 称为谐振腔的阈值增益。由阈值条件可得

$$G_m=-\frac{1}{2L}\ln(r_1r_2) \tag{4-38}$$

因此,设计谐振腔时,必须满足合适的长度,并在反射镜上镀以不同的介质薄层,可以有选择地使其对特定波长的光具有高反射率,满足阈值条件,才能得到该波长的光经放大形成的激光。

综上所述,要形成激光,必须满足两个条件:① 有能实现粒子数反转的激活介质;② 有满足阈值条件的谐振腔。

## 4.3 激光应用

激光获得如此重要的发展,这与它的特殊性能是分不开的。激光的主要特征如下。

(1) 方向性好。激光束的发散角很小,一般为 $1\times10^{-8}\sim1\times10^{-5}$ sr,小于普通探照灯的 1/100。若将激光射向几千米外,光束直径仅扩展几厘米,而普通探照灯扩展达几千米。激光的方向性好主要是由受激辐射的光放大机理和光学谐振腔的方向限制作用所决定的。利用该特性,激光可用于定位、导向、测距等。例如激光可测定月地距离(约为 $3.8\times10^6$ km),其中误差仅为几十厘米。

(2) 单色性好。从普通光源得到的单色光的谱线宽度约为 $10^{-2}$ nm,单色性好的氪灯的谱线宽度为 $4.7\times10^{-3}$ nm,而氦氖激光器发射的 632.8 nm 激光的谱线宽度只有 $10^{-9}$ nm。若从多模激光束中提取单模激光,采取稳频等技术措施,还可以进一步提高激光的单色性。利用激光单色性好的特性,可作为计量工作的标准光源。例如,用单色、稳频激光作为光频计时标准,它在一年内的计时误差不超过 1 μs,大大超过目前采用微波频率段的计时精度。

(3) 高亮度。光源的亮度是指光源单位发光表面在单位时间内沿给定方向上单位立体角内发射的能量。普通光源的亮度相当低,例如,太阳表面的亮度约为 $10^3$ W/(cm$^2$ · sr)数量级,而目前大功率激光器的输出亮度可高达 $1\times10^{10}\sim1\times10^{17}$ W/(cm$^2$ · sr)数量级。激光光源亮度高,因为它的方向性好,发射的能量被限制在很小的立体角中;还可以通过调 $Q$ 等技术措施压缩激光脉冲持续时间,进一步提高其亮度。由于激光光源的能量在时间和空间上高度集中,因此能在直径极小($1\times10^{-3}$ mm)的区域内产生几百万摄氏度的高温。从一个功率约为 1 kW 的二氧化碳激光器发出的激光经聚光后,在几秒钟内就可将 5 cm 厚的钢板烧穿。利用激光高亮度的特性,可用于打孔、切割、焊接、表面氧化、区域熔化等工业加工,也可

制成激光手术刀用于外科手术。

(4) 相干性好。由于激发器发射的激光是通过受激辐射发光的，它是相干光，所以激光具有很好的相干性。利用激光光源进行有关的光学实验具有独特的优点。

由于激光具有上述一系列的特点，从而突破了以往所有普通光源的种种局域性，促进了现代各种光学应用技术的革命性进展。不仅如此，还极大地促进了现代物理学、化学、天文学、宇宙科学、生物学和医学等一系列基础科学的长足发展。非线性光学(强光光学)就是在激光技术上建立起来的一门新兴的光学分支学科。现在，利用激光产生的超高温、超高压、超高速、超高场强、超高密度、超高真空等极端物理条件，为人们发现一些新问题、新现象提供了工具，可对一些已有的重大理论结论进行新的实验和论证。

2018 年，阿瑟·阿什金(Arthur Ashkin)获得诺贝尔物理学奖，他发明了光镊技术，并将此技术应用于生物体系。同年，法国科学家杰哈·莫罗(Gérard Mourou)和加拿大科学家唐娜·斯特里克兰(Donna Strickland)获得了另一半诺贝尔物理学奖，他们提出的啁啾脉冲放大(chirped pulse amplification, CPA)技术是产生超强超短脉冲激光的独创性方法。

### 4.3.1 光镊

开普勒为了解释彗星的彗尾，提出当光照射在物体上时，会对物体产生一个压力，即辐射压力。1871 年，麦克斯韦在理论上预言了辐射压力现象。但辐射压力非常微弱，假设将平均功率为 5 mW 的激光垂直入射到镜子表面并被全部反射，那么镜面所受到的压力只有 $33\times10^{-12}$ N。1970 年前后，在贝尔实验室工作的美国物理学家阿瑟·阿什金发现，物体的不同部位在聚焦的连续激光焦点附近能感受到来自不同方向上的光线，这些光线在物体表面既有反射又有折射，反射和折射改变光的动量，因此对物体产生作用力。

当一个光子从球体的外侧入射时，它通常会穿过球体并偏转到球体的中心。光子方向的改变对应着动量的改变。根据动量守恒定律，透明球体发生相应的运动。因此，当光子撞击球体上部时，就会以向下的方向离开球体，如图 4-11 所示。光子方向的改变引起动量的改变，从而产生一种使球体向前和向上运动的力。另一方面，当光子撞击球体的下部时，光子会向上偏转。然后球体受到一个力，这个力有一个向前的分量和一个向下的分量。当球体两侧的两个光子同时对称地撞击球体时，因为向下和向上的分量相互抵消了，球体只向前运动。这就是“散射力”，记作 $\boldsymbol{F}_{\text{scat}}$，因为它产生于光的散射。因此，小球体会沿光束的方向运动。

激光束遵循腔的空间模式分布，因此在横向上是不均匀的。如图 4-12 所示，

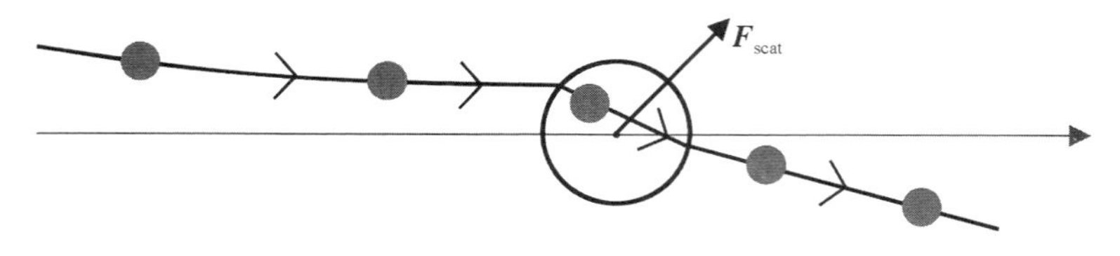


图 4-11 散射力

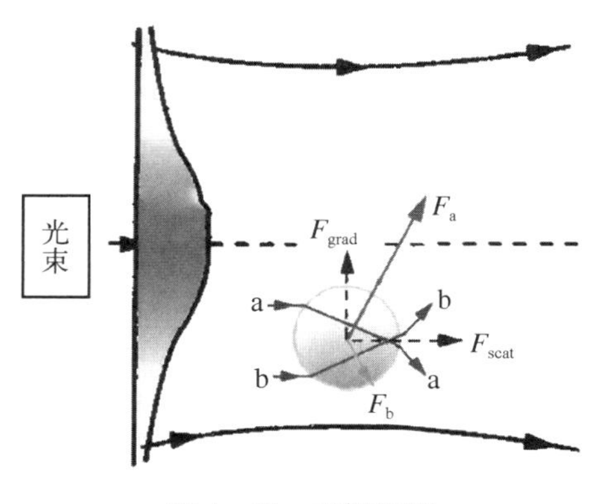


图 4-12 光镊原理

考虑光压力对位于偏离中心的激光束中的透明球体的净影响。典型的激光束在靠近中心处强度最高,强度随与中心的距离的增大而逐渐减小。这种光强度的差异称为光梯度,正梯度定义为从低光强度到高光强度的方向。在图 4-12 所示的离轴透明球体的情况下,因为路径 a 接近光束强度最高的区域,靠近光束中心的球体上部(路径 a)比远离光束中心的球体下部(路径 b)受到的光强更多。因为在光束中心附近有更多的光子,梯度辐射压力的净效应是将球体推向光束中心。因为球被拉向强度梯度最高的区域,这种压力称为“梯度力”,记作 $\boldsymbol{F}_{grad}$。由于光压力的作用,图 4-12 中的球体在散射力的作用下会向前移动,同时在梯度力的作用下会向上移动到光束中心。因此,一个透明的球体可以被一束高度聚焦的激光束捕获。阿什金将单光束阱命名为“光镊”,它由一个大数值孔径的显微镜物镜产生。这样的物镜在激光束靠近激光焦点的方向上产生了大的强度梯度。这个轴向梯度产生相对于光束的向后方向的光压力,其大小可以超过向前散射力。在靠近光束聚焦中心的下游一定距离处,梯度光压力与散射光压力相等,这是一个球体被困住的平衡点。

如果物体小到只有纳米到微米量级,其将被聚焦光束限制在焦点附近合力为零的平衡位置。通过移动激光光束的焦点位置,被“抓住”的微小物体也会随之移动,宛如镊子一样“夹”起了微观粒子(如原子、分子等)和微小物体(如细胞、病毒等)。阿什金不仅进一步预测了这种“光镊”技术可用于“囚禁”原子和分子,而且与他当时的博士后朱棣文一起,实现了介电小球的“囚禁”。朱棣文很快将光镊技术用于激光冷却和原子捕获,开创了超冷原子这一学科,并因此获得 1997 年诺贝尔物理学奖。

原子、分子的热运动十分剧烈,要想实现观察、测量,就需要它降速,分子“冷下来”而凝聚成固体或液体,保持相对独立,激光技术解决了这个难题。激光照射迎面飞来的原子,原子吸收光子,以自发辐射的方式发射光子回到基态,接着再吸收、再辐射,连续不断。每次吸收迎面来的光子,原子都获得与其运动方向相反的动量,即原子动量减小从而降速。每次发射的光子无特定方向,因此原子因自发辐射损失的动量平均为零。由于每次吸收光子是定向的,发射光子是随机的,因此吸收和发射的净效果是使原子降速。如果原子在两个频率相同而传播方向相反的光场中做一维无规则运动,无论原子速度方向如何,总是优先吸收迎面来的光子而逐渐减速、冷却,原子所受的力都是与其速度方向相反的阻尼力。采用三组两两相对传播且相互垂直的6束激光,同时照射原子团,在激光交汇处,原子不断吸收和发射光子,原子和光子不断交换动量,原子如同在黏稠介质中做无规则运动,被不断减速。这种状态称为光学黏团。原子最终冷却到几十微开尔文。

如今光镊技术的应用已远远超出物理领域,尤其是在生命科学领域,具有不可替代的应用,可以用来操作DNA、生物大分子或者细胞等,为精确研究微观生命现象开启了一扇大门。

### 4.3.2 强激光

激光技术发展的一个重要内容是如何得到高强度的激光。为了获得极高的峰值功率,科学家不仅需要缩短激光脉冲的时间尺度,同时还需不断放大激光脉冲的能量。超强超短激光技术的革新时刻推动着高能物理、聚变能源、精密测量、化学、材料、信息、生物医学等一批基础与前沿交叉学科的开拓和发展。短持续时间光脉冲的发展并没有随着峰值功率或每个脉冲能量的大幅增加而发展。在啁啾脉冲放大技术出现之前,科学家通过调 $Q$($Q$-switching)和锁模(mode-locking)等超快激光技术,已经可以将激光脉冲从毫秒(ms)量级提高到纳秒(ns)、皮秒(ps)量级。锁模激光器的创新发展使得脉冲变短,在每个脉冲中,光子数量仅略微增加。锁模脉冲振荡器可以将纳焦耳放大到毫焦耳级,增加6个数量级,但是激光器的放大材料和光学元件极易损坏,影响放大效果。1985年,斯特里克兰和莫罗发明了啁啾脉冲放大(CPA)技术。

CPA技术的实现分为3个步骤:① 将超短激光脉冲在时间上拉伸几个数量级,从而使其峰值功率相应降低;② 脉冲在激光材料中被放大而不损坏激光材料;③ 在时间上被压缩回最初的持续时间,从而产生非常高的峰值功率(见图4-13)。

研究组最初先将纳焦耳脉冲与单模光纤耦合,时间拉长到300 ps,脉冲在光纤中的频率随时间而增大,称为上啁啾,然后将啁啾信号放大,最后,长的啁啾脉冲被双栅压缩器压到2 ps,能量达到1 mJ。后来研究组又取得了进一步进展,于1986年产生了1 TW的激光。这一技术取得突破之后出现的克尔透镜锁模(Kerr-lens mode-locking, KLM)技术,甚至将激光脉冲的时间尺度直接压缩到了飞秒量级,所对应的峰值功率也得到了一定的提高。CPA激光的输出能量从最初的1 mJ提高到大于1 kJ,峰值功率也从开始不到1 GW的水平发展到10 PW(拍瓦,1 PW=

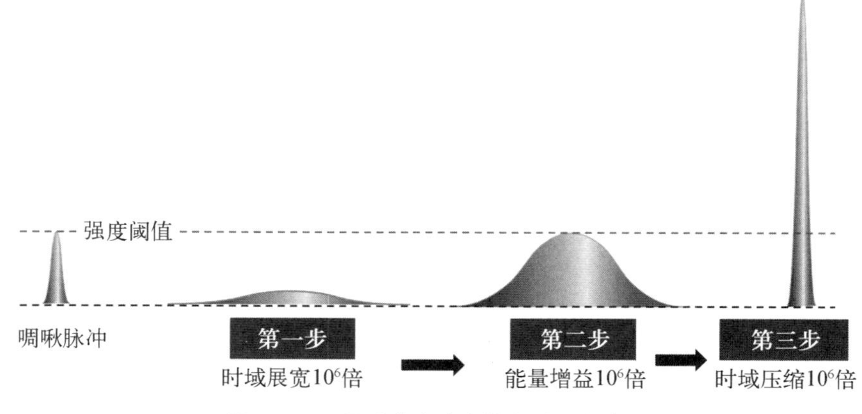


图 4-13 啁啾脉冲放大技术的三个步骤

$1\times10^{15}$ W)量级。目前国际上不仅每个国家级的激光实验室都开展了基于 CPA 技术的飞秒超强激光研究，而且几乎所有的大学都有用于开展应用研究的飞秒 CPA 激光装置。

自然界中有很多现象的发生时间是极短的，如分子的碰撞时间仅为皮秒，化学反应过程中化学键的断裂时间更短，这类现象称为超快现象。为了研究这些现象，需要具有同样尺度的时间测量工具。激光脉冲可以达到皮秒、飞秒甚至阿秒数量级，可以用这样的激光器研究这类超快过程。同时，造价较低的桌面太瓦激光可以用于研究强场物理、阿秒科学、激光等离子体加速等。

## 本章提要

1. 爱因斯坦的受激辐射理论

在热平衡下，自发辐射、受激辐射、受激吸收三个过程达到平衡，粒子数分布反转使受激辐射占主导地位，表现为辐射光子，实现光的放大。

2. 激光器原理

(1) 一般由工作物质、激励系统、光学谐振腔组成。

(2) 条件：粒子数反转；光学谐振腔；光强在单位距离上的增益必须超过损耗，才能形成激光振荡。

## 习 题

**4-1** 为使 He-Ne 激光器的相干长度达到 1 km，它的单色性 $\Delta\lambda/\lambda_0$ 应是多少？

**4-2** Ne 原子第一激发态与基态时间能级相差 16.7 eV，试计算 $T=300$ K 时，在热平衡条件下，处于两能级上的原子数之比。

**4-3** 光学谐振腔的作用是什么？

**4-4** 设氩离子激光器输出基膜 488 nm 的频宽范围为 4 000 MHz，求腔长为 1 m 时，光束中包含几个纵模，相邻纵模间隔波长为多少。

**4-5** 设氩离子激光器输出 488 nm 的光，功率为 2 W，光束截面直径为 2 mm，求它的电场强度。

**4-6** 说明光镊原理。

**4-7** 说明激光冷却的原理和科学意义。

# 第 5 章　固体物理基础

固体系统是由非常多的原子构成的系统，固体可以分为晶体和非晶体。固体物理学是很多学科的基础，如半导体、微电子、纳米技术、超导、激光、信息和通信等。本章将利用前面学过的量子理论讨论晶体中电子的运动行为，包括能带的概念、空穴概念、PN 结、晶体管和超导现象。

## 5.1　能带

### 5.1.1　固体

晶体是指大量分子、原子或离子有规则地在空间周期性排列而形成的空间点阵(简称晶格)。晶体具有确定的熔点，物理性质具有各向异性，如弹性模量、硬度、热膨胀系数、热导率、电阻率、磁化率、折射率等。晶体的性质与内在的周期性有着重要关系。

固体中原子按照严格的周期性排列，则该固体是晶体。晶体的组成粒子在空间周期性排列，具有长程序。由于周期性的限制，它不能保持任意的平移和旋转不变，其对称性是破缺的。不同晶体中原子排列形式可能不同，我们把晶体中原子的具体排列形式称为晶体结构。

简单立方晶体结构和体心立方晶体结构分别如图 5－1 和 5－2 所示。

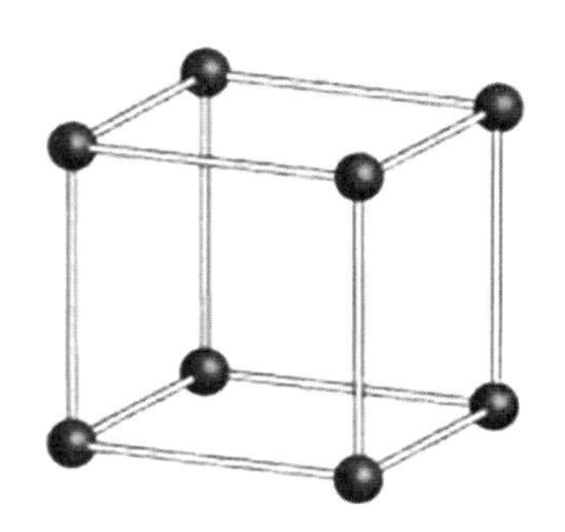

图 5－1　简单立方晶体结构

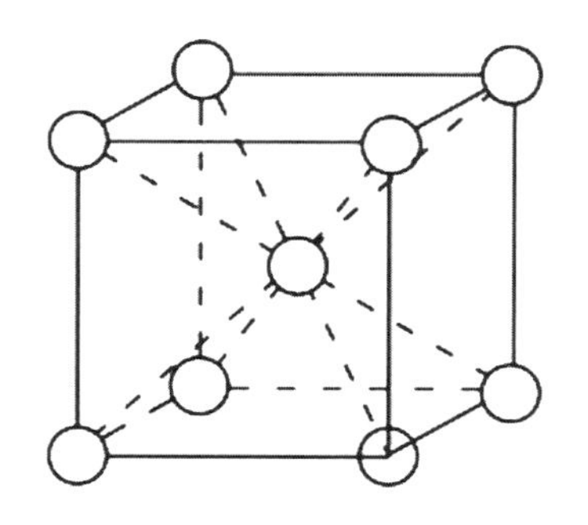

图 5－2　体心立方晶体结构

实际的晶格是这样的单元在三维空间无限重复排列。上述结构中每个原子的位置是完全等价的，从每个原子来看，周围同类原子分布和方位都完全相同，整个晶格做从一个原子到另一个原子的平移,都能复原。通常把每个原子周围的最近邻原子数称为配位数。简单立方结构的原子配位数是 6,体心立方结构的原子配位数是 8。

此外,还有金刚石结构(见图 5-3)、面心立方结构(见图 5-4)、钙钛矿结构(见图 5-5)等。

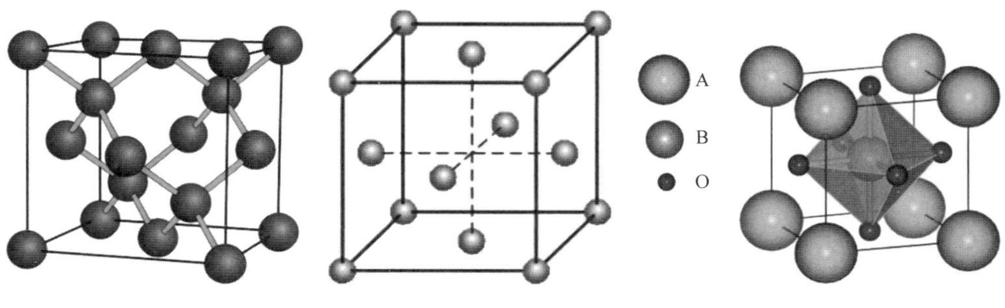


图 5-3　金刚石结构　　图 5-4　面心立方结构　　图 5-5　钙钛矿结构

石墨层状结构如图 5-6 所示。

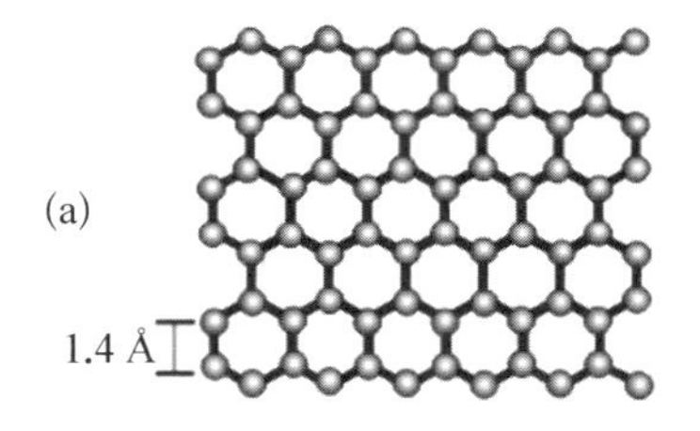


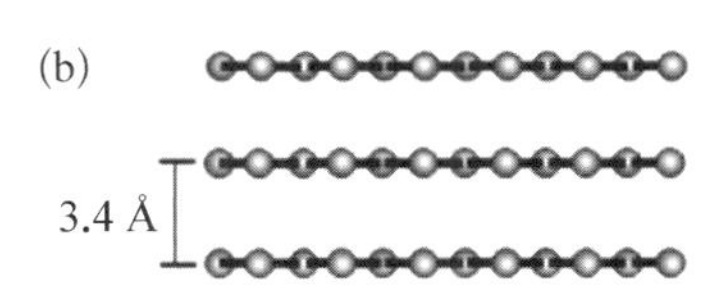


图 5-6　石墨层状结构

固体可以按下面三种电学基本性质分类:

(1) 室温下电阻率 $\rho$,单位为欧姆·米(Ω·m)。

(2) 电阻率的温度系数 $\alpha$,定义 $\alpha = \dfrac{1}{\rho}\dfrac{d\rho}{dT}$,其单位是每开($K^{-1}$)。可以通过测定一定温度范围内的 $\rho$ 来确定固体的 $\alpha$。

(3) 载流子的数密度 $n$。它是单位体积内的载流子数目,可以通过霍尔效应测量得到,单位是每立方米($m^{-3}$)。

通过单独测量室温电阻率,发现有些物质完全不导电,称为绝缘体。这些物质具有非常高的电阻率。非绝缘体分为两种:金属和半导体。半导体电阻率比金属高很多,其电阻率随着温度的升高而减小,而金属的电阻率则随着温度的升高而增加。另一方面,半导体的载流子数密度 $n$ 比金属低很多,比如铜的载流子数密度是硅的 $10^{12}$ 倍。

### 5.1.2　原子、分子和固体的能谱

我们首先定性地描述晶体中运动电子的能谱。先从自由原子能谱开始讨论,分析原子集合成固体时能谱是如何变化的。我们以锂为例说明。考虑一个自由的锂原子,电子在势阱中的运动,如图 5-7 所示。我们在求解氢原子问题时知道,原

子有一系列分立的能级。锂原子的能级用 1s、2s、2p 等表示，锂原子有三个电子，电子在各个能级上的分布遵从泡利不相容原理，$1s^2 2s^1$。现在考虑一个锂分子 $Li_2$，电子感受到的势是双阱，如图 5－7 中的水平实线所示。当两个原子相距较远时，一个原子对另一个原子影响很小，可以忽略。原子能级 1s、2s 等，都是二重简并。例如 1s 电子可以占据两个原子中任意一个原子上的能级。当两个原子靠近时，不能忽略原子之间的相互作用，每个电子同时受到两个离子电场的作用，能量发生少许变化。当两个原子靠得很近时，电子的波函数将会重叠起来，由于波函数的重叠，单原子时电子的每一个能级变为能量接近的两个能级，或者说发生了能级分裂。准确地讲，这时并不是两个孤立的单电子原子，而是具有很多个电子的双原子系统，原来的每一个能级全部要分裂为两个能级。这与第 2 章中 $H_2^+$ 的能态情况相似。根据泡利不相容原理，每个分子能级最多容纳自旋相反的两个电子，$Li_2$ 分子有六个电子，4 个占据 1s 分子双重能级，另外两个占据更高的 2s 分子双能级。根据前面的讨论，分子分裂能级之差依赖于分子中原子的间距，两核越近，耦合越强，则分裂越大。

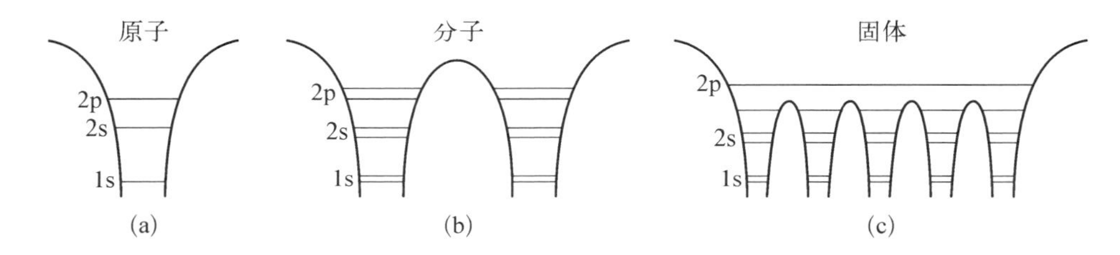


**图 5－7　锂从单原子到双原子分子再到多原子能谱的演化**

上述讨论推广到任意多个锂原子分子，于是三原子分子分裂成三重，四原子分子则分裂成四重。那么，若大量原子（$N$ 个）形成巨大锂分子，其能谱会是什么形状？每一个原子能级分裂成 $N$ 个很接近的新能级。处于 $N$ 个相互靠得很近的新能级上的电子不再具有相同的能量。由于晶体中原子数目 $N$ 非常大，1 克锂约为 $1\times10^{23}$ 个原子，所形成的 $N$ 个新能级中相邻两能级间的能量差很小，其数量级为 $1\times10^{-22}$ eV，几乎可以看成是连续的。因此，$N$ 个新能级具有一定的能量范围，通常称为能带。能带的宽度与组成晶体的原子数 $N$ 无关，主要决定于相邻原子之间的距离，距离减小，能带变宽。于是，1s、2s、2p 等能级分级扩展成 1s、2s、2p 能带，如图 5－8 所示。

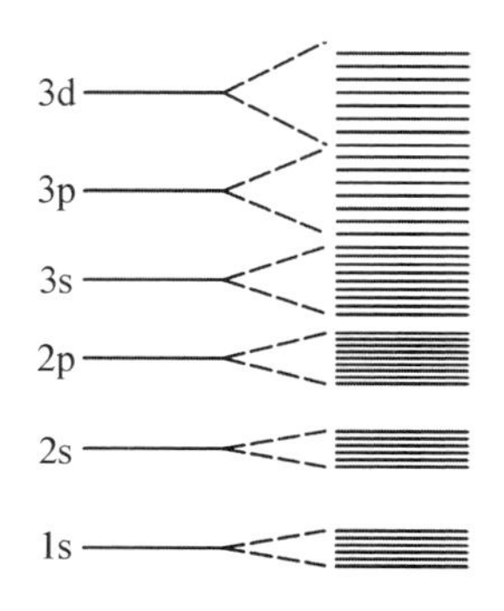


**图 5－8　原子能级和晶体能带**

一个典型的能带只有几电子伏，能带内各个能级十分靠近，能级数目非常大。因为占据低能带的电子长时间处于原子周围，这些电子属于内核电子，这些电子波函数重叠比外层电子的波函数重叠小得多。因此,这些能级分裂不像原来外层电子占据的较高能级分裂得那样大。外层电子可以通过隧道效应进入相邻原子,这样晶体内就有一些属于整个晶体原子共有的电子。于是,内层电子的能带很窄,外层电子公有化程度显著,能带较宽。

图 5-9 为 $N$ 个孤立钠原子结合成钠晶体时各能带宽度与晶格常数的关系图。当钠原子距离远大于 $r_0$ 时,各能带宽度为零,与孤立的单原子能级结构一样,此时钠晶体的每一个能级由 $N$ 个孤立钠原子能级叠合而成。当钠原子之间距离逐渐减小,能级开始分裂,当达到 $r_0$ 时,3s 带和 3p 带甚至交叠起来,这称为能带的交叠。随着距离进一步减小,越来越多的能带会发生交叠。

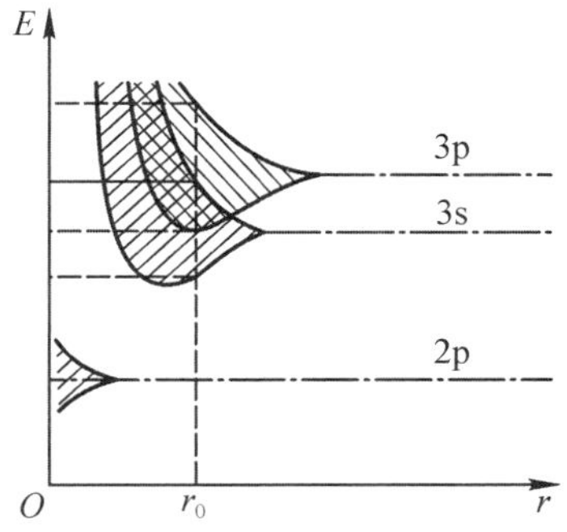

图 5-9　钠晶体中能级分裂

由上所述,能带中的能级数取决于组成晶体的原子数 $N$,每个能带中能容纳的电子数可以由泡利不相容原理确定。由于每个能级可以填入自旋相反的两个电子,则 1s、2s 等 s 能带最多只能容纳 $2N$ 个电子。同理可知,2p、3p 等 p 能带可容纳 $6N$ 个电子,d 能带可容纳 $10N$ 个电子等。

固体的能谱由有分立的能带组成。电子在能带中能级的填充方式满足泡利不相容原理和能量最小原理,填充从能量低的能级开始,依次到能量高的能级。如果一个能带中各个能级都被电子填满,这样的能带为满带(见图 5-10)。最外层价电子对应的能带为价带,该带可以是满带,也可以是部分被电子填充。价带之上的能带没有分布电子,这些带称为空带。紧靠价带的空带又称为导带。

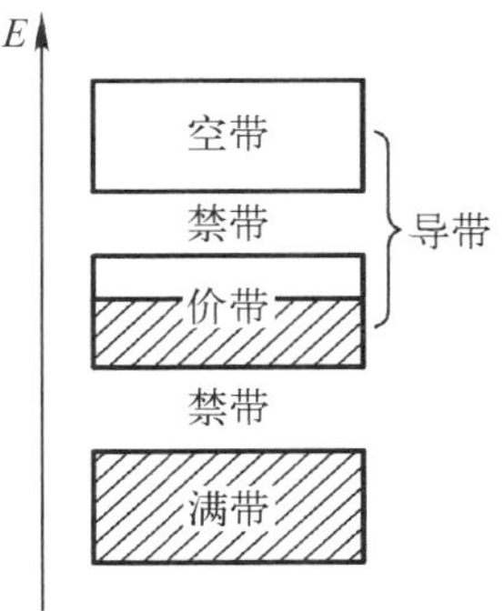

图 5-10　晶体的能带结构图

满带中的电子不能起导电作用。下面以一维晶体为例说明。考察该晶体,设只有一个能带被电子填满,其他能带全是空带。当晶体未加外电场,由于晶格对称性,满带中的电子与沿正反两个方向运动的电子数完全相等,它们对电流的贡献相互抵消。可见无外电场,虽然电子都在运动,但是并不会形成宏观电流。当沿着晶格方向加上外电场时,同时假定外电场不是很强,不考虑引起不同能带间电子状态的跃迁,只考虑在同一能带中不同能级变化,由于外电场的存在,晶体中电子的动量均会沿着电场力的方向增加,与电场方向平行和反平行运动的电子的状态均发生变化,电子只在不同的能级间交换,总体上不改变所有电子在能带中的分布。满带中任意一个电子由原来的能级向该能带中其他能级转移时,因受泡利不相容原理的限制,必由电子沿着反方向转换。因此,该能带的状态依然被电子填满,没有多余的状态让电子去占据,满带中的所有状态始终没有空态,结果沿两个方向运动的电子仍然对称,与不加电场时的情况相同,不产生定向电流,所以满带中的电子不能起导电作用。

不满能带中的电子起导电作用。如果晶体的某能带中的能级没有全部被电子填满,正反方向运动的电子各自均有空余的状态让电子变化,在外电场的作用下,沿两个方向运动的电子由于相对外电场的不对称性,两种电子对能级的占据具有不对称性,因而正反方向电子的电流不能相互抵消,从而在晶体中形成电流,这样的能带又称为导带。

空带中没有电子填入,但是由于某些原因,如热激发或光激发,价带中电子被激发而进入空带,则在外电场作用下,这种电子可以在该空带内向较高的能级跃迁,一般没有反方向电子的转移与之相抵消,形成电流,表现出一定的导电性,因此空带也是导带。

在两个相邻能带之间可以没有电子能态分布,这个区域称为禁带,形成带隙结构。如果相邻的能带互相重叠,这时禁带消失。实际晶体中电子总是从低到高逐一填充能带,直到价带为止。一般来说,价带以下都已填充,均不能导电,所以固体的导电性主要由价带的填充程度决定。

### 5.1.3 固体的能带

本节先讨论一维晶格中电子的行为。设原子排列在 $x$ 轴上,相邻原子的间距为 $a$,第 $n$ 个原子的坐标为 $x_n = na$(见图 5-11)。

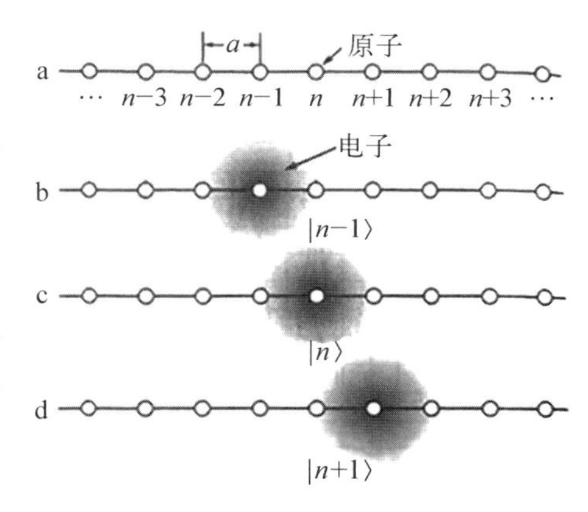


**图 5-11 一维晶体及其电子的状态**

类比讨论氢分子离子问题时我们选用两个态 $|1\rangle$ 和 $|2\rangle$ 作为出发点,它们分别是电子在两个原子周围的状态。令 $|n-1\rangle$、$|n\rangle$、$|n+1\rangle$ 分别代表电子在第 $n-1$、$n$、$n+1$ 个原子周围的状态(见图 5-11 中的 b、c、d),这里 $n$ 是任意整数。我们用以上态矢为基,可将电子的任何量子态展开为

$$|\phi\rangle = \sum_n |n\rangle\langle n|\phi\rangle = \sum_n |n\rangle C_n \tag{5-1}$$

式中,$C_n = \langle n|\phi\rangle$。

下面写出一维晶格中电子的哈密顿算符和薛定谔方程。仿照第 3 章双态系

统，这里所有的基态 $|n\rangle$ 是等价的，它们有相同的能量 $E_0$，所以哈密顿矩阵的对角元都是 $H_{ii}=E_0(i=\cdots, n-1, n, n+1, \cdots)$。电子在格点间跳跃，相邻格点间跃迁概率幅最大，往往大于次紧邻、更远格点之间的跃迁概率幅，我们略去后者。所以哈密顿矩阵的非对角元 $H_{ij}=A\delta_{ij}$，$|i-j|=1$。于是，一维晶格满足的薛定谔方程是

$$\mathrm{i}\hbar\frac{\mathrm{d}C_n(t)}{\mathrm{d}t}=E_0C_n(t)-AC_{n-1}(t)-AC_{n+1}(t) \tag{5-2}$$

为了描述任意态 $|\phi\rangle$，每一个概率幅 $C_n$ 都有上述方程，因为晶格原子数目无限大，全部哈密顿矩阵方程的数目也是无限大。典型的例子如下：

$$\begin{cases}\cdots \\ \mathrm{i}\hbar\dfrac{\mathrm{d}C_{n-1}(t)}{\mathrm{d}t}=E_0C_{n-1}(t)-AC_{n-2}(t)-AC_n(t) \\ \mathrm{i}\hbar\dfrac{\mathrm{d}C_n(t)}{\mathrm{d}t}=E_0C_n(t)-AC_{n-1}(t)-AC_{n+1}(t) \\ \mathrm{i}\hbar\dfrac{\mathrm{d}C_{n+1}(t)}{\mathrm{d}t}=E_0C_{n+1}(t)-AC_n(t)-AC_{n+2}(t) \\ \cdots\end{cases} \tag{5-3}$$

下面确定薛定谔方程的解，求出哈密顿量的能量本征态和本征值。设哈密顿量的本征值为 $E$，其本征态的概率幅有如下形式：

$$C_n(t)=b_n\mathrm{e}^{-\mathrm{i}Et/\hbar}$$

代入式(5-3)，得本征方程

$$\begin{cases}\cdots \\ Eb_{n-1}=E_0b_{n-1}-Ab_{n-2}-Ab_n \\ Eb_n=E_0b_n-Ab_{n-1}-Ab_{n+1} \\ Eb_{n+1}=E_0b_{n+1}-Ab_n-Ab_{n+2} \\ \cdots\end{cases} \tag{5-4}$$

对于晶体，原子数目为 $1\times10^{23}$，因此上述方程的数目可以无限多。用平面波作为试探解。$b_n$ 是原子坐标 $x_n=na$ 的函数，令

$$b_n=b\mathrm{e}^{\mathrm{i}kx_n}=b\mathrm{e}^{\mathrm{i}nka} \tag{5-5}$$

于是式(5-4)中的每一个方程变为

$$E=E(k)=E_0-A\mathrm{e}^{\mathrm{i}ka}-A\mathrm{e}^{-\mathrm{i}ka}=E_0-2A\cos ka \tag{5-6}$$

任意一个波数 $k$ 都可以得到一个解,由式(5-6)决定能量 $E$。波数 $k$ 的取值在 $-\pi/a$ 到 $\pi/a$ 范围内时,能量 $E$ 的变化如图 5-12 所示。

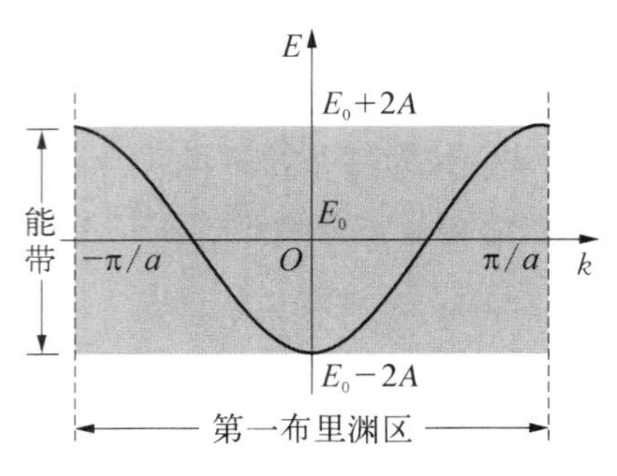


**图 5-12 能带-作为 $k$ 的函数定态能量**

能量 $E$ 从 $k=0$ 处的 $E_0-2A$ 变化到 $k=\pm\pi/a$ 处的 $E_0+2A$。该图取 $A>0$,如果 $A<0$,曲线上下颠倒,$E$ 取值范围仍然相同。这意味着电子能量只能在一定范围内取值,不能取其他能量值。单一原子能级 $E_0$ 扩展成为 $4A$ 的连续能带,$A$ 越大,能带越宽。

$k=0$ 的最低能量状态 $E(0)=E_0-2A$,系数 $b_n=b$ 对所有的 $x_n$ 都是相同的。对 $k=2\pi/a$,得到 $E(2\pi/a)=E_0-2A$,而系数 $b_n=be^{ikx_n}=be^{i2\pi x_n/a}$。取 $x_0$ 为原点,令 $x_n=na$,于是 $b_n=be^{i2\pi na/a}=b$,用 $b_n$ 来描述的状态在物理上与 $k=0$ 的状态完全相同,代表着相同的解。同理,可以理解 $k=-\pi/4a$ 与 $k=7\pi/4a$ 有着相同的能量,以及在 $x_n$ 位置都有相同的振幅。

因此,只需要在某个有限范围内的 $k$ 来得到所有可能的解。式(5-6)表明 $E(k)$ 是以 $2\pi/a$ 为周期的周期性函数。$k$ 的每个周期范围称为一个布里渊区(Brillouin zone),上述从 $-\pi/a$ 到 $\pi/a$ 的范围称为第一布里渊区。从一个布里渊区到另一个布里渊区,不但能量重复取值,波函数也无新意。如图 5-13 所示,$k=-\pi/4a$(曲线 1)与 $k=7\pi/4a$(曲线 2)两条余弦曲线在所有格点 $x_n$ 位置取值相同,而波函数[式(5-5)]指明的格点上的数值才是有意义的。所以对于一个能带,只需要将波数 $k$ 限定在第一布里渊区。

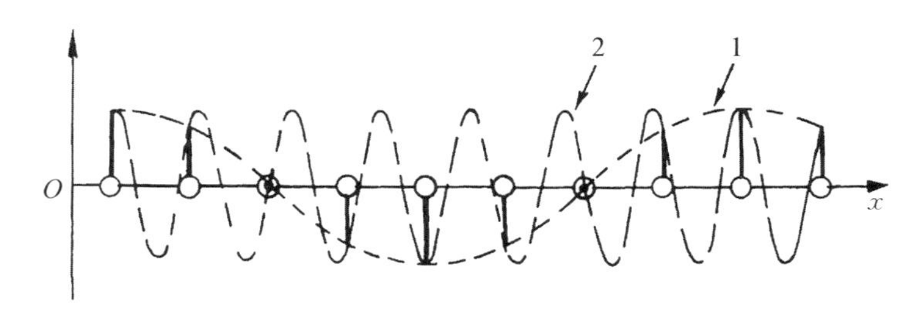


**图 5-13 $k$ 和 $k+2\pi/a$ 的波函数代表同一量子态**

下面说明几点:

(1) 上面只考虑一个原子能级 $E_0$,实际上原子中电子当然不止一个能级。每一个能级 $E_0$、$E_1$、$E_2$、… 都将扩展成为一个能带。

(2) 如果考虑次紧邻格点之间的跃迁矩阵元(假定是 $-B$)是不应忽略的,则式(5-6)变为

$$E(k)=E_0-2A\cos ka-2B\cos 2ka$$

若考虑所有格点之间的跃迁矩阵元，则上式将呈傅里叶级数形式。

### 5.1.4 导体、半导体和绝缘体

凡是电阻率为 $1\times10^{-8}$ Ω·m以下的物体，都称为导体；电阻率为 $1\times10^{8}$ Ω·m以上的物体，称为绝缘体；而半导体的电阻率则介于导体与绝缘体之间。硅、硒、碲、锗、硼等元素以及硒、碲、硫的化合物，各种金属氧化物和其他许多无机物质都是半导体。

从能带结构来看，禁带的宽度对晶体的导电性起着相当重要的作用。从能带结构及电子的填充情况来看，导体表现为价带不满（见图5-14）或价带与空带有交叠现象（见图5-15）。半导体表现为价带满，但禁带较窄（见图5-16）。绝缘体表现为价带满，且禁带较宽（见图5-17）。

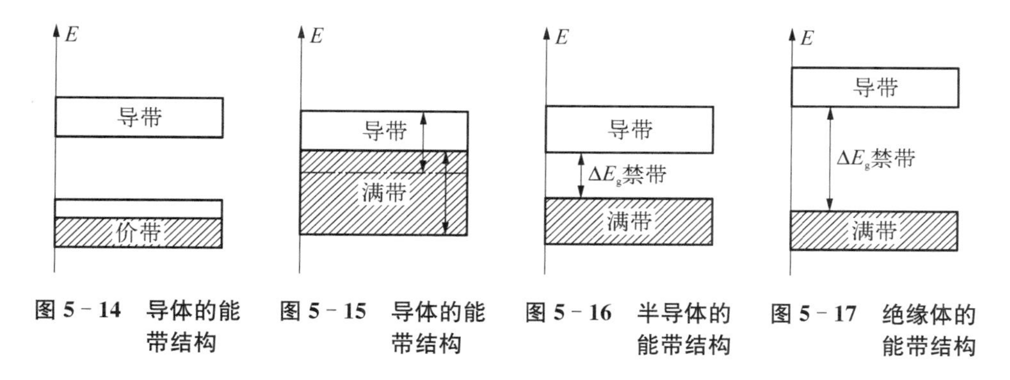


图5-14 导体的能带结构　图5-15 导体的能带结构　图5-16 半导体的能带结构　图5-17 绝缘体的能带结构

有些导体，如Na、K、Cu、Al等金属，价带不是满带；另一些导体，如Mg、Be、Zn等，虽然价带是满带，满带和导带交叠在一起形成一个宽能带。因而在外电场作用下，导体显示出很强的导电能力。

半导体与绝缘体在能带结构上相似，没有本质差别，都具有充满电子的满带和隔离导带与满带的禁带。半导体的禁带较窄，禁带宽度 $\Delta E_g$ 为 $0.1\sim1.5$ eV，绝缘体的禁带较宽，禁带宽度 $\Delta E_g$ 为 $3\sim6$ eV。

对于禁带较窄的半导体，由于电子的热运动，有相当数量的电子很容易从填满电子的价带越过禁带，激发到导带里去，这时价带不满、导带不空，半导体具有导电性。热激发到导带去的电子数越多，电阻率越小。但因绝缘体的禁带一般很宽，在一般温度下，从满带热激发到导带的电子数是微不足道的，这时，它对外的表现是电阻率大。

## 5.2 半导体

半导体是固态材料中令人感兴趣且非常有用的一类。它们呈现的物理现象范围宽广，涵盖从导体到绝缘体，开发出了花样繁多的半导体器件，如晶体管等。

### 5.2.1 电子和空穴

当半导体中一部分电子从满带跃迁到导带中去后,在满带中留出了一些空的状态,通常称为空穴。这一近满带电子系统的运动行为可等价地用空穴的运动行为替代:在近满带中,由于电子几乎全部充满能级,只留出少数的空穴,当电子在电场作用下逆着电场方向移动时,电子将跃入相邻的空穴,而在它们原先的位置上留下一个新的空穴,这些空穴随后又会被逆着电场方向运动的电子所占据。由此看来,近满带中大量电子的运动相当于少数空穴顺着电场方向的移动,称为空穴导电。如果电流只是由导带内的电子引起,则称为电子导电。

不含杂质的纯净半导体称为本征半导体。本征半导体的导电性取决于满带电子向导带的跃迁,当满带电子被激发到空的导带上去时,价带中出现空穴,导带中出现电子,且导带中的电子和价带中的空穴总是成对出现的。在外电场作用下,既有发生在导带中的电子的定向运动,又有发生在价带中的空穴的定向运动,它兼具电子导电和空穴导电两种类型,这类导电性称为本征导电。随着温度升高,价带中会有更多的电子被激发到导带,所以本征半导体的导电性随温度升高而迅速增强。

### 5.2.2 杂质半导体

杂质半导体是指在纯净的半导体中掺有杂质,它的导电性因掺杂而发生显著的改变,掺杂既可提高半导体的导电能力,还能改变半导体的导电机制。杂质半导体包括 N 型半导体和 P 型半导体两类。半导体材料硅和锗都是Ⅳ族元素,晶体中每个原子有四个价电子,分别与紧邻四个原子的一个价电子形成共价键。这些价电子在室温下极少数被激发到导带中去,形成内禀电子-空穴对。

在四价本征半导体(如硅)中掺入五价杂质(如砷)形成的杂质半导体称为电子型半导体,或 N 型半导体(见图 5－18)。掺入的五价砷原子将在晶体中替代硅的位置,构成与硅相同的四电子结构,结果就多出一个电子在杂质离子的电场范围内运动。量子力学的计算表明,这个杂质的能级是在禁带中,且靠近导带,能量差远小于禁带宽度。因在硅内,砷原子只是极少数,它们被准晶体点阵分隔开,所以在图中采用不相连续的线段表示这个杂质能级,每个短线代表一个杂质原子的能级(见图 5－19)。杂质价电子在杂质能级上时,并不参与导电,但是,在受到热激发时,由于此能级接近导带底,杂质价电子极易向导带跃迁,向导带供给电子,所以这种杂质能级又称为施主能级。即使掺入很少的杂质,也可使半导体导带中自由电子的浓度比同温度下纯净半导体导带中自由电子的浓度大很多倍,这就大大增强了半导体的导电性能。它的导电主要以电子导电为主,电子称为多数载流子,空穴称为少数载流子。

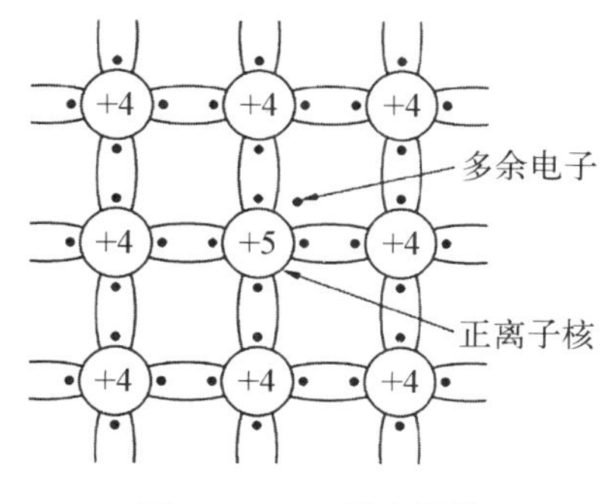


图 5 - 18　N 型半导体

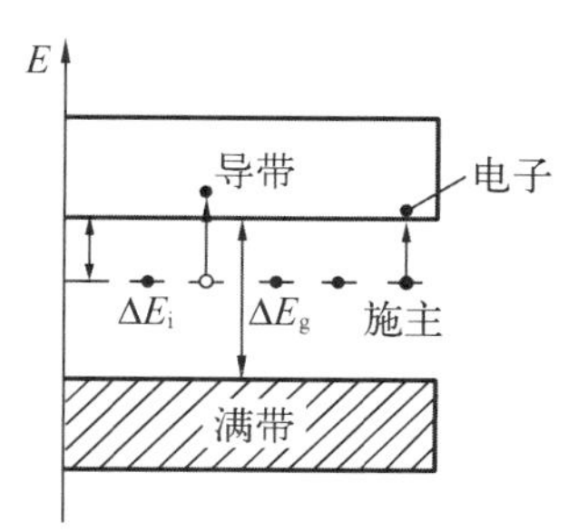


图 5 - 19　施主能级示意图

在四价的本征半导体硅中掺入三价杂质(如镓)后形成的杂质半导体,称为空穴型半导体或 P 型半导体(见图 5 - 20)。计算表明,这时杂质能级离满带顶极近(见图 5 - 21),满带中的电子只要接受很少的能量,就可跃入这个杂质能级,使满带中产生空穴。由于这种杂质能级是接受电子的,所以称为受主能级。这种掺杂使得半导体满带中空穴浓度比纯净半导体空穴浓度高很多倍,从而使半导体导电性能增强。它的导电主要以空穴导电为主,空穴是多数载流子,电子是少数载流子。

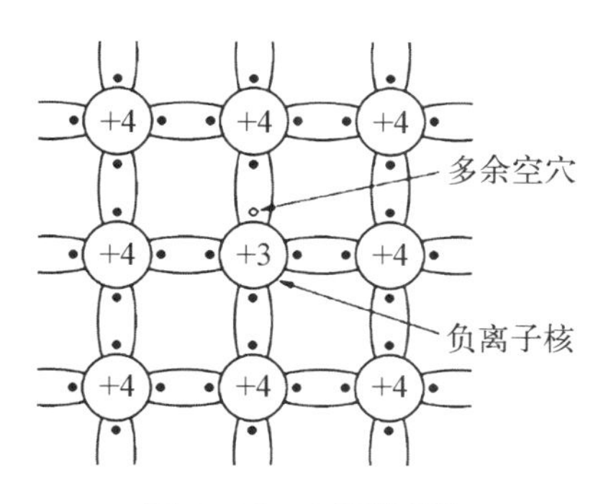


图 5 - 20　P 型半导体

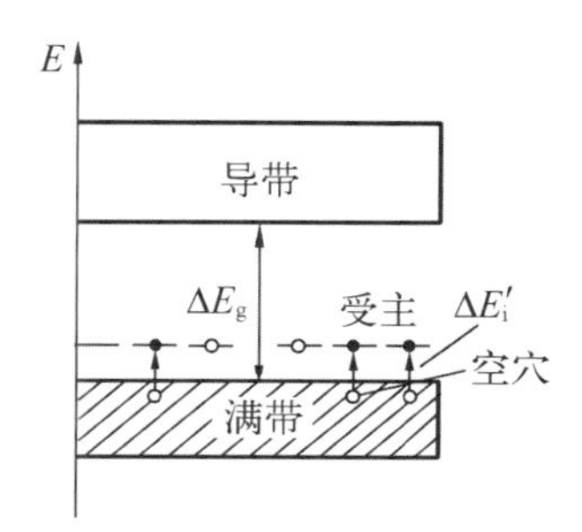


图 5 - 21　受主能级示意图

半导体电阻率的温度特性与导体也有很大区别,导体的电阻率一般随温度的升高而增大,但半导体的电阻率却随温度的升高而下降,如图 5 - 22 所示。其主要原因是杂质半导体的施主能级(或受主能级)与导带(或价带)能量差很小,只有 $1\times10^{-2}$ eV 数量级,随着温度的升高,受激进入导带的电子数(或价带的空穴数)增多,从而导致电阻率下降。有些半导体的载流子数目对温度变化十分灵敏,因而其电阻率随温度的变化灵敏,利用半导体材料的这一性质可以制成对温度、热

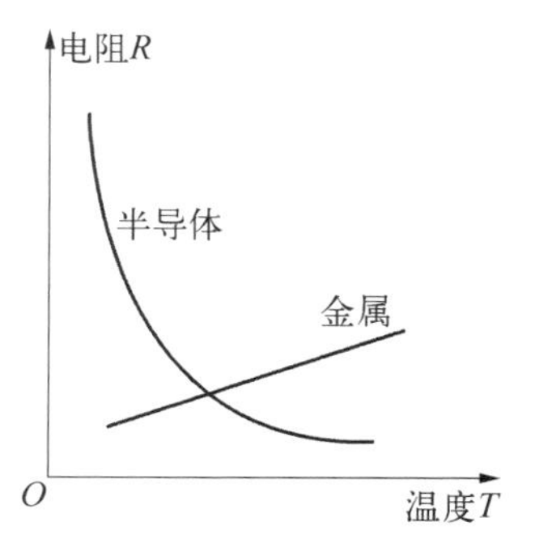


图 5 - 22　电阻与温度的关系

量反应极敏感的电阻,称为热敏电阻。热敏电阻在无线电技术、远距离控制与测量、自动化等许多领域都有广泛的应用。

## 5.3 PN结

### 5.3.1 PN结

在半导体内,由于掺杂不同,电子和空穴的密度在两类半导体中并不相同,即P型中空穴多而电子少,N型中电子多而空穴少。将P型半导体和N型半导体相互接触,会发生N型区中的电子向P型区中扩散[见图5-23(a)],P型区中的空穴向N型区中扩散,结果在交界处形成正负电荷的积累[见图5-23(b)],在P区的一边是负电,而在N区的一边是正电。这些电荷在交界处形成空间电荷区(电偶层或耗尽层),这一结构称为PN结,厚度通常为微米数量级。

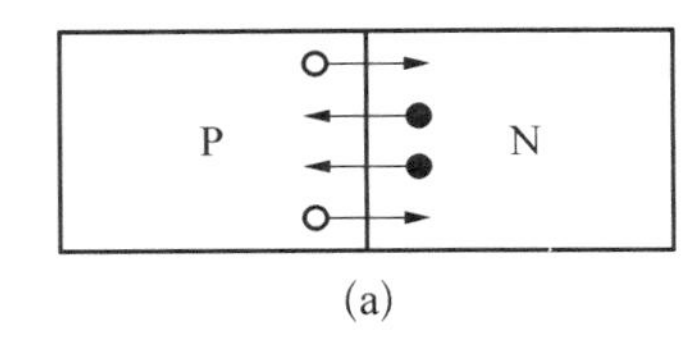

(a)

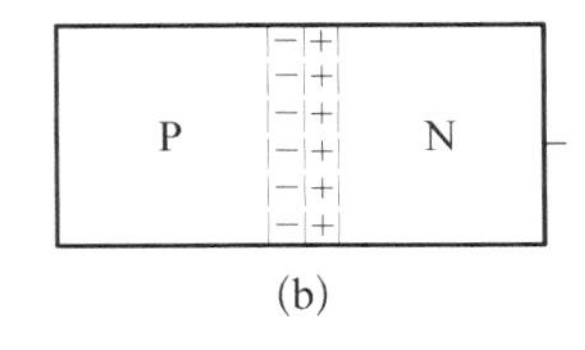

(b)

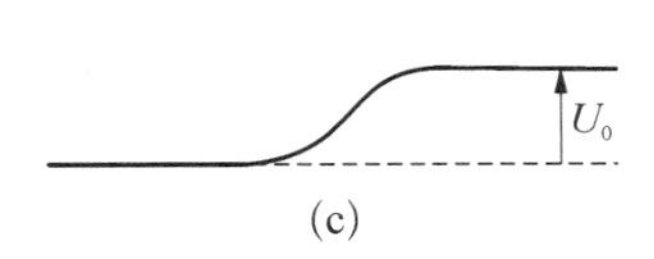

(c)

**图5-23 PN结示意图**

(a) 载流子扩散;(b) 电偶层;(c) PN结电势分布

显然,在PN结中出现由N区指向P区的电场(称为内建场),电偶层的电场阻碍电子和空穴的进一步扩散,最后形成一个稳定的电势差[见图5-23(c)]。此时在PN结处,N区相对于P区有电势差$U_0$,称为接触电势差,通常为0.1～1.0 eV。PN结处的电势是由P区向N区递增的,它阻碍着N区的电子进入P区,同时也阻碍着P区的空穴进入N区,通常把这一势垒区称为阻挡层。或者说空间电荷区对N区电子和P区空穴是一个势垒,高度为$eU_0$。这导致能带弯曲,简单起见,图5-24中画出了满带的顶部和导带的底部。能带弯曲对于N区的电子和P区的空穴都形成了一个势垒,这一区域就是阻挡层。

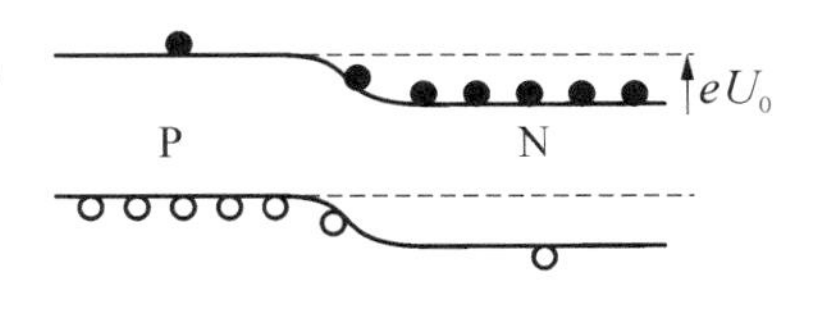


**图5-24 PN结的能带**

如果$x$轴方向垂直于边界面,电势随着$x$的变化如图5-25所示。电子载流子密度$N_n$和空穴载流子密度$N_p$随空间位置发生变化,离PN结(阻挡层)远的地方,载流子密度等于两块材料各自平衡的分布。由于阻挡层处的电势梯度,P区空穴载流子必须克服电势才能到达N区一侧。平衡条件下,在N区中空穴载流子比在P区中少得多。根据统计力学规律,我们得到两边空穴载流子的数目比为

$$\frac{N_p(\text{N 区})}{N_p(\text{P 区})}=e^{-\frac{eU_0}{kT}} \qquad (5-7)$$

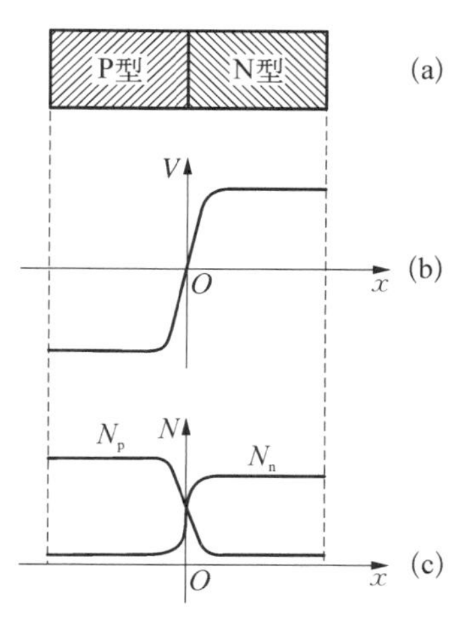


图 5-25　PN 结平衡势垒和载流子浓度

式中，$eU_0$ 是使空穴通过电势差 $U_0$ 所需要的能量。

对于电子，可以推得

$$\frac{N_n(\text{N 区})}{N_n(\text{P 区})}=e^{\frac{eU_0}{kT}} \qquad (5-8)$$

P 区中的空穴载流子浓度很大，它不断地扩散到电偶层，到达此处的空穴载流子电流正比于 $N_p$，其中大多数空穴载流子被高势垒所阻挡，只有约为 $e^{-\frac{eU_0}{kT}}$ 的很少部分通过电偶层进入 N 区。从 N 区来的空穴载流子来到电偶层，这个电流正比于 N 区的空穴载流子密度，但这个空穴载流子密度远低于 P 区的空穴载流子密度。当空穴载流子从 N 区到电偶层，它遇到高电势到低电势的变化区，所以可立刻到达 P 区一侧。我们把这个电流记作 $I_0$，在平衡时从两个方向来的电流相等，即

$$I_0 \propto N_p(\text{N 区})=N_p(\text{P 区})e^{-\frac{eU_0}{kT}} \qquad (5-9)$$

由于 PN 结中阻挡层的存在，把电压加到 PN 结两端时，阻挡层处的电势差将发生改变。如把正极接到 P 端，负极接到 N 端，称为正向偏压，外电场方向与 PN 结中的电场方向相反，使结中电场减弱，势垒高度降低，从 $U_0$ 变到 $U_0-\Delta U$，阻挡层变薄，有利于空穴向 N 区运动，有利于电子向 P 区运动，形成由 P 区流向 N 区的正向宏观电流，外加电压增加，电流也随之增大(见图 5-26)。从 P 区到 N 区的空穴载流子电流表示为

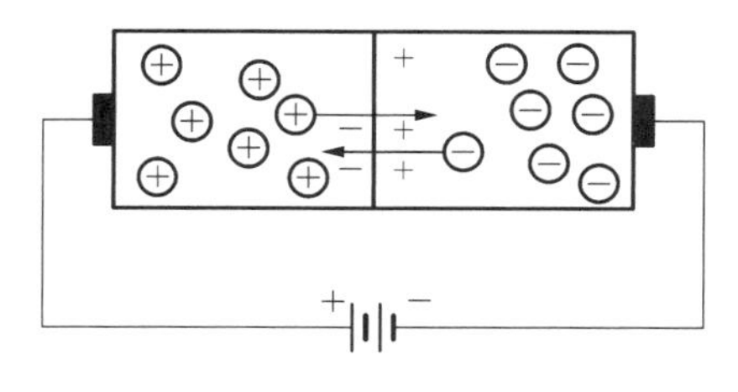

图 5-26　导通

$$I_1 \propto N_p(\text{P 区})e^{-\frac{e(U_0-\Delta U)}{kT}} \qquad (5-10)$$

所以，$I_1$ 与 $I_0$ 之间存在如下关系：

$$I_1=I_0e^{\frac{e\Delta U}{kT}} \qquad (5-11)$$

这个电流是没有电压时的 $e^{\frac{e\Delta U}{kT}}$ 倍。因为 $\Delta U$ 不太大，从 N 区来的空穴载流子电流保持不变。穿过电偶层的空穴载流子的净电流是

$$I = I_0\left(e^{\frac{e\Delta U}{kT}} - 1\right) \tag{5-12}$$

空穴的净电流进入N区,并被N区内多数载流子-电子所湮没,在湮没的过程中损失的电子将由N区链接的电子电流来补偿。对于N区电子载流子流入P区,我们做相似分析,得到的净电子电流表达式与式(5-12)相同。所以当正向电压增加时,电流将呈指数规律增长。

综上所述,由于PN结中阻挡层的存在,把电压加到PN结两端时,阻挡层处的电势差将发生改变。如把正极接到P端,负极接到N端,称为正向偏压,外电场方向与PN结中的电场方向相反,使结中电场减弱,势垒高度降低,阻挡层变薄,有利于空穴向N区运动,电子向P区运动,形成由P区流向N区的正向宏观电流,外加电压增加,电流也随之增大(见图5-26)。

反过来,如果把正极接到N端,负极接到P端(一般称为反向连接,如图5-27所示),外电场方向与PN结中的电场方向相同。这时结中电场增强,势垒升高,阻挡层增厚。于是N区中的电子和P区的空穴更难通过阻挡层。但是P区中的少量电子和N区的少量空穴在结区电场的作用下却有可能通过阻挡层,分别向对方流动,形成由N区向P区的反向电流。由于P区中电子和N区中空穴都是少数载流子,载流子浓度很小,反向电流一般很小,电路几乎被阻断,这就是二极管的单向导电性。

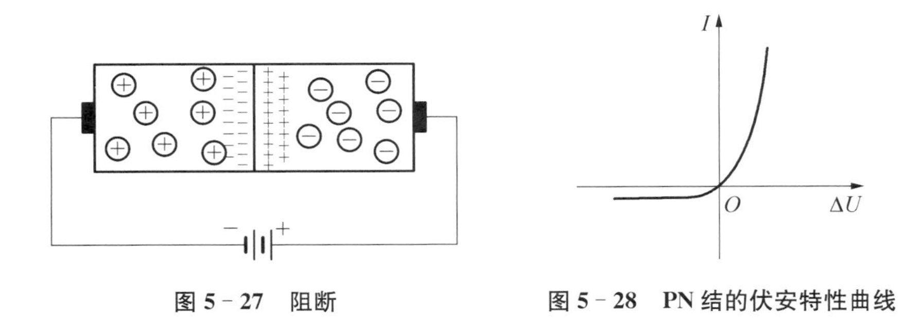


**图5-27　阻断**　　**图5-28　PN结的伏安特性曲线**

综上所述,PN结两端电压和流过结的电流关系如图5-28所示,称为PN结的伏安特性曲线。

## 5.3.2　光生伏特效应

当适当频率的光照射PN结时,由于内建电场的作用,半导体内产生电动势,或光生电压,如将PN结短路,则会出现电流。这种内建场引起的光电效应称为光生伏特效应。

设入射光垂直照射PN结,能量大于禁带宽的光子,由于本征吸收会在PN结的两边产生电子-空穴对。在光激发下，多数载流子的浓度一般变化很小，而少数载流子的浓度变化很大，因此主要研究少数载流子运动。

由于 PN 结势垒区内存在从 N 区指向 P 区的内建场，结两边的光生少数载流子受到该场的作用，P 区电子穿过 PN 结进入 N 区；N 区空穴进入 P 区，使得 P 端电势升高，N 端电势降低，于是在 PN 结两端形成了光生电动势，这就是 PN 结的光生伏特效应（见图 5-29）。由于光照产生的载流子向相反方向运动，所以在 PN 结内部形成从 N 区指向 P 区的光生电流 $I_L$。由于光照，在 PN 结两端产生电动势，相当于在 PN 结两端加正向电压 $V$，使势垒降低 $q(U_0-V)$，产生了正向电流 $I_F$。在 PN 结开路的情况下，光生电流与正向电流相等时，PN 结两端建立稳定的电势差（P 区对 N 区是正的），这就是光电池开路电压。如果 PN 结与外电路接通，持续光照，就有连续的电流通过电路，PN 结起电源作用，这就是光电池或光电二极管的原理。

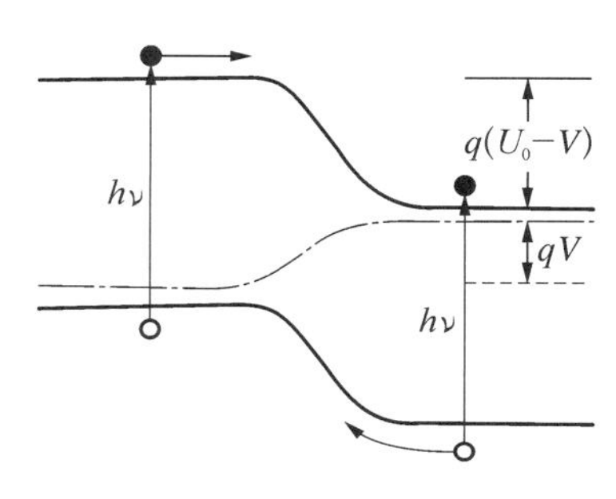

图 5-29 光照激发

纯净半导体或掺杂半导体在室温下不能产生大量电子空穴对，如果在 PN 结上加上大的正向电压，电流通过 PN 结，向 N 区注入电子，向 P 区注入空穴。电流足够大时，电偶层非常薄，导致 N 区中数密度很大的电子与 P 区中数密度很大的空穴非常靠近，载流子在穿越结区时会发生电子-空穴复合，从而产生自发辐射荧光。这就是发光二极管(light emitting diode, LED)的发光原理。

不同半导体材料中，电子和空穴所处的能量状态不同，当电子和空穴复合时，释放出的能量也不同。释放出的能量越多，则发出的光的波长越短。常用的是发红光、绿光或黄光、蓝光的二极管。

日本科学家赤崎勇、天野浩和美籍日裔科学家中村修二因发明蓝色发光二极管而获得 2014 年诺贝尔物理学奖。该发明为世界带来了新型节能高效光源。引用 Craford 和 Holonyak 的话来说："灯泡的终极形式——一个直隙Ⅲ-Ⅴ族合金 PN 结将引领我们走进照明的新时代。"

## 5.4 晶体管

半导体最重要的应用是晶体管或半导体三极管。晶体管由三个极区和两个 PN 结构成，通常有 PNP 和 NPN 两种类型（见图 5-30）。下面以 PNP 为例来说明工作原理。

PNP 晶体管由三个区组成，第一个 P 型区称为发射极，中间的 N 型区称为基极，另一个 P 型区称为集电极。晶体管中有两个 PN 结，每个结上都有电势梯度，从 N 型区到 P 型区都有一定的电势降落，未加偏置电压时的电势变化如图 5-31 所示。

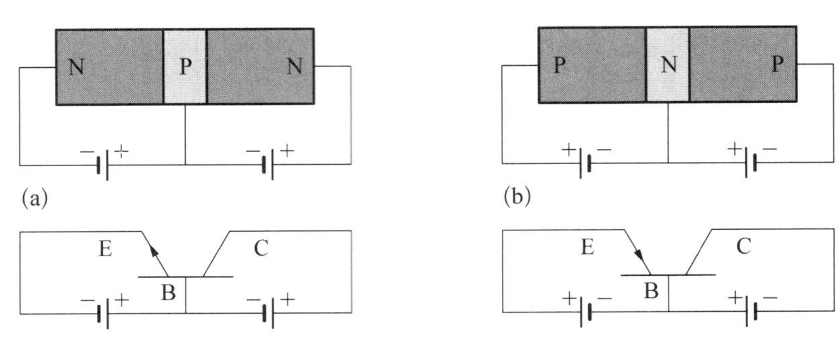


**图 5-30 NPN 和 PNP 晶体管**

(a) NPN 晶体管；(b) PNP 晶体管

晶体管工作时，发射极与基极之间的 PN 结正向偏置，正载流子的电流会从发射极流入基极，在正向电压下，形成很大的发射电流 $I_e$。基极非常薄，多数载流子空穴大量地从发射极进入基极，在与基极中的电子发生湮没之前有很大概率扩散到另一个 PN 结(见图 5-32)。在基极与集电极之间，PN 结有反向偏置，这个方向偏压很大，通常情况下反向电流很小，但从发射极来的载流子空穴进入基极，在复合掉之前到达集电极边界，遇到急剧下降的电势而漂移到集电极。也就是说，离开发射极进入基极的空穴电流只有少部分贡献为净的基极电流 $I_b$，主要贡献为集电极电流 $I_c$。电流满足基本关系

$$I_e = I_b + I_c \tag{5-13}$$

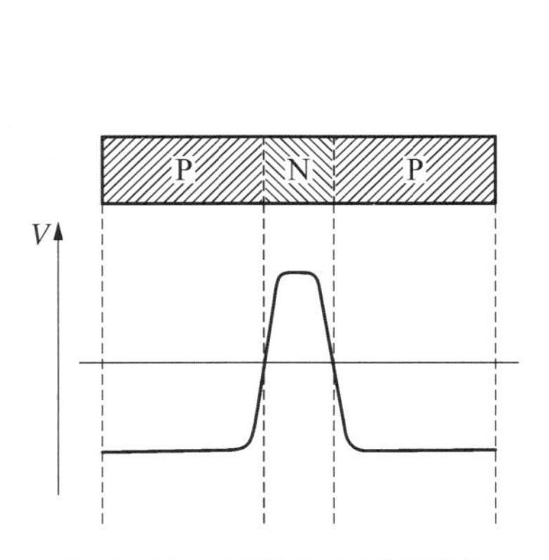


**图 5-31 没有外电压时晶体管中的电势分布**

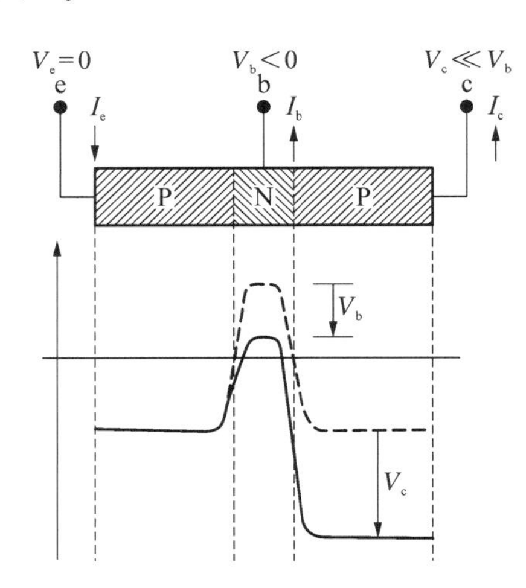


**图 5-32 晶体管工作时电势分布**

基极电流是提供基极空穴复合之用的，在那里空穴复合得很少，即 $I_b \ll I_c$。我们稍微改变一下基极端的电势，就会引起发射极电流很大的变化，而集电极电压

大大低于基极电压，电势的微小变化不会显著影响基极与集电极之间的势能梯度。改变基极端电势，集电极电流也会发生相应变化。最根本的一点是，基极电流 $I_b$ 只是集电极电流 $I_c$ 的很小一部分。对基极引入很小的电流信号，就可以在集电极上得到很大的电流信号(譬如大 100 倍)。

对于 NPN 晶体管，N 型发射区的多数载流子是电子，这些电子从发射极流入基极，并由此流到集电极。

世界上第一支晶体管是由约翰·巴丁(John Bardeen)、威廉·肖克利(William Shockley)、沃尔特·布拉顿(Walter Houser Barttain)于 1947 年发明的(见图 5-33)，他们发明了点接触式晶体管(见图 5-34)，把间距为 50 μm 的两个金电极压在锗半导体上，微小的电信号由一个金电极(发射极)进入锗半导体(基极)，电信号被显著放大，并通过另一个金电极(集电极)输出，他们三人因此获得 1956 年诺贝尔物理学奖。

图 5-33　半导体三极管发明人(从左到右为巴丁、肖克利、布拉顿)

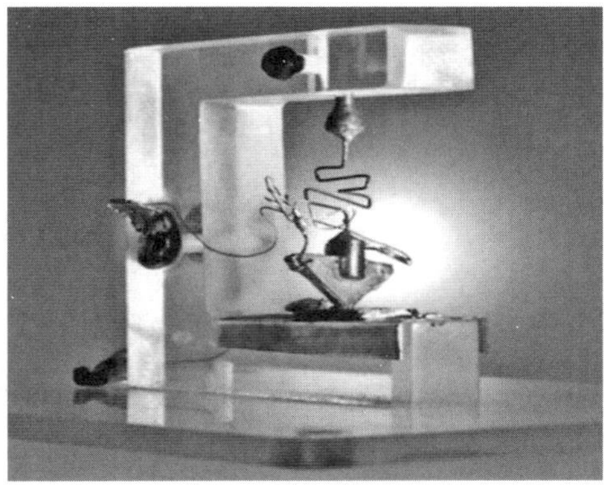

图 5-34　世界上第一支半导体三极管

晶体管被誉为“20 世纪最伟大的发明”，它的出现为集成电路、微处理器以及计算机内存的产生奠定了基础。晶体管体积小、重量小，有助于电子设备的小型化和集成化。1958 年，集成电路问世。1969 年，硅大规模集成电路实现了产业化大生产，随后得到广泛应用。20 世纪 80 年代和 90 年代相继出现了超大规模集成电路等，大规模集成电路集成度近三十年以平均每年翻一番的惊人速度发展。总之，晶体管的发明引发了现代电子学的革命和信息革命，其划时代的历史意义是无法估量的。

## 5.5　场效应管

晶体管是可以用来放大输入信号的三端半导体器件。1925 年，J. 李林菲尔德(J. Lilienfeld)提出了场效应晶体管概念。图 5-35 表示一个普通的场效应管(field-effect transistor, FET),从端 S(源)到端 D(漏)的电子流被一个电场控制,此电场是由加在端 G(栅)上的适当电势产生的。电流 $I_{DS}$ 的大小受到栅端 G 的电势在器件内建立的电场控制。

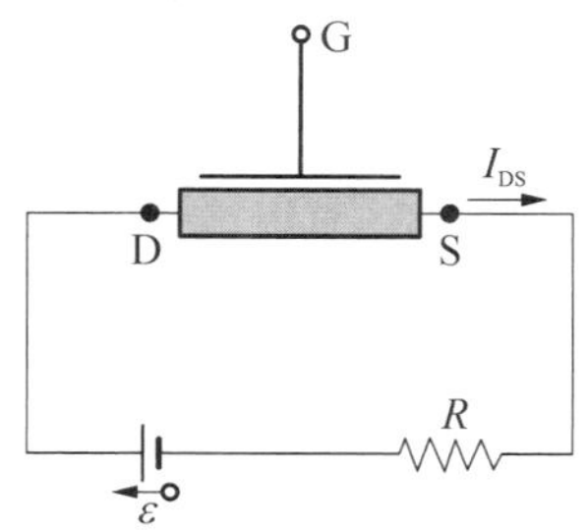


**图 5-35 一般场效应晶体管电路**

1959 年,贝尔实验室的 D. 卡恩(D. Kahng)和 M. 艾塔拉(M. Atalla)发明了金属-氧化物-半导体场效应晶体管(metal-oxide-semiconductor field effect transistor, MOSFET),简称 MOS 场效应晶体管,是一种可以广泛使用在模拟电路与数字电路中的场效应晶体管[见图 5-36(a)]。

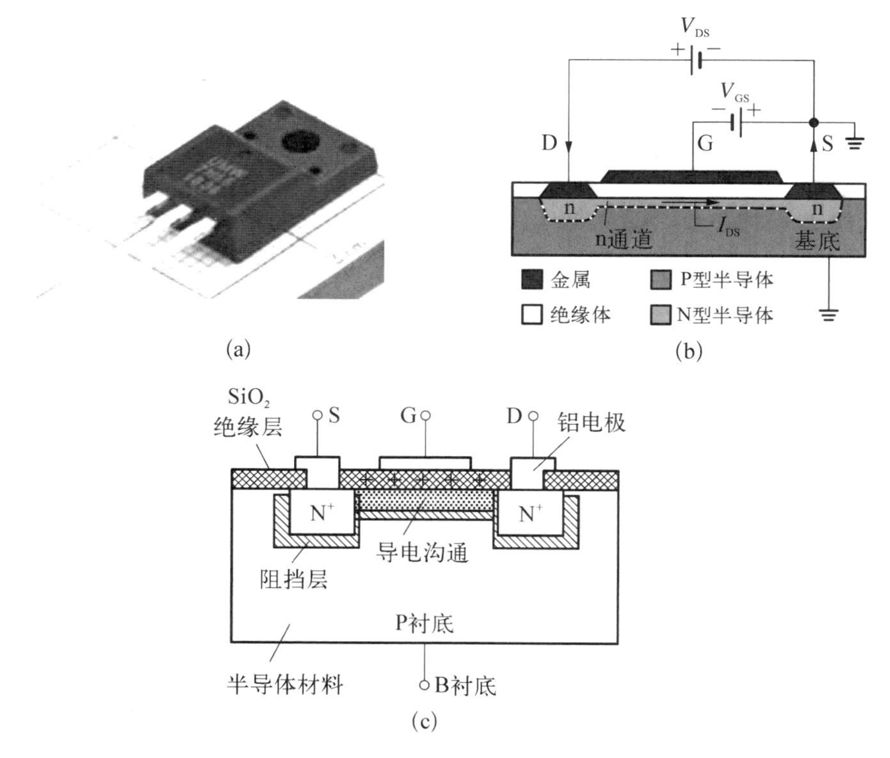


**图 5-36 场效应晶体管**

(a) MOSFET;(b) MOSFET 晶体管工作电路;(c) MOSFET 结构

MOSFET 只工作在两个状态:漏到源电流 $I_{DS}$ 的 ON(开)或 OFF(关)。第一个状态可以代表二进制算法的 1,第二个状态代表该算法的 0,以此作为数字逻辑基础,将 MOSFET 应用到数字逻辑电路中。同时,可以高速转换 ON 和 OFF 状态，保证二进制数据在以 MOSFET 为基础的电路中高速地传输。

图 5-36(b) 表示 MOSFET 的基本结构。一块 P 型硅作为基片(衬底)，在内部通过 N 型施主的“过量掺杂”，形成两个 N 型材料的“岛”作为源 S 和漏 D。源和漏由一条 N 型材料的细通道连接，称为 N 型通道。在晶体表面沉积绝缘的氧化硅(即 MOSFET 中 O 的来源)薄层，并在 D 和 S 中插入两个金属端(即 M 的来源)，使得源和漏与外部相连。对着 N 型通道沉积一薄层金属作为栅 G。注意此栅与晶体管本身没有电接触，而是被绝缘的氧化物薄层隔开。载流子不能通过基片流动，因为基片是轻度掺杂的半导体，它与 N 型通道、源 S、漏 D 岛由耗尽层隔开，如图 5-36(c)所示。

首先考虑源和 P 型基片接地但栅 G 没有接通外部电源的情况。在漏与源加以电势差 $V_{DS}$，并使漏为正。电子将由源通过 N 型通道流向漏，而习惯上的电流 $I_{DS}$ 将由漏通过 N 型通道流向源，如图 5-36 所示。

现在对栅 G 加一个电势 $V_{GS}$ 并使它相对于源较低。此负栅在器件中建立一个电场(即“场效应”一词的来源)，此电场把电子从 N 型通道排斥到基片中去。电子的移动使 N 型通道与基片之间形成的耗尽层(阻挡层)变宽而 N 型通道变窄。变窄了的 N 型通道，加上在通道中载流子数目减少，通道的电阻将增大，从而减小电流 $I_{DS}$。当 $V_{GS}$ 为某一值时，这一电流完全阻断，这就实现了 OFF 状态。因此，通过控制 $V_{GS}$，MOSFET 能够实现 ON 和 OFF 模式的转换。

P 型通道 MOSFET 的工作原理与 N 型通道 MOSFET 完全相同，只不过导电的载流子不同，供电电压极性不同。这如同三极管有 NPN 型和 PNP 型一样。

三极管和场效应管的区别如下：

(1) 场效应管是电压控制电流器件，场效应管的栅极基本不需要电流；而三极管的基极总是需要一些电流。所以在希望控制端基本没有电流的情况下应该是场效应管；而在允许一定量电流时，选取三极管进行放大可以得到比场效应管更大的放大倍数。

(2) 场效应管利用多子导电，三极管是既利用多子又利用少子。少子的浓度容易受到温度、辐射等外界条件影响，场效应管相比于三极管温度稳定性更好，抗辐射能力更强。

(3) 当场效应管的源极与衬底没有连接在一起时，源极与漏极可以互换使用。而三极管的集电极与发射极差异很大，不能互换。

(4) 场效应管的噪声系数小，当信噪比是主要矛盾时，选择场效应管。

场效应管的工作原理与三极管相似。三极管是一个电流控制器件，所谓的电流控制器件是指用基极电流大小来控制集电极和发射极的电流。而场效应管是一个电压型控制器件，就是通过改变栅极与源极的电压来改变流过沟道的电流。换言之，栅极电压的大小可以控制流过漏极的电流大小。

MOSFET 是现代电子学的基础,是大多数现代电子设备的基本要素,是电子领域最常见的晶体管和世界上使用最广泛的半导体元件。MOSFET 扩展和小型化是自 20 世纪 60 年代以来电子半导体技术快速增长的主要因素,因为自 20 世纪 60 年代以来,MOSFET 的快速小型化是使集成电路芯片和电子设备晶体管密度增加、性能提高和功耗降低的主要原因。MOSFET 是改变世界各地生活和文化的开创性发明,它前所未有地改变着人类的体验。MOSFET 也是诺贝尔奖获奖突破的基础,如量子霍尔效应和电荷耦合器件(charge-coupled device, CCD)。

半导体芯片发展

## 5.6 超导物理

许多金属、合金、陶瓷材料在低温时电阻完全消失,固体的这种零电阻性质称为超导电性,是一种十分迷人的物质性质。超导是 20 世纪最伟大的科学发现之一,人们在能源、运输、医疗、信息和基础科学等各个领域开展了超导应用研究,如超导强磁技术、超导量子计算、超导磁悬浮等。本节介绍超导的基础知识。

### 5.6.1 零电阻

1908 年,荷兰物理学家 H. K. 昂内斯(H. K. Onnes)成功地液化了氦,得到了一个新的低温区(4.2 K 以下),并研究各种金属在低温时电阻率的变化。1911 年,他首次观测到汞样品的电阻在温度降到 4.2 K 附近时突然降到零(见图 5-37),这种性质称为超导电性。高于该温度时,电阻率有限,低于该温度时,电阻率小到实际上等于零的值。超导材料电阻降为零的温度称为转变温度或临界温度,通常用 $T_c$ 表示。当 $T > T_c$ 时,超导材料所处的状态与正常的金属一样,称为正常态;而当 $T < T_c$ 时,超导材料处于一种新的状态,称为超导态。昂内斯因这一现象的发现,于 1913 年获得了诺贝尔物理学奖。不仅纯汞,加入锡后的汞合金也具有超导电性。具有超导电性的材料称为超导体。

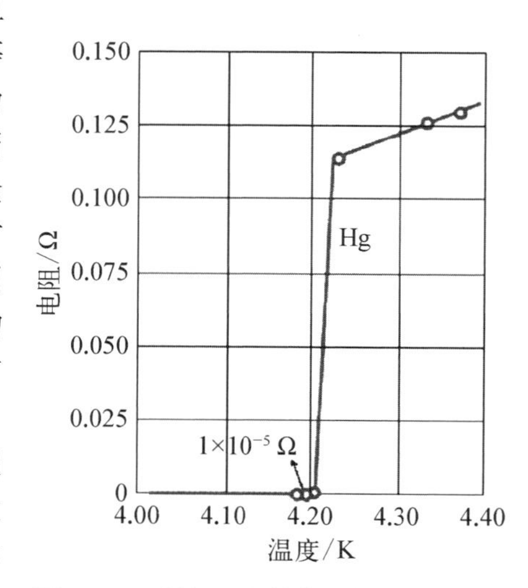

**图 5-37 低温下汞的电阻与温度的关系(超导转变温度为 4.2 K)**

超导电性的发现,开辟了研究和应用超导电性质的新领域。到目前为止,人们已发现在正常压强下有近 30 种元素、约 8 000 种合金和化合物具有超导电性。表 5-1 列出了一些超导材料和它们的临界温度。

**表5-1 超导材料及其临界温度**

| 材　料 | $T_c$/K | 材　料 | $T_c$/K |
| --- | --- | --- | --- |
| W | 0.012 | Pb-In | 3.39～7.26 |
| Be | 0.026 | Pb-Bi | 8.4～8.7 |
| Cd | 0.515 | Nb-Ti | 9.3～10.02 |
| Al | 1.174 | Nb-Zr | 10.8～11 |
| In | 3.416 | MoC | 14 |
| Ta | 4.48 | $V_3Ga$ | 18.8 |
| V | 5.3 | $Nb_3Sn$ | 18.1 |
| Pb | 7.201 | $Nb_3Al$ | 18.8 |
| Nb | 9.26 | $Nb_3Ge$ | 23.2 |

从表5-1中可以看出，各种元素的临界温度相差较大，从W的 $T_c=0.012$ K到 $Nb_3Ge$ 化合物的 $T_c=23.2$ K。若能获得临界温度接近室温的超导材料将非常有用，为实现这一目标，人们付出了不懈的努力。

1986年，IBM苏黎世实验室的J.柏诺兹(J. Bednorz)和K.缪勒(K. Müller)发现了临界温度达35 K的铜氧化物超导材料，随后包括我国在内的科学家们发现了超导临界温度高达90 K以上的铜氧化物，这些材料被称为高温超导材料。超导临界温度突破液氮沸点77 K大关，对人类具有划时代的意义，高压下超导临界温度可以进一步提高，这为超导技术的实际应用展开了广阔前景(见图5-38)。2008

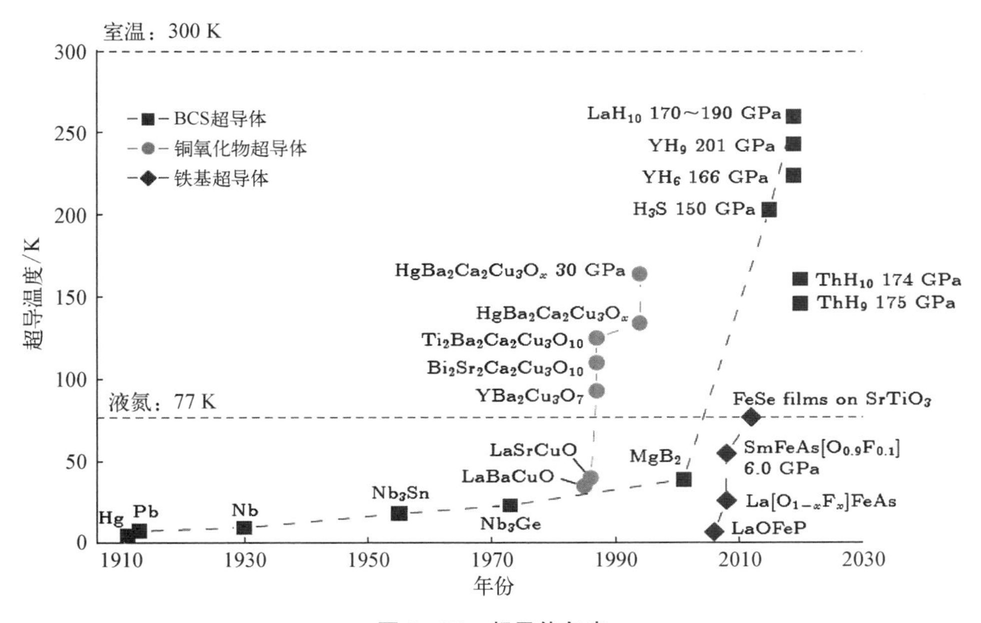


**图5-38 超导体年表**

年,科学家发现了临界温度为 40 K 的铁基超导体,我国科学家迅速跟进,并将超导临界温度提高至 55 K,在极短的时间内吸引了全世界超导学者的目光,再次为我国超导科学赢得学术声誉。

### 5.6.2 完全抗磁性

1933 年,两位德国物理学家 W. F. 迈斯纳(W. F. Meissner)和 R. 奥赫森菲尔德(R. Ochsenfeld)发现,对于超导体,当从正常态变为超导态后,原来穿过超导体的磁通被完全排出到超导体外(见图 5-39),在超导体内磁感应强度为零,这一现象称为迈斯纳效应。

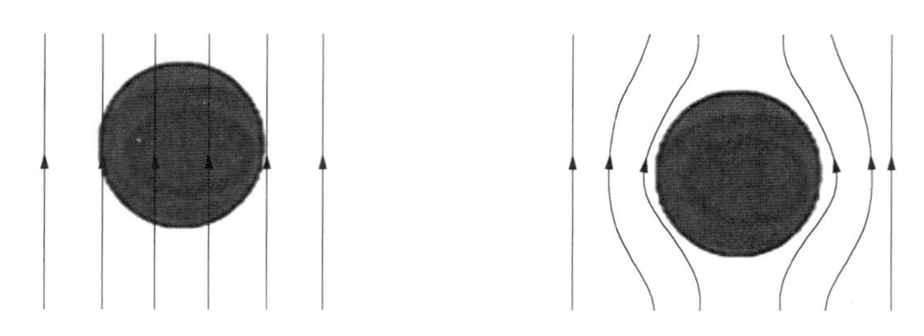

图 5-39 完全抗磁性

迈斯纳等通过实验发现,如果在临界温度以上将超导样品放入磁场中,由于这时不处于超导态,样品中存在磁场,当维持磁场不变而降低温度使其处于超导态时,其内部不存在磁场。这是因为在超体表面上产生了电流,这电流在其内部的磁场抵消了原来的磁场,使超导体内部磁感应强度为零。

由于在超导体内有

$$\boldsymbol{B}=0$$

由关系 $\boldsymbol{H}=\frac{\boldsymbol{B}}{\boldsymbol{\mu}}-\boldsymbol{M}$, 可得

$$\boldsymbol{M}=-\boldsymbol{H}$$

根据 $\boldsymbol{M}=\chi_m\boldsymbol{H}$, 故磁化率 $\chi_m=-1$, 这说明超导体具有完全抗磁性。

将一理想导体(电阻率为零,零电阻状态)放在外磁场中,利用电磁感应定律可以证明:外加磁场的变化不改变通过理想导体的磁通量,通过理想导体的磁通量可以是非零的常数,但不一定总是零,这与其变化历史,即外加磁场的作用历史有关。在无外加磁场条件下,温度降到转变温度以下时,导体的电阻消失,加上外加磁场 $\boldsymbol{B}_1$ 后,磁感应线不进入导体,撤去外加磁场后,导体内保持无磁通。在有外加磁场 $\boldsymbol{B}_1$ 的条件下,导体温度降到转变温度以下,导体电阻消失,磁场分布不变,撤

去外加磁场时，导体内部保持原有磁通。该结果不同于超导体的实际情况。

可见，完全抗磁性是超导体独立于零电阻性质的另一基本性质，换句话说，我们不能把超导体简单地看作理想导体。零电阻和完全抗磁性是判断超导体是否处在超导态的两个必要条件。

超导体完全抗磁性可以用磁悬浮实验演示，如图 5-40 所示。将一块磁体放在一个很大的超导盘上，由于迈斯纳效应，超导体上产生电流，磁场完全排出到超导体外，磁体受到向上的排斥力，当这个斥力与磁体自身重力平衡时，物体悬浮在空中，这就是磁悬浮。当重力发生微小变化且物体很小时，就会发生上下移动，如果精确测量物体位置变化，就能测定重力的微小变化，可以造出灵敏的超导重力仪。

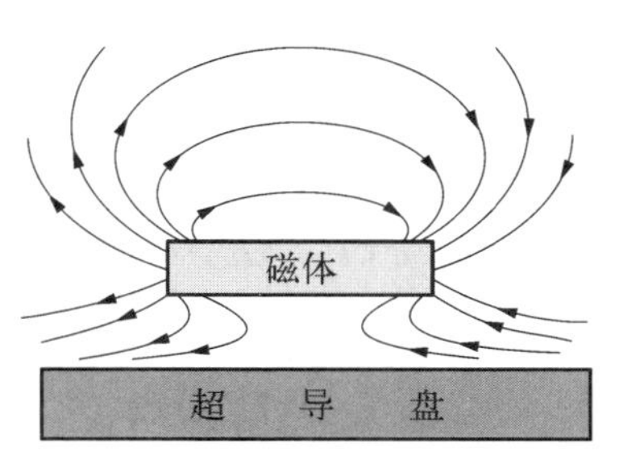


**图 5-40　超导磁悬浮原理**

### 5.6.3　临界磁场与临界电流

昂内斯观测到超导电性后不久便发现，外加磁场可以破坏超导态，即使在临界温度之下，当逐渐增强外磁场时，超导样品会由超导态转入正常态，这种破坏超导态所需的最小磁场强度称为临界磁场，用 $H_c$ 表示。临界磁场与材料的种类和超导态所处的温度有关。一般而言，临界磁场与温度有如下关系：

$$H_c(T)=H_c(0)\left[1-\left(\frac{T}{T_c}\right)^2\right] \tag{5-14}$$

如图 5-41 所示，$H_c(0)$ 表示 $T=0$ K 时的临界磁场。不同材料的 $H_c(0)$ 不同。

在无外磁场时，当超导体通上电流，此电流也将产生磁场。当该电流超过一定数值 $I_c$ 后，电流在超导体表面所产生的磁场强度超过 $H_c$，超导态也可以被破坏，$I_c$ 称为超导体临界电流，临界电流与温度的关系如下：

$$I_c(T)=I_c(0)\left[1-\left(\frac{T}{T_c}\right)^2\right] \tag{5-15}$$

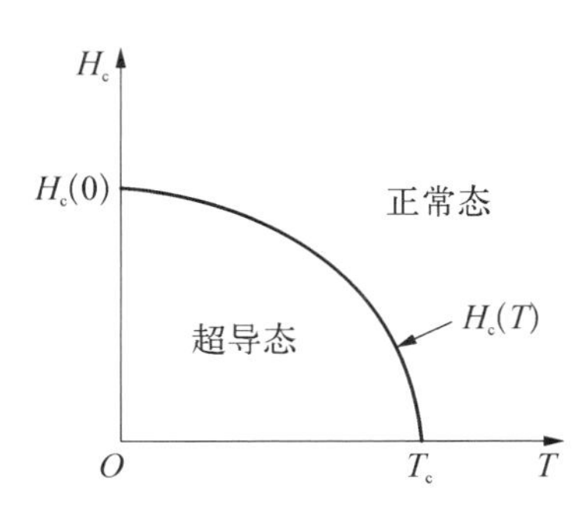


**图 5-41　临界磁场与温度的关系**

式中 $I_c(0)$ 表示 $T=0$ K 时超导体的临界电流。

### 5.6.4　两类超导体

若超导体在 $H>H_c$ 时，由超导态直接转变为正常态，这种超导体称为第Ⅰ类超导体。还有一类超导体,在低于临界温度的一定温度下,有两个临界磁场 $H_{1c}$ 和 $H_{2c}$。当材料处在磁场 $H < H_{1c}$ 时,为超导态;当磁场增强至 $H > H_{1c}$ 时,它们不是从超导态直接转变为正常态,而是超导态和正常态的混合态,直到磁场 $H > H_{2c}$ 时才完全转变为正常态,如图 5-42 所示。这类超导体称为第Ⅱ类超导体。

当第Ⅱ类超导体处于混合态时,整个材料是超导的,但在材料内部会出现许多沿外磁场方向、半径极小的圆柱形正常态区域,称为正常芯。这些正常芯排列成一种周期性的规则图案(见图 5-43)。每根正常芯表面上围绕着涡旋状电流,这些电流屏蔽了芯中的磁场对外面超导区的作用。因此正常芯好像是外磁场的通道。实验证明,在每条芯中的磁通量都相等,且有一个确定的值 $\Phi_0$,即

$$\Phi_0 = \frac{h}{2e} = 2.07 \times 10^{-15}\ \mathrm{T \cdot m^2} \tag{5-16}$$

式中,$h$ 为普朗克常量;$e$ 为电子的电荷量,这说明磁通量是量子化的。当外磁场增加时,不能增加每根正常芯内的磁通量,只能增加正常芯的数目。磁场越强,正常芯越多、越密,直到磁场增大到 $H_{2c}$ 时,正常芯将充满整个材料而使材料全部转变为正常态。如果在垂直于外磁场方向的材料断面上撒上铁粉,在电子显微镜下就能观察到正常芯规则排列的图像。

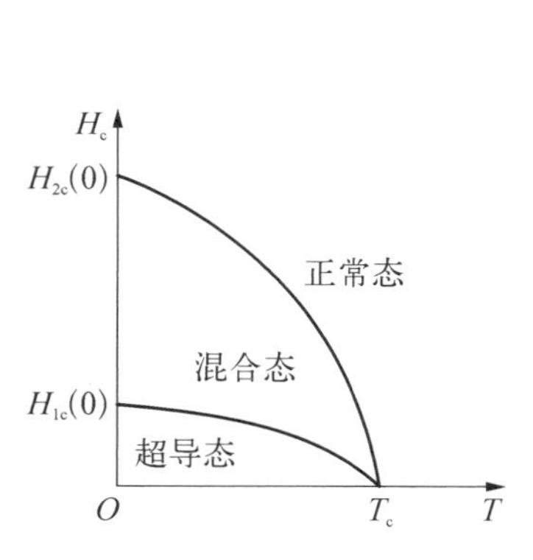


**图 5-42　第Ⅱ类超导体临界磁场与温度的关系**

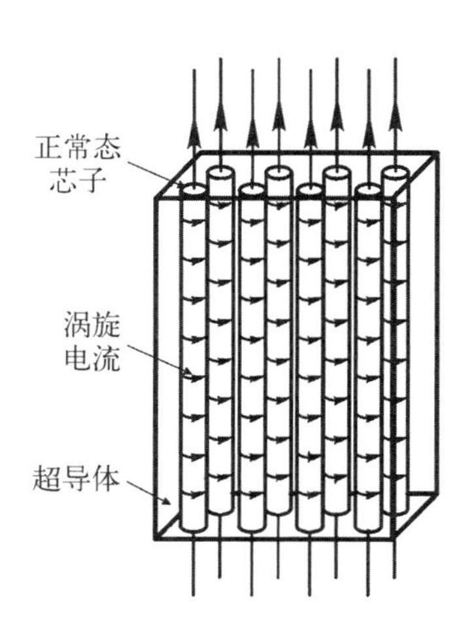


**图 5-43　第Ⅱ类超导体的混合态结构**

## 5.6.5　BCS 理论

J. 巴丁(J. Bardeen)、L. 库珀(L. Cooper)和 J. R. 施里弗(J. R. Schrieffer)在 1957 年提出了超导电性的微观理论,简称 BCS 理论,解释了超导电性的微观机理,

他们三人同获1972年诺贝尔物理学奖。在BCS理论中，最重要的思想是库珀提出的电子对思想。

现在考虑这样一种情况：设想有两个电子，它们的运动方向相反且自旋相反，由于存在某种相互吸引作用使它们束缚在一起，形成电子对，这样的电子对称为库珀对。当温度 $T < T_c$ 时，超导体内存在大量的库珀对。如果开始时某一库珀对的总动量为 $\boldsymbol{P}$，这样的库珀对在晶体中运动时，由于动量守恒，库珀对之间的作用不会改变库珀对的总动量（而晶格的作用最终归结为库珀对中两电子的相互作用），从而维持恒定的电流。可见，只要金属中的载流子是由这些束缚在一起的库珀对组成，则金属处于超导态。关于库珀对的成因，对于低温超导性，现在已经公认为是晶格振动的贡献；对于高温超导电性，现在还有许多问题有待解释。下面给出低温超导体中库珀对的成因。

电子在晶格中运动时，它把近邻的正离子吸向它自己（即通常所说的电子-晶格相互作用或电子-声子相互作用，声子是晶格振动的格波量子），使得电子被正离子包围起来，这称为电子的离子屏蔽（见图5-44）。

设想有两个电子1和2，在彼此靠得很近处通过，虽然电子1带负电，但由于屏蔽作用，电子2感受不到电子1的排斥作用。相反，电子1引起的晶格微小畸变，造成了局部正电荷集中，该正电区域对电子2产生吸引，电子与晶格作用使得电子2感受到的是净的吸引作用（见图5-45），这就是形成库珀对所需要的吸引作用。

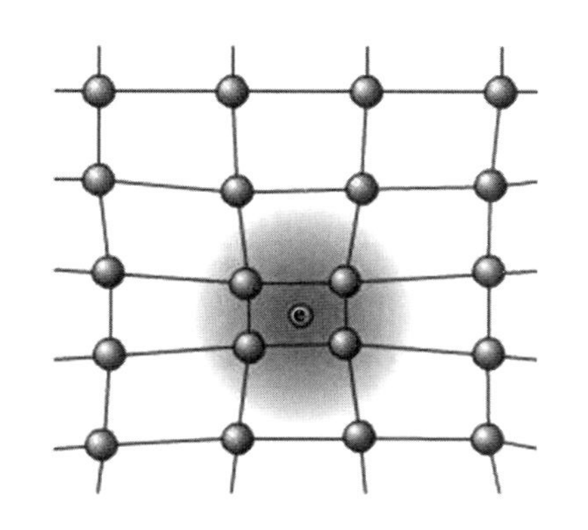

图5-44　电子的离子屏蔽

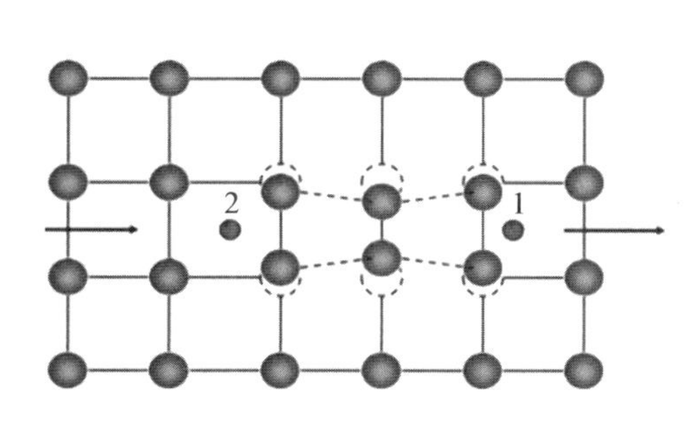


图5-45　库珀对

研究表明，组成库珀对的两个电子的平均距离约为 $10^{-6}$ m，而晶格的晶格间距约为 $10^{-10}$ m，即库珀对在晶体中要伸展到几千个原子的范围。库珀对是作为整体与晶格作用的。当温度低于临界温度时，会有更多的库珀对形成，当温度逐渐升高，这些库珀对会逐渐解体，直到大于临界温度时，所有的库珀对解体，超导态变为正常态。如果对处于超导态的超导材料加上磁场，所有库珀对受到磁场的作用，当磁场强度达到临界强度时，磁能密度等于库珀对的结合能密度，所有库珀对都获得能量而被拆散，材料从超导态过渡到正常态。

### 5.6.6 约瑟夫森效应

1962 年，约瑟夫森(Josephson)研究了两块超导体被一层绝缘层分隔的结构中超导电流通过绝缘层的隧穿效应。如图 5-46 所示，两块超导体被一层绝缘物隔开，这种结构称为约瑟夫森结。实验表明，当金属与超导体之间的电压不超过某一临界值时，无法测得隧穿电流。约瑟夫森从理论上预言，如果绝缘层两边是超导体，无需电压也会有隧穿电流，且隧穿电流的临界电流密度依赖于磁场。如果有了直流电压，则会产生交流电流。

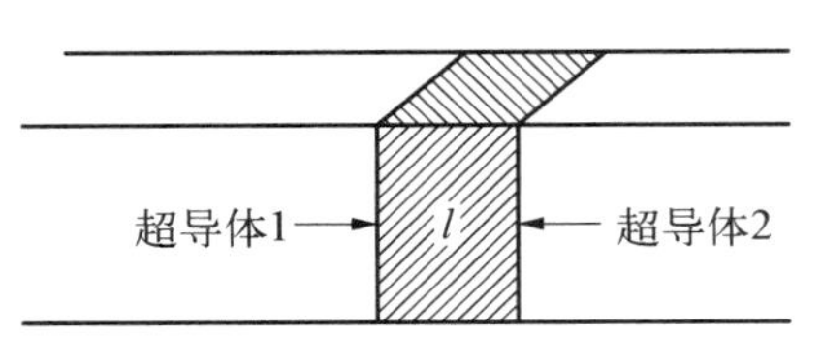

图 5-46 约瑟夫森结

约瑟夫森是根据超导量子理论做出的预言，他得到一个方程组，从这个方程组可以得到他所预言的结论。现在只采用其中两个主要方程来说明问题。

$$j=j_c\sin\varphi \tag{5-17}$$

$$\frac{\partial\varphi}{\partial t}=\frac{2e}{\hbar}V \tag{5-18}$$

式中，$j$ 是通过约瑟夫森结的电流密度，$j_c$ 是它的临界值；$\varphi=\varphi_2-\varphi_1$ 是约瑟夫森结两侧波函数的相位差；$V$ 是两侧之间的电势差。

式(5-18)表明，$V=0$ 时，$\varphi=c\neq 0$，意味着 $j\neq 0$，即在无直流电压的情况下有直流电流。这是直流约瑟夫森效应。

当 $V\neq 0$ 时，$\varphi=\frac{2e}{\hbar}Vt+\varphi_0$，代入式(5-17)后得

$$j=j_c\sin\left(\frac{2e}{\hbar}Vt+\varphi_0\right) \tag{5-19}$$

即直流电压下有交流电流，角频率是 $\omega=\frac{2e}{\hbar}V$，且正比于电压。这种现象是交流约瑟夫森效应。

费曼提出了一个简化模型来推导约瑟夫森方程，它采用双态系统来描述该效应。设在绝缘体两侧超导体中库珀对的状态是态 1 和态 2，令它们的波函数分别为 $\psi_1$ 和 $\psi_2$，且满足薛定谔方程

$$\mathrm{i}\hbar\,\frac{\mathrm{d}}{\mathrm{d}t}\begin{bmatrix}\psi_1\\ \psi_2\end{bmatrix}=\begin{bmatrix}\frac{qV}{2} & -K\\ -K & -\frac{qV}{2}\end{bmatrix}\begin{bmatrix}\psi_1\\ \psi_2\end{bmatrix} \tag{5-20}$$

式中，$V$ 是加在两超导体之间的电压(结的中央为能量零点)；$-K$ 为库珀对的隧穿概率幅。设

$$\psi_1 = c_1(t)\mathrm{e}^{\mathrm{i}\varphi_1(t)} \tag{5-21}$$

$$\psi_2 = c_2(t)\mathrm{e}^{\mathrm{i}\varphi_2(t)} \tag{5-22}$$

式中，振幅 $c_1(t)$、$c_2(t)$ 和相位 $\varphi_1(t)$、$\varphi_2(t)$ 都是实数。

把式(5-21)和式(5-22)代入薛定谔方程式(5-20)，得到下列振幅和相位的方程组：

$$\frac{\mathrm{d}c_1^2}{\mathrm{d}t} = -\frac{2K}{\hbar}c_1c_2\sin(\varphi_2-\varphi_1) \tag{5-23}$$

$$\frac{\mathrm{d}c_2^2}{\mathrm{d}t} = \frac{2K}{\hbar}c_1c_2\sin(\varphi_2-\varphi_1) \tag{5-24}$$

$$\frac{\mathrm{d}\varphi_1}{\mathrm{d}t} = \frac{K}{\hbar}\frac{c_2}{c_1}\cos(\varphi_2-\varphi_1) - \frac{qV}{2\hbar} \tag{5-25}$$

$$\frac{\mathrm{d}\varphi_2}{\mathrm{d}t} = \frac{K}{\hbar}\frac{c_1}{c_2}\cos(\varphi_2-\varphi_1) + \frac{qV}{2\hbar} \tag{5-26}$$

由式(5-23)和式(5-24)得

$$\frac{\mathrm{d}c_1^2}{\mathrm{d}t} = -\frac{\mathrm{d}c_2^2}{\mathrm{d}t}$$

它描述库珀对从超导体 1 到超导体 2 的概率流，如果乘以超导体内库珀对的总数 $N$ 和库珀对的电荷 $q=-2e$，就得到了通过约瑟夫森结的电流：

$$I = -2eN\frac{\mathrm{d}c_1^2}{\mathrm{d}t} = \frac{4eNK}{\hbar}c_1c_2\sin(\varphi_2-\varphi_1) = I_\mathrm{c}\sin(\varphi_2-\varphi_1) \tag{5-27}$$

式中，$I_\mathrm{c} = \frac{4eNK}{\hbar}c_1c_2$。

设在 $t=0$ 时，$c_1=c_2=c_0$，式(5-26)减去式(5-25)得

$$\frac{\mathrm{d}\varphi}{\mathrm{d}t} = \frac{q}{\hbar}V$$

上式就是约瑟夫森第二方程式，即式(5-18)。需要注意，费曼的模型不能描述定常态，所得到的方程只能在某个 $t=0$ 时刻瞬间与约瑟夫森方程符合，但是该模型非常简单地推导了约瑟夫森方程。

在约瑟夫森预言这一现象几个月后，P. W. 安德森(P. W. Anderson)和 J. M.

罗厄尔(J. M. Rowell)测量到了约瑟夫森结的电流-电压特性,证实了这一预言(见图 5-47)。

如果用频率为 $\omega_1$ 的微波辐射处于直流偏压 $V$ 的约瑟夫森结,此时结两端的电压为

$$U = V + v\cos\omega_1 t$$

代入式(5-18)得

$$\varphi = \varphi_0 + \frac{2e}{\hbar}Vt + \frac{2e}{\hbar\omega_1}V\sin\omega_1 t \quad (5-28)$$

这时约瑟夫森电流不仅有频率 $\omega = \frac{2e}{\hbar}V$ 分量,还有丰富的谐波分量。交流电压对约瑟夫森电流起频率调制作用,将式(5-28)代入式(5-17)并作傅里叶展开,可以证明,当

$$n\omega_1 = \frac{2e}{\hbar}V \quad (5-29)$$

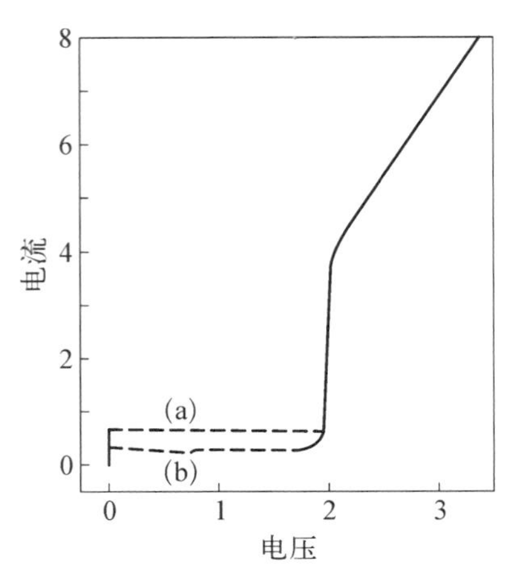


**图 5-47 直流约瑟夫森效应电流-电压特性**

(a) 磁感应强度为 $6\times10^{-3}$ Gs;
(b) 磁感应强度为 0.3 Gs

时($n$ 为整数),存在直流分量,在测量时固定辐照频率 $\omega_1$,在伏安特性曲线上,每当满足式(5-29)的电压值,就会出现电流的台阶,称为微波感应平台(见图 5-48)。它首先被夏皮罗(Shaprid)观测到,因而又称为夏皮罗台阶。

超导量子干涉器(superconducting quantum interference device, SQUID)是约瑟夫森效应的一个重要应用。图 5-49 中画出了两个隧道结 A 和 B 的超导环。

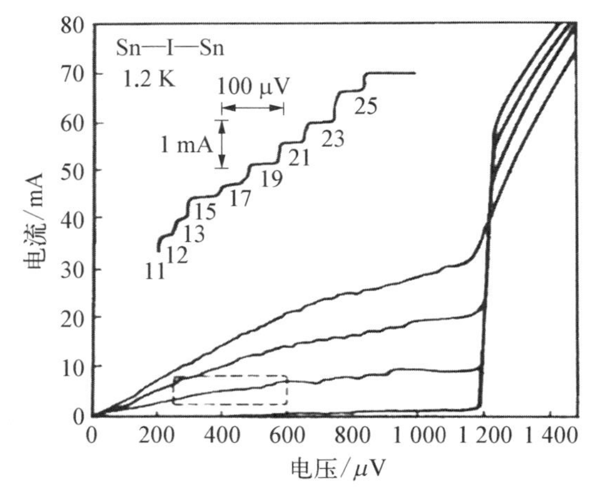


**图 5-48 Sn-I-Sn 接受微波辐照时出现电压-电流台阶**

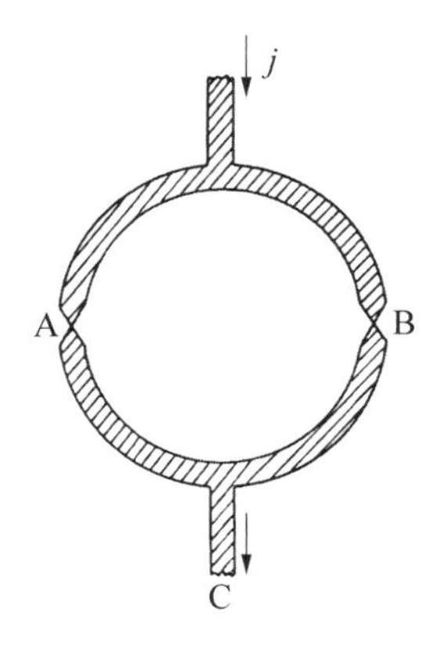


**图 5-49 超导量子干涉器**

当没有磁场时，结A两侧的相位差 $\phi_a$ 和结B两侧的相位差 $\phi_b$ 相同，总电流

$$j = j_c \sin\phi_a + j_c \sin\phi_b = 2j_c \sin\phi$$

式中，$\phi_a = \phi_b = \phi$。垂直环面加外磁场时，穿过超导环的磁通量 $\Phi$ 不为零，并沿着环产生一个相位差 $\phi_H = \frac{2e}{\hbar}\Phi = 2\pi\Phi/\Phi_0$，其中 $\Phi_0 = h/2e$ 为磁通量子。磁场产生的这一相位差与结A、结B之间的相位应满足

$$\phi_b - \phi_a = 2\pi\left(\frac{\Phi}{\Phi_0} + n\right)$$

设

$$\phi_b = \phi_0 + \pi\left(\frac{\Phi}{\Phi_0} + n\right)$$

$$\phi_a = \phi_0 - \pi\left(\frac{\Phi}{\Phi_0} + n\right)$$

则总电流

$$j = j_c \sin\phi_a + j_c \sin\phi_b = 2j_c \sin\phi_0 \cos\left(\pi\frac{\Phi}{\Phi_0}\right)$$

可以看到，电流随着 $\Phi$ 变化，当 $\Phi$ 是 $\Phi_0$ 的整数倍时，电流出现极大值，图5-50所示是实验结果。这个图样与物理学中的双缝干涉图样十分相似，这是超导电流 $j_c \sin\phi_a$ 和超导电流 $j_c \sin\phi_b$ 之间出现的宏观量子干涉效应。

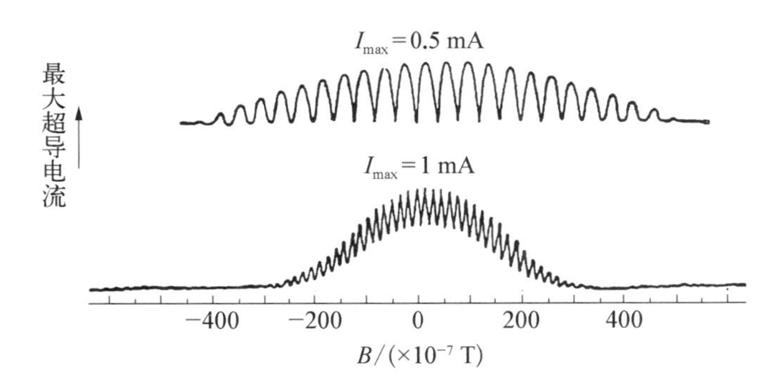


**图5-50 超导量子干涉器中约瑟夫森电流与磁场的关系**

利用超导的宏观量子干涉效应，SQUID可以用于探测微弱磁场强度的变化。超导环中磁通量只需改变两个磁通量子 $\Phi_0$，超导电流变化一个周期，而磁通量子约为 $2\times10^{-15}$ Wb。因此外加磁场极微小的变化可以从电流的变化中观测到。

## 本 章 提 要

1. 能带

$$E = E(k) = E_0 - A\mathrm{e}^{\mathrm{i}ka} - A\mathrm{e}^{-\mathrm{i}ka} = E_0 - 2A\cos ka$$

2. 导体、半导体、绝缘体

满带不导电,不满带导电。从能带结构来看,禁带的宽度对晶体的导电性起着相当重要的作用。

3. PN结和晶体管

(1) PN结:正向偏压(把正极接到P端,负极接到N端),外电场方向与PN结中的电场方向相反,使结中电场减弱,势垒高度降低,阻挡层变薄,形成由P区流向N区的正向宏观电流;反之,反向连接,阻挡层变厚,反向电流很小。

(2) 晶体管:以PNP结为例,当加在三极管发射结的电压大于PN结的导通电压,且发射结正向偏置,基极电流对集电极电流起控制作用,使三极管具有电流放大作用。

4. 场效应管

金属-氧化物-半导体场效应晶体管(MOSFET):控制栅极电压 $V_{\mathrm{GS}}$,MOSFET能够实现ON与OFF模式间的转换。

5. 超导

(1) 临界温度以下,电阻消失,并有迈斯纳效应(完全抗磁性)。超导微观理论有BCS理论,核心思想是电声子相互作用导致的电子配对。

(2) 约瑟夫森效应:$j = j_{\mathrm{c}}\sin\varphi$,$\dfrac{\partial\varphi}{\partial t} = \dfrac{2e}{\hbar}V$。

(3) 当 $V = 0$ 时,$\varphi = c \neq 0$,意味着 $j \neq 0$,即在无直流电压情况下有直流电流,这是直流约瑟夫森效应。当 $V \neq 0$ 时,$\varphi = \dfrac{2e}{\hbar}Vt + \varphi_0$,$j = j_{\mathrm{c}}\sin\left(\dfrac{2e}{\hbar}Vt + \varphi_0\right)$,这是交流约瑟夫森效应。

## 习 题

**5-1** 推导包括次紧邻格点之间跃迁矩阵元 $-B$ 的能带公式:

$$E(k) = E_0 - 2A\cos ka - 2B\cos 2ka$$

**5-2** 已知一维晶格的电子能带写成

$$E(k) = \frac{\hbar^2}{ma^2}\left(\frac{7}{8} - \cos ka + \frac{1}{8}\cos 2ka\right)$$

式中,$a$ 是晶格常数,求能带宽度。

**5-3** N型半导体Si中含有杂质P原子。在计算施主能级时,作为初级近似,可看作一个电子围绕 $\mathrm{P}^+$ 离子运动,类似一个浸没在无限大电介质Si中的一个类氢原子。已知Si的相对介

电常数 $\varepsilon_r = 11.5$，求此半导体的施主基态能级。

**5-4**　已知硅的禁带宽度为 1.14 eV，金刚石的禁带宽度为 5.33 eV，求能使之发生光电导的入射光最大波长。

**5-5**　发光二极管的半导体材料能隙为 1.9 eV，求它发射光的波长。

**5-6**　证明式(5-29)。

**5-7**　一个硅基 MOSFET 有边长为 0.5 μm 的方栅。把它与 P 型基片分开的绝缘层厚度为 0.2 μm，介电常量为 4.5。等效的栅基片电容为多少?

**5-8**　超导材料铌的临界磁场 $H_c(0) = 155\,000\ \mathrm{A \cdot m^{-1}}$，转变温度 $T_c = 9.25\ \mathrm{K}$，求直径为 2 mm 的铌导线在液氦温度 4 K 下能通过的最大电流。

# 第6章　量子信息

量子计算与量子信息是当代迅速发展的前沿科学领域，是21世纪基础和应用科学的一大挑战，在未来信息技术领域中具有广阔前景。量子信息学是信息科学与量子力学相结合的新兴交叉学科，充分利用量子力学中的基本原理和基本概念来实现信息处理，包括量子计算、量子克隆、量子通信、量子复制、量子编码等。量子力学中最奇妙的特性如量子纠缠、量子态叠加等，在量子信息学中可以得到具体应用和体现，所以量子信息学的学习对于正确理解量子力学的基本原理具有深刻意义。本章主要介绍量子信息学的一些基本概念，为进一步深入学习奠定基础。

量子技术概览

## 6.1　量子计算

信息科学在推进人类文明和改善人们生活质量上发挥着无可比拟的作用。电子计算机核心——半导体芯片的制造工艺水平以一种令人目眩的速度在提高，戈登·摩尔(Gordon Moore)预测集成电路上可以容纳的晶体管数目大约每经过18个月就会增加一倍。换言之，处理器的性能每隔两年翻一倍，这称为摩尔定律。从20世纪60年代开始，摩尔定律在几十年时间里都近似成立，然而随着电子器件越做越小，晶体管数量不断增多，问题不断涌现。一方面由于能耗会导致芯片发热，极大地限制了芯片的集成度，从而影响了计算机的运行速度。另一方面，当电子器件足够小时，量子效应必然显现，量子力学不确定性因素的作用使计算机的功能受到限制，最终导致摩尔定律失效。信息科学的发展必须借助新的原理和新的方法，来面对新的挑战。

量子特性在信息领域有着独特功能，在提高运算速度、增大信息容量和提高检测精度等方面可能突破现有经典信息系统的极限。量子计算是量子物理和信息科学的产物。量子计算的基本思想是20世纪80年代初由P.贝尼奥夫(P. Benioff)、R. P.费曼(R. P. Feynman)和Y.玛宁(Y. Manin)各自独立提出来的。贝尼奥夫提出了量子力学版本的图灵机，玛宁和费曼则认为量子计算机有望模拟经典计算机，并在模拟量子系统方面有着不可替代的优越性。由于量子系统具有天然的并行处理能力，用它所实现的计算机性能很可能会远远超越经典计算机。1994年，P.秀尔(P. Shor)提出分解大质因数的高效量子算法后，在国际上引起广泛关注，促使量子计算开始迅速发展。经过近三十年的研究，人们对于如何建造量子计算机已经有了比较清晰的路线。戴维·迪文森佐(David DiVincenzo)在2000年提出了建造实用量子计算机的5项基本原则：

(1) 一个能表征量子比特(qubit)并可扩展的物理系统。

(2) 量子比特初始态可制备为一个标准态，这相当于要求量子计算的输入态是已知的。

(3) 退相干相对于量子门操作时间要足够长，以保证在系统退相干之前能够完成整个量子计算。

(4) 构造一系列普适的量子门完成量子计算。

(5) 具备对量子计算的末态进行测量的能力。

下面简要解释一下这5项原则。首先，需要找到合适的系统来承载量子比特，作为量子计算的载体。经典计算机中有经典比特的概念，一个二进制数据的每一位可以取0或1两个值，在这两个选项中确定其中之一所需要的信息量称为一比特(bit, binary digit的缩写)，它是信息的最小单位。一个比特也可以指一个具有两个状态的物理系统，例如电容器带电或不带电状态(带电为1、不带电为0)、器件开关的开和关(开为1、关为0)、线圈磁矩的取向(向上为1、向下为0)等。所以比特这个术语既是信息量的单位，也指双态物理系统。量子比特是经典信息的基本单元比特扩展到量子世界的对应物。不同于经典比特只需要0和1，量子比特实际上可以处于0态与1态的任意量子叠加态。或者说，量子比特可以同时处于0和1态上。然后，类似于经典计算机，需要对量子计算机初始化，也就是将量子比特重置为某一个量子态(波函数)。在计算的过程中，遵循量子力学原理，由于环境和噪声等因素，不可避免地发生错误和耗散，量子态的相干性发生改变。为此，需要保证量子逻辑门操作的时间远小于量子比特的退相干时间，从而获得高保真度的量子逻辑门。1998年，人们证明，当量子计算过程中的误差或错误小于一定阈值时，就能通过纠错技术实现容错量子计算。阈值大小与具体的物理系统以及量子计算机的体系架构关系很大。近年来，利用新发展的表面码理论，容错量子计算的阈值已达到1%量级，但实现单个逻辑量子比特所需物理比特的数目达上千个。同时，需要让有限量子门操作组合起来实现任意的量子计算，在完成计算之后，还需要把计算结果高精度、高效率地读出来。总之，量子信息使用量子态来表示，有关量子信息的问题必须用量子力学来处理，信息演化遵从量子力学规律，信息传输就是在量子通道中传送量子态，信息处理是量子态的幺正变换，信息提取就是对量子系统实行量子测量。

综上所述，实现量子计算机的第一步是找到合适的物理系统来实现量子比特。经过二十多年的研究，已经发展了半导体量子点、半导体缺陷、自旋、离子阱、里德伯原子、光子、超导量子电路等量子载体，目前成熟度最高的技术是离子阱和超导电路系统。离子阱技术是相对发展最成熟的。1995年，戴夫·瓦恩兰(Dave

Wineland)组就实现了基于离子阱的通用量子逻辑门,因为研究能够量度和操控个体量子系统的突破性实验方法,瓦恩兰与法国物理学家塞尔日·阿罗什共同获得2012年的诺贝尔物理学奖。经过这些年的发展,离子阱量子计算中量子比特初始化、通用量子逻辑门和量子比特读出,这几个关键步骤的保真度都超过99%,基本满足了5条判据的要求。此外,离子阱的量子存储时间也非常长,最近实验证明,离子阱量子相干时间可在小时量级。

超导电路量子计算是最近十年发展最为迅速的技术,它基于超导约瑟夫森结非线性效应实现了人工量子比特,且与现有半导体技术兼容,因而受到人们广泛关注。超导量子系统利用宏观量级的电子共同参与量子振荡过程,容易操控和读取。但是,宏观固体系统中,各种噪声导致量子信息在极短时间里丢失。超导量子计算刚出现时,其量子比特相干时间只有10 ns,基于超导量子电路完成的量子逻辑门保真度只有80%左右。2006年,耶鲁大学研究组发明了新型的Transmon量子比特,极大地提升了量子相干时间。目前,超导量子比特相干时间已经延长了3个量级,从几十纳秒提升到100 $\mu$s,超导电路量子逻辑门保真度也已达到99.5%,突破了容错量子计算的阈值。

随着量子计算技术的迅速发展,2012年加州理工学院约翰·普雷斯基尔(John Preskill)教授提出了量子优越性(quantum supremacy)的概念。他认为,当可以操控的量子比特数目达到50～100时所做出的专用量子计算机(量子模拟器),其计算能力有望超越目前最好的经典计算机。通过设计合适的算法,就可以用这台量子计算机来完成某些特定的计算任务,解决经典计算机难以计算的问题。基于此构想,人们规划了实现通用可容错量子计算的路线图:第一步是利用量子计算机完成经典计算机无法完成的任务,即实现量子优越性;第二步是针对某些特定的实际问题,让量子计算机真正用起来;第三步是实现可容错、可编程的通用量子计算机。

量子计算路线图的第一步已基本实现。2019年,基于含有53个超导量子比特的芯片,谷歌公司完成了随机电路取样的实验,首次验证了量子优越性。2020年,我国科学家基于线性光学系统构建了量子计算原型机“九章”,完成了超过50个光子的高斯玻色取样实验,用不同的路径实现了量子优越性。2021年,我国科学家在超导量子计算领域实现了突破,做出了62量子比特的可编程超导量子原型机“祖冲之号”,并演示了二维量子行走。目前,人们正基于中等尺度(50～100量子比特)含噪声量子计算机,探索量子计算机的实际应用。比如利用随机电路取样实验,产生可验证的随机数,对于加密数字货币和加密协议有重要的应用;基于玻色取样实验,人们正在研究其在分子光谱模拟计算上的应用;基于量子退火算法,人们研究其在路径优化等问题上的应用;还有人把量子计算与机器学习结合起来,探索量子机器学习的应用。

量子计算机进行计算时,要对量子态进行操控,这需要通过量子逻辑门实现。

在量子理论中，每一个幺正算符被称为一个量子门，各种量子逻辑门就是各种特定的算符。在二维希尔伯特空间中，定义如下逻辑门：

1）非门

$$U=\begin{bmatrix}0 & 1\\1 & 0\end{bmatrix} \tag{6-1}$$

将 $U$ 作用到叠加态 $|\psi\rangle=a\begin{bmatrix}1\\0\end{bmatrix}+b\begin{bmatrix}0\\1\end{bmatrix}=\begin{bmatrix}a\\b\end{bmatrix}$ 上，即

$$U|\psi\rangle=\begin{bmatrix}0 & 1\\1 & 0\end{bmatrix}\begin{bmatrix}a\\b\end{bmatrix}=b\begin{bmatrix}1\\0\end{bmatrix}+a\begin{bmatrix}0\\1\end{bmatrix} \tag{6-2}$$

式中，系数 $a$、$b$ 满足 $|a|^2+|b|^2=1$。非门实现了两个态 $\begin{bmatrix}1\\0\end{bmatrix}$ 和 $\begin{bmatrix}0\\1\end{bmatrix}$ 互换。

2）Hadamard 门

$$H=\frac{1}{\sqrt{2}}\begin{bmatrix}1 & 1\\1 & -1\end{bmatrix} \tag{6-3}$$

将 $H$ 作用到叠加态 $|\psi\rangle$ 上，有

$$H|\psi\rangle=\frac{1}{\sqrt{2}}\begin{bmatrix}1 & 1\\1 & -1\end{bmatrix}\begin{bmatrix}a\\b\end{bmatrix}=\frac{(a+b)}{\sqrt{2}}\begin{bmatrix}1\\0\end{bmatrix}+\frac{(a-b)}{\sqrt{2}}\begin{bmatrix}0\\1\end{bmatrix} \tag{6-4}$$

将两个态 $\begin{bmatrix}1\\0\end{bmatrix}$ 和 $\begin{bmatrix}0\\1\end{bmatrix}$ 的信息重新组合后替换原来的两个态的信息。这是常见的量子逻辑门。

3）Deutch 门

这是一个通用门。图 6-1 所示的 $x$ 位和 $y$ 位是两个控制位，$z$ 是靶位。当且仅当两个控制位都有信号输入时，$z$ 位的信号将按

$$R=-\mathrm{i}\begin{bmatrix}\cos\frac{\theta}{2} & \mathrm{i}\sin\frac{\theta}{2}\\ \mathrm{i}\sin\frac{\theta}{2} & \cos\frac{\theta}{2}\end{bmatrix} \tag{6-5}$$

变换。

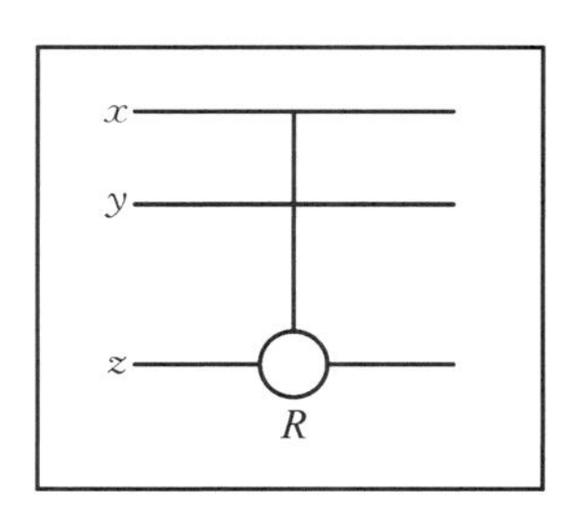

**图 6-1　Deutch 门**

4）相位门

$$S=\begin{bmatrix}1 & 0\\0 & \mathrm{i}\end{bmatrix} \tag{6-6}$$

5) π/8 门

$$T = \begin{bmatrix} 1 & 0 \\ 0 & e^{\frac{i\pi}{8}} \end{bmatrix} \tag{6-7}$$

可以得到 $S = T^2$。

6) CNOT 门

$$\text{CNOT} \mid x\rangle \mid y\rangle = \mid x\rangle \mid x \oplus y\rangle, \ x, \ y \in \{0, 1\} \tag{6-8}$$

式中,$x \oplus y = (x + y) \bmod 2$,指两个输入量子位量子数值的相加,逢 2 舍去。

泡利算符对应着三个逻辑门,还有与门、或门等逻辑门。量子计算通过量子算符对量子态作用实现操作。我们可以看出量子计算的高效性。

定义一个算符 $\hat{U}_g$ 和一个直积态 $\mid x\rangle \mid y\rangle = \mid x, y\rangle$,使得

$$\hat{U}_g \mid x, \ y\rangle = \mid x, \ g(x)\rangle \tag{6-9}$$

$\hat{U}_g$ 作用与直积态使得 $\mid y\rangle$ 变为 $\mid g(x)\rangle$。上述直积态 $\mid x\rangle$ 为数据存储器,$\mid y\rangle$ 为目标存储器。例如

$$\hat{U}_g \frac{1}{\sqrt{2}}(\mid 1, \ 0\rangle + \mid 0, \ 1\rangle) = \frac{1}{\sqrt{2}}[\mid 1, \ g(1)\rangle + \mid 0, \ g(0)\rangle] \tag{6-10}$$

一次量子运算,就同时完成了加载 $g(1)$ 和 $g(0)$ 的任务。式(6-9)仅对两个叠加的态操作,在量子叠加态中,完全可同时进行大量态的叠加。应用 $\hat{U}_g$ 操作,可对大量态的叠加态一次性加载信息。例如

$$\hat{U}_g \left(\frac{1}{\sqrt{2}}\right)^n \sum_{m=0}^{2^n-1} \mid m, \ y\rangle = \left(\frac{1}{\sqrt{2}}\right)^n \sum_{m=0}^{2^n-1} \mid m, \ g(m)\rangle \tag{6-11}$$

## 6.2 量子比特

量子计算中以量子比特为基本单位,与经典比特的定义相似,一个双态量子系统称为单量子比特。实验上任何双态系统都可以制备成量子比特,常见的如具有左旋和右旋偏振态的光子、具有两种自旋(±1/2)状态的电子或原子核、具有两能级的原子或量子点等。量子双态系统是二维希尔伯特空间的量子系统,两个独立的状态定义为$|0\rangle$和$|1\rangle$,但是量子比特的状态与经典比特有很大的不同,双态量子系统不但可以处于两态之一,也可以处于两个状态的叠加态,这是量子比特的特性之一。

例如自旋为 1/2 体系,两种自旋状态的电子,定义

$$\mid 0\rangle \equiv \begin{bmatrix} 1 \\ 0 \end{bmatrix}, \ \mid 1\rangle \equiv \begin{bmatrix} 0 \\ 1 \end{bmatrix} \tag{6-12}$$

分别表示自旋向上和向下的两种态，则系统处在叠加态

$$|\psi\rangle = a|0\rangle + b|1\rangle \tag{6-13}$$

式中，$a$ 和 $b$ 是叠加系数，它们满足 $|a|^2+|b|^2=1$。当 $a=0$ 或者 $b=0$，就是两个独立状态。

如果 $|\psi\rangle=\cos\dfrac{\theta}{2}|0\rangle+\sin\dfrac{\theta}{2}\mathrm{e}^{\mathrm{i}\varphi}|1\rangle(\theta\in[0,\pi]$, $\varphi\in[0,2\pi)$，则这个量子比特的态可以用布洛赫球面上点 $(\cos\varphi\sin\theta, \sin\varphi\sin\theta, \cos\theta)$ 来表示(见图 6-2)。布洛赫球是单位球，$\theta$、$\varphi$ 两个参数就能唯一确定一个量子比特的状态。当 $a=1$, $b=0$，对应于布洛赫球上的北极点，此时量子比特处在 $|0\rangle$；当 $a=0$, $b=1$，对应于布洛赫球的南极点，此时量子比特处在 $|1\rangle$。这两种情况便是经典比特的情况。若用原子核磁矩来实现量子比特状态 $|0\rangle$ 和 $|1\rangle$，在 $x-y$ 平面内，射频磁场脉冲可用来实现调控状态。

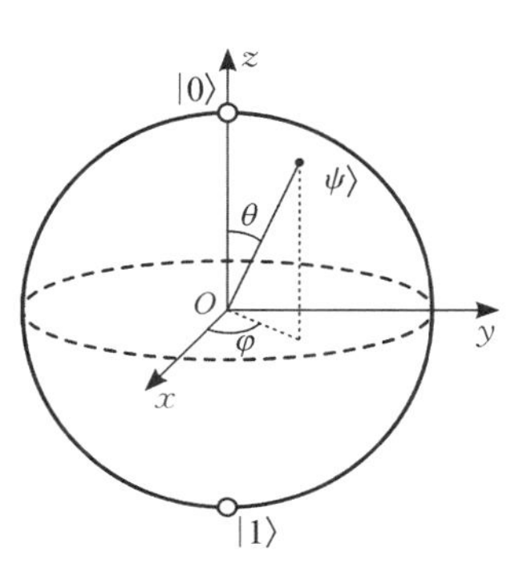


图 6-2　布洛赫球

由 $m$ 个单量子比特可构成 $m$ 位量子比特，张开 $2^m$ 维的希尔伯特空间，其独立状态有 $2^m$ 个：$|000\cdots0\rangle$、$|100\cdots0\rangle$、…、$|111\cdots1\rangle$ 态。更重要的是，$m$ 位量子比特可以处在这些状态的叠加态上：

$$|\psi\rangle = \sum_{n=000\cdots0}^{111\cdots1} C_n |n\rangle \tag{6-14}$$

式中，系数 $C_n$ 满足

$$\sum_n C_n^* C_n = 1$$

叠加态的存在使 $m$ 位量子比特可同时存储 $2^m$ 个数据(而 $m$ 位经典比特只能存储 $2^m$ 个可能数据中的一个)。随着 $m$ 的增多，它存储量子信息的能力呈指数上升。若取 $m=300$，可存储的数据个数就已超过整个宇宙原子总数，可见量子计算机将有无法想象的巨大存储能力。

量子计算机的另一个优势是超强的并行计算能力，因为运算就是对状态的操作或变换，当对状态 $|\psi\rangle$ 进行一次变换，相当于同时对 $2^m$ 个基矢 $|n\rangle$ 进行变换，其效果等效于经典计算机重复实施 $2^m$ 次变换，或者采用 $2^m$ 个不同的处理器实行一次并行运算。可见量子计算机具有超强的并行计算能力。当然，开发量子计算机并行处理能力，必须找到适用于量子计算的有效算法。1994 年，秀儿(Shor)提出了一种用于大数因子分解的量子并行算法，从经典算法的指数复杂度降低到量子算法的多项式复杂度。1997 年，格罗弗(Grover)提出了一种量子搜寻算法，对量

子计算做出了巨大贡献。由于这些算法解决的问题具有广泛的应用价值,后期人们期待应用这些算法解决更多实际有意义的问题,量子算法的研究是推动量子计算向前发展不可取代的力量源泉。

## 6.3 量子纠缠

量子力学在微观领域研究中取得了辉煌的成就,但是波函数的概率解释没有得到一致认同。20 世纪 30 年代,以爱因斯坦为代表的一批科学家与以玻尔为首的哥本哈根学派争论量子力学描述真实世界是否完备,产生了很多理想实验。其中,1935 年由阿尔伯特·爱因斯坦(Albert Einstein)、鲍里斯·波多斯基(Boris Podolsky)和内森·罗森(Nathan Rosen)提出的 EPR 佯谬(EPR paradox),即构造一种两粒子特定的坐标和动量态,测量其中一个粒子的坐标或动量,按照量子力学理论,它们预言一个粒子的测量将对另一个粒子的状态产生影响。争论的本质在于真实世界是遵从爱因斯坦的定域实在论,还是玻尔的非定域理论。量子纠缠态的思想在 EPR 理想实验中已显雏形,争论的双方都没有揭示纠缠态的含义,量子纠缠态的概念是由薛定谔于 1935 年引入量子力学。经过数十年的发展,量子纠缠的重要性才逐渐被认识,它是一个十分奇特的量子现象,反映了量子理论的本质。下面以双量子比特为例说明量子纠缠态的概念。

单量子比特的状态可用狄拉克符号表示,也可用矩阵表示。例如自旋为 1/2 的状态可表示为 $|0\rangle$ 和 $|1\rangle$,也可表示为列矩阵 $|0\rangle=\begin{bmatrix}1\\0\end{bmatrix}$ 和 $|1\rangle=\begin{bmatrix}0\\1\end{bmatrix}$。双量子比特的状态可用狄拉克符号的直积表示,也可用列矩阵的直积表示。例如,双量子比特的状态可有下面四种组合,对应四个直积态:

$$|00\rangle=|0\rangle_A\otimes|0\rangle_B=\begin{bmatrix}1\\0\end{bmatrix}\otimes\begin{bmatrix}1\\0\end{bmatrix}=\begin{bmatrix}1\\0\\0\\0\end{bmatrix} \tag{6-15}$$

$$|01\rangle=|0\rangle_A\otimes|1\rangle_B=\begin{bmatrix}1\\0\end{bmatrix}\otimes\begin{bmatrix}0\\1\end{bmatrix}=\begin{bmatrix}0\\1\\0\\0\end{bmatrix} \tag{6-16}$$

$$|10\rangle=|1\rangle_A\otimes|0\rangle_B=\begin{bmatrix}0\\1\end{bmatrix}\otimes\begin{bmatrix}1\\0\end{bmatrix}=\begin{bmatrix}0\\0\\1\\0\end{bmatrix} \tag{6-17}$$

$$|11\rangle=|1\rangle_A\otimes|1\rangle_B=\begin{bmatrix}0\\1\end{bmatrix}\otimes\begin{bmatrix}0\\1\end{bmatrix}=\begin{bmatrix}0\\0\\0\\1\end{bmatrix} \tag{6-18}$$

双量子比特的量子态可表示为它们的线性叠加，即

$$|\psi\rangle=C_1|00\rangle+C_2|01\rangle+C_3|10\rangle+C_4|11\rangle \tag{6-19}$$

系数满足

$$|C_1|^2+|C_2|^2+|C_3|^2+|C_4|^2=1$$

如果一个量子比特 A 处在状态 $a|0\rangle+b|1\rangle$ 上，而另一个量子比特 B 处在状态 $|1\rangle$ 上，则双量子比特所处的直积状态为

$$|\psi\rangle=(a|0\rangle+b|1\rangle)_A\otimes|1\rangle_B \tag{6-20}$$

这些态可以按照体系 A 和 B 分开，有因子化的形式 $|\psi\rangle=|\psi_1\rangle_A\otimes|\psi_2\rangle_B$，这些态称为未关联态或非纠缠态。

纠缠态是那些不能按照粒子分解成为这种因子化的态。于是它们因相干牵连而各自不独立。对相互作用复合体系，态空间绝大多数是纠缠态。比如两个自旋粒子体系的 4 个纠缠态：

$$|\psi^+\rangle_{AB}=\frac{1}{\sqrt{2}}(|0\rangle_A\otimes|1\rangle_B+|1\rangle_A\otimes|0\rangle_B) \tag{6-21}$$

$$|\psi^-\rangle_{AB}=\frac{1}{\sqrt{2}}(|0\rangle_A\otimes|1\rangle_B-|1\rangle_A\otimes|0\rangle_B) \tag{6-22}$$

$$|\varphi^+\rangle_{AB}=\frac{1}{\sqrt{2}}(|0\rangle_A\otimes|0\rangle_B+|1\rangle_A\otimes|1\rangle_B) \tag{6-23}$$

$$|\varphi^-\rangle_{AB}=\frac{1}{\sqrt{2}}(|0\rangle_A\otimes|0\rangle_B-|1\rangle_A\otimes|1\rangle_B) \tag{6-24}$$

这四个态称为贝尔(Bell)基，它们均不能表示为单比特态的直积。它们是四维空间中的正交完备基。每个贝尔基都是双量子比特体系的最大纠缠态。可以证明这 4 个贝尔基是力学量算符 $\sigma_x^A\sigma_x^B$、$\sigma_y^A\sigma_y^B$、$\sigma_z^A\sigma_z^B$ 的共同本征态。

处于纠缠态的双量子比特称为 EPR 粒子对，这样的量子系统具有非常奇异的、完全没有经典对应的性质，其中最重要的性质之一就是 EPR 粒子对关联的非局域性。设有 A、B 两个粒子处在纠缠态 $|\psi^+\rangle_{AB}$。在该态中，每个粒子的状态很不确定，各有百分之五十的概率取 $|0\rangle$ 或 $|1\rangle$，并且一个粒子所处的状态完全依赖于另一个粒子所处的状态，两个粒子的状态相互关联、纠缠在一起不能分割。即使它们空间距

离相距很远,也会保持这种关联(非局域关联)。当测量其中一个粒子(比如A)时,A粒子的状态立即坍缩到某态(比如单粒子态 $|0\rangle$),而B粒子会同时发生相应的变化,取单粒子状态 $|1\rangle$。A、B之间不是通过传递信号相互作用,不管B粒子距离A粒子有多遥远,可瞬时"发生鬼魅似的超距作用(spooky action-at-a-distance)"。粒子的这种非局域关联已被实验证实,这一特性正是量子隐形传态(quantum teleportation)的物理基础。

## 6.4 量子隐形传态

### 6.4.1 量子隐形传态

量子隐形传态,又称量子远程通信或量子离物传态,是指发送方和接收方在没有量子通信信道的情况下对量子状态的传输技术。是否可以将实物信息分成经典信息和量子信息,经典信息通过经典通道发送,然后再利用纠缠态的性质,来实现量子信息的远距离"隐形"发送?1993年,本内特(Bennet)研究并提供了一个实现量子信息隐形传输的方案。

量子隐形传态的工作过程如图6-3所示,设有三个粒子,分别是粒子1、粒子2、粒子3。Alice拥有粒子1和粒子2,Bob拥有粒子3,Alice要把未经过测量的粒子1的量子态

$$|\psi\rangle_1 = a|0\rangle_1 + b|1\rangle_1 \tag{6-25}$$

传送给Bob。Alice与Bob之间有一个经典信息通道,例如有一部连接两人的电话,可交换测量过程中经典技术上的信息。但需要指出,自始至终Alice对粒子1的量子态一无所知。

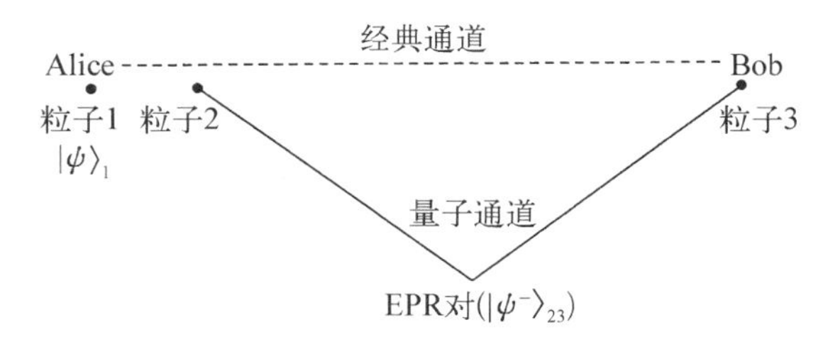


**图6-3 量子隐形传态原理图**

实验步骤如下:

(1) 对粒子1制备态 $|\psi\rangle_1 = a|0\rangle_1 + b|1\rangle_1$。

(2) 对粒子2和粒子3制备它们的纠缠态:

$$|\psi^-\rangle_{23} = \frac{1}{\sqrt{2}}(|0\rangle_2 \otimes |1\rangle_3 - |1\rangle_2 \otimes |0\rangle_3) \tag{6-26}$$

并同时将粒子 2 和粒子 3 分给 Alice 和 Bob,但两人同时拥有这一纠缠态。

(3) Alice 对所掌控的粒子 1 和粒子 2 进行测量。

首先,粒子 1、粒子 2、粒子 3 构成的量子态显然应为 $|\psi\rangle_1$ 与 $|\psi^-\rangle_{23}$ 的直积

$$
\begin{aligned}
|\psi\rangle_{123} &= |\psi\rangle_1 |\psi^-\rangle_{23} \\
&= \frac{1}{\sqrt{2}}(a|0\rangle_1 \otimes |0\rangle_2 \otimes |1\rangle_3 - a|0\rangle_1 \otimes |1\rangle_2 \otimes |0\rangle_3 \\
&\quad + b|1\rangle_1 \otimes |0\rangle_2 \otimes |1\rangle_3 - b|1\rangle_1 \otimes |1\rangle_2 \otimes |0\rangle_3)
\end{aligned}
$$

粒子 1 和粒子 2 的态可构成四个贝尔基: $|\psi^\pm\rangle_{12}$, $|\phi^\pm\rangle_{12}$。所以

$$
\begin{aligned}
|\psi\rangle_{123} = \frac{1}{2}[&|\psi^-\rangle_{12}(-a|0\rangle_3 - b|1\rangle_3) + |\psi^+\rangle_{12}(-a|0\rangle_3 + b|1\rangle_3) \\
&+ |\phi^-\rangle_{12}(a|1\rangle_3 + b|0\rangle_3) + |\phi^+\rangle_{12}(a|1\rangle_3 - b|0\rangle_3)]
\end{aligned}
$$

Alice 用可以识别贝尔基的装置联合测量粒子 1 和粒子 2,结果只能是四个贝尔基当中的一个,概率为 1/4。而同时 Bob 测出的一定是与该贝尔基对应的系数。例如,如果 Alice 测出 $|\phi^+\rangle_{12}$, Bob 将测出粒子 3 所处的量子态应是 $a|1\rangle_3 - b|0\rangle_3$,这与要传送的态 $a|0\rangle_1 + b|1\rangle_1$ 比较,不难看出,它们之间可通过幺正变换联系起来,即

$$
\begin{bmatrix} -b \\ a \end{bmatrix}_3 = \begin{bmatrix} 0 & -1 \\ 1 & 0 \end{bmatrix} \begin{bmatrix} a \\ b \end{bmatrix}_3 = U \begin{bmatrix} a \\ b \end{bmatrix}_3 = U|\psi\rangle_3 \tag{6-27}
$$

(4) Bob 获得信息。Alice 通过经典通信路径,将他用贝尔基测量的结果告诉 Bob,例如 Alice 测出了 $|\phi^+\rangle_{12}$, Bob 就可以对测量的量子态 $U|\psi\rangle_3$ 做一个幺正变换 $U^{-1}$,通过 $U^{-1} = \begin{bmatrix} 0 & 1 \\ -1 & 0 \end{bmatrix}$,可以把 $a|1\rangle_3 - b|0\rangle_3$ 变换为 $|\psi\rangle_3 = a|0\rangle_3 + b|1\rangle_3$,这正是 Alice 想传送给 Bob 的粒子 1 的量子态。

可以看到,在传递量子信息的过程中,纠缠态起着核心作用。$|\psi^-\rangle_{23}$ 将粒子 2 与粒子 3 关联起来,而 $|\psi\rangle_{123}$ 载入了要传递的量子信息。Alice 所掌控的仅是粒子 1 和粒子 2,将 $|\psi\rangle_{123}$ 在这两个粒子的贝尔基空间展开,从而将粒子 1 和粒子 2 作为整体的态与粒子 3 的态纠缠起来,这里实现了传递信息被加载到粒子 3 的态的叠加系数中。Alice 用识别贝尔基的装置联合测量粒子 1 和粒子 2, Bob 获得粒子 3 的测量坍缩态,这里恰好包含着量子信息,从而实现信息的隐形传输。

在这一方案中,量子隐形传态有两条路径:一条是经典路径(比如电话、电报、邮件等);另一条是非局域关联的量子路径。由于在经典路径上信息的传播速度不可能超过光速,故量子隐形传态的速度也不会超过光速。利用量子隐形传态进行量子通信具有高度保密性和完全不可破译等优点,通信是绝对安全的。所谓绝对

安全是指窃听者智商无论有多高、采用的窃听策略无论有多高明、使用的仪器无论有多先进,总会留下窃听痕迹而被合法用户所发现。因为任何对量子态的测量均会干扰量子态本身,换句话说,未知的量子态是不能被复制的,这一规律称为量子不可克隆原理(no-cloning theorem)。量子隐形传态作为量子信息处理的基本单元,在量子通信和量子计算网络中发挥着至关重要的作用。1997 年,国际上首次报道了量子隐形传态的实验,此后作为量子信息实验领域的研究热点,量子隐形传态又先后在包括冷原子、离子阱、超导、量子点和金刚石色心等物理系统中得以实现。

### 6.4.2 量子不可克隆定理

克隆多莉羊问世以来,克隆一词已经家喻户晓。量子力学限定了克隆技术的适用范围。量子不可克隆定理在 1982 年由伍特尔斯(Wootters)和祖雷克(Zurek)在《自然》(*Nature*)杂志上发表的一篇短文中提出。量子不可克隆指的是不存在对未知量子态精确复制的一个物理过程,使得复制态和初始态完全相同。量子力学的线性特征禁止这样的复制。

现在来证明量子不可克隆定理。考虑有一个系统处于量子态 $|\psi\rangle$,另外一个系统处于空白态 $|\varnothing\rangle$,那么两个系统合成的复合系统处于量子态 $|\psi\rangle|\varnothing\rangle$,假设克隆在量子力学成立,即存在一个幺正变换 $U$ 实现量子克隆过程,那么就应该有

$$\hat{U}|\psi\rangle|\varnothing\rangle=|\psi\rangle|\psi\rangle \tag{6-28}$$

类似地,对于另外一个量子态 $|\phi\rangle$,有

$$\hat{U}|\phi\rangle|\varnothing\rangle=|\phi\rangle|\phi\rangle \tag{6-29}$$

一般而言,$\langle\psi|\phi\rangle=0$。对于两个不同的量子态 $|\psi\rangle$ 和 $|\phi\rangle$,量子克隆必须由一个幺正算符 $\hat{U}$ 操作完成。考虑克隆一个新量子态 $(|\psi\rangle+|\phi\rangle)/\sqrt{2}$,有两条合理的途径来得到克隆结果:

(1) 按照式(6-28)和式(6-29),利用态的叠加原理,得

$$\begin{aligned}\hat{U}\frac{1}{\sqrt{2}}(|\psi\rangle+|\phi\rangle)|\varnothing\rangle&=\frac{1}{\sqrt{2}}\hat{U}|\psi\rangle|\varnothing\rangle+\frac{1}{\sqrt{2}}\hat{U}|\phi\rangle|\varnothing\rangle\\&=\frac{1}{\sqrt{2}}(|\psi\rangle|\psi\rangle+|\phi\rangle|\phi\rangle)\end{aligned}$$

(2) 直接利用克隆定义,得

$$\hat{U}\frac{1}{\sqrt{2}}(|\psi\rangle+|\phi\rangle)|\varnothing\rangle=\frac{1}{2}(|\psi\rangle+|\phi\rangle)(|\psi\rangle+|\phi\rangle)$$

不同的路径给出了上述两种不同的结果,两者相矛盾,所以假设不成立,量子克隆不存在就是量子不可克隆定理。后果是量子计算机没有存储功能。在经典计算机上,经常把经典计算机的结果存起来供以后调用,但这在量子计算机上是不允许的。量子不可克隆与量子纠缠一起构成了量子密码术的物理基础。量子态不能精确复制是量子密码术的精确前提,使窃听者不能靠克隆技术来窃取用户信息,保证了量子密码的安全性。如果并不要求精确地复制,允许输入态与输出态有一定的偏差,这样就可以做到适当保真的量子复制。

量子通信是与量子信息处理和量子隐形传态密切相关的应用量子物理领域。它最有趣的应用是利用量子密码学保护信息通道不被窃听。量子密码学最著名和发展最快的应用是量子密钥分配(QKD)。QKD描述了使用量子力学效应来执行密码任务或打破密码系统。QKD系统的工作原理非常简单:两方(Alice和Bob)使用随机极化到1和0状态的单光子来传输一系列随机数字序列,这些序列在密码通信中被用作密钥。两个监测站通过一个量子信道和一个经典信道连接在一起。Alice产生一个随机的量子位流,通过量子通道发送出去。在接收到信息流时,Bob和Alice使用经典信道并执行经典操作,检查是否有窃听者试图从量子位流中提取信息。在发射器与接收器之间传输量子位后得到的两个比特列表之间的不完全相关性揭示了窃听者的存在。几乎所有正确加密方案的一个重要组成部分就是真正的随机性,它可以通过量子光学的方法自然地产生。

以上只是对量子计算以及量子通信的概念做了简单介绍,做成真正意义上的量子计算机和实现真正意义上的量子通信还需要不断探索。迄今为止,世界上还没有真正的量子计算机,但已经提出了若干方案:与光腔相互作用的原子比特、束缚离子比特、电子或核自旋比特、半导体量子点比特、超导量子比特等。可以预期量子计算、量子通信的实现必将为生产、生活和科学研究带来质的飞跃。

## 本章提要

1. 量子计算的基本原则

(1) 一个能表征量子比特(qubit)并可扩展的物理系统。

(2) 量子比特初始态可制备为一个标准态,这相当于要求量子计算的输入态是已知的。

(3) 退相干相对于量子门操作时间要足够长,以保证在系统退相干之前能够完成整个量子计算。

(4) 构造一系列普适的量子门完成量子计算。

(5) 具备对量子计算的末态进行测量的能力。

2. 量子比特

两个独立的状态定义为 $|0\rangle$ 和 $|1\rangle$,量子比特状态表示为

$$|\psi\rangle = a|0\rangle + b|1\rangle$$

纠缠态是那些不能按照粒子分解成为这种因子化的态。常见的有 4 个贝尔基,如

$$|\psi^+\rangle_{AB}=\frac{1}{\sqrt{2}}(|0\rangle_A\otimes|1\rangle_B+|1\rangle_A\otimes|0\rangle_B)$$

3. 量子隐形传态,又称量子远程通信或量子离物传态,是指发送方和接收方在没有量子通信信道的情况下对量子状态的传输技术。Alice 拥有粒子 1 和粒子 2, Bob 拥有粒子 3,通过制备好的粒子 2 和粒子 3 的纠缠态,Alice 把未经过测量的粒子 1 的量子态

$$|\psi\rangle_1=a|0\rangle_1+b|1\rangle_1$$

传送给 Bob。

## 习　题

**6-1** 三量子比特态 $\frac{1}{\sqrt{2}}(|0\rangle_1\otimes|0\rangle_2\otimes|0\rangle_3-|1\rangle_1\otimes|1\rangle_2\otimes|1\rangle_3)$ 是否为纠缠态?请列举两个三量子比特的纠缠态。

**6-2** 证明 4 个贝尔基是力学量算符 $\sigma_x^A\sigma_x^B$、$\sigma_y^A\sigma_y^B$、$\sigma_z^A\sigma_z^B$ 的共同本征态。

**6-3** 量子隐形传态实验,粒子 2 和粒子 3 处在纠缠态 $|\psi^-\rangle_{23}$。Alice 对掌握的粒子 1 和粒子 2 测量后得到 $|\psi^-\rangle_{12}$, Bob 得到的量子态是什么态?如何获得 Alice 传输的态?

# 附录Ⅰ 物理常数表

| 物理量 | 数值 | 单位 |
| --- | --- | --- |
| 普朗克常量 $h$<br>$\hbar = h/2\pi$ | $6.626\ 075\ 5(40)\times10^{-34}$<br>$1.054\ 572\ 66(63)\times10^{-34}$ | J·s<br>J·s |
| 光速 $c$ | $2.997\ 924\ 58\times10^{8}$ | $m\cdot s^{-1}$ |
| 基本电荷 $e$ | $1.602\ 177\ 33(49)\times10^{-19}$ | C |
| $\hbar c$ | 197.327 053(59) | $10^{-9}$ eV·fm |
| 电子质量 $m_e$ | 0.510 999 06(15)<br>或 $9.109\ 389\ 7(54)\times10^{-31}$ | $MeV/C^2$<br>kg |
| 质子质量 $m_p$ | 938.272 31(28)<br>或 $1.672\ 623\ 1(10)\times10^{-27}$<br>或 1 836.152 701(37)$m_e$ | $MeV/C^2$<br>kg |
| 真空介电常数 $\varepsilon_0$ | $8.854\ 187\ 817\times10^{-12}$ | $C^2/(N\cdot m^2)$ |
| 真空磁导率 $\mu_0$ | $4\pi\times10^{-7}=12.566\ 370\ 614\times10^{-7}$ | $N\cdot A^{-2}$ |
| 精细结构 $\alpha$ | 1/137.035 989 5(61) | |
| 经典电子半径 $r_e$ | $2.817\ 940\ 92(38)\times10^{-15}$ | m |
| 电子康普顿波长 $\lambda_e$ | $3.861\ 593\ 23(35)\times10^{-13}$ | m |
| 玻尔半径 $a$ | $0.529\ 177\ 249(24)\times10^{-10}$ | m |
| 玻尔磁子 $\mu_B$ | $5.788\ 382\ 63(52)\times10^{-11}$ | $MeV\cdot T^{-1}$ |
| 核磁子 $\mu_N$ | $3.152\ 451\ 66(28)\times10^{-14}$ | $MeV\cdot T^{-1}$ |
| 阿伏伽德罗常量 $N_A$ | $6.022\ 136\ 7(36)\times10^{23}$ | $mol^{-1}$ |
| 玻尔兹曼常量 $k_B$ | $1.380\ 658(12)\times10^{-23}$<br>或 $8.617\ 385(73)\times10^{-5}$ | $J\cdot K^{-1}$<br>$eV\cdot K^{-1}$ |
| 里德伯常量 $R$ | 13.605 698 1(40) | eV |

# 附录Ⅱ　δ 函数

定义 $\delta$ 函数为

$$\delta(x)=\begin{cases}\infty, & x=0\\ 0, & x\neq 0\end{cases} \tag{附录Ⅱ-1}$$

$$\int_{-\varepsilon}^{\varepsilon}\delta(x)\mathrm{d}x=\int_{-\infty}^{+\infty}\delta(x)\mathrm{d}x=1 \qquad \varepsilon>0 \tag{附录Ⅱ-2}$$

严格来说，$\delta$ 函数是一种广义函数或线性泛函，如果不追求数学上的严格性，可以把它当作某种非奇异函数的极限处理。

$\delta$ 函数具有下述性质：

(1) $\delta(ax)=\dfrac{1}{|a|}\delta(x)$ (附录Ⅱ-3)

(2) $x\delta(x)=0$ (附录Ⅱ-4)

(3) $\displaystyle\int_{M}^{N}f(x)\delta(x-a)\mathrm{d}x=\begin{cases}f(a), & M<a<N\\ 0, & \text{其他}\end{cases}$

$\displaystyle\int_{-\infty}^{+\infty}f(x)\delta(x)\mathrm{d}x=f(0)$ (附录Ⅱ-5)

(4) $\delta(-x)=\delta(x)$（偶函数），$\delta^{*}(x)=\delta(x)$（实函数） (附录Ⅱ-6)

(5) $x\delta(x-x_0)=x_0\delta(x-x_0)$ (附录Ⅱ-7)

(6) $\displaystyle\int_{-\infty}^{+\infty}\delta(x-a)\delta(x-b)\mathrm{d}x=\delta(a-b)$ (附录Ⅱ-8)

(7) 若方程 $\varphi(x)=0$ 只有单根 $x_i(i=1, 2, \cdots)$，即 $\varphi(x)=0$，但 $\varphi'(x)\neq 0$，则

$$\delta[\varphi(x)]=\sum_i\frac{\delta(x-x_i)}{|\varphi'(x_i)|}=\sum_i\frac{\delta(x-x_i)}{|\varphi'(x)|} \tag{附录Ⅱ-9}$$

特别有

$$\delta(x^2-a^2)=\frac{1}{2|a|}[\delta(x+a)+\delta(x-a)] \tag{附录Ⅱ-10}$$

$$\delta[(x-a)(x-b)]=\frac{1}{|a-b|}[\delta(x-a)+\delta(x-b)] \qquad a\neq b$$

(附录Ⅱ-11)

$$|x|\delta(x^2)=\delta(x) \tag{附录Ⅱ-12}$$

(8) 若 $\theta(x)=\begin{cases}1, & x>0\\ 0, & x<0\end{cases}$，则 $\theta'(x)=\delta(x)$ (附录Ⅱ-13)

(9) 若 $f(x)$ 微商连续,则

$$\int_{-\infty}^{+\infty}\frac{\partial}{\partial x'}\delta(x'-x)f(x')\mathrm{d}x'=-f'(x) \tag{附录Ⅱ-14}$$

可以证明,下面一些函数是 $\delta$ 函数:

$$\lim_{\varepsilon\to 0}\frac{\mathrm{e}^{-x^2/\varepsilon}}{\sqrt{\pi\varepsilon}}=\lim_{\alpha\to\infty}\sqrt{\frac{\alpha}{\pi}}\mathrm{e}^{-\alpha x^2}=\delta(x) \tag{附录Ⅱ-15}$$

$$\lim_{\alpha\to\infty}\sqrt{\frac{\alpha}{\pi}}\mathrm{e}^{\frac{\mathrm{i}\pi}{4}}\mathrm{e}^{-\mathrm{i}\alpha x^2}=\delta(x) \tag{附录Ⅱ-16}$$

$$\lim_{\alpha\to\infty}\frac{\sin\alpha x}{\pi x}=\delta(x) \tag{附录Ⅱ-17}$$

$$\lim_{\alpha\to\infty}\frac{1}{2\pi}\int_{-\alpha}^{+\alpha}\mathrm{e}^{\mathrm{i}kx}\mathrm{d}k=\frac{1}{2\pi}\int_{-\infty}^{+\infty}\mathrm{e}^{\mathrm{i}kx}\mathrm{d}k=\delta(x) \tag{附录Ⅱ-18}$$

$$\lim_{\alpha\to 0}\frac{\sin^2\alpha x}{\pi\alpha x^2}=\delta(x) \tag{附录Ⅱ-19}$$

$$\lim_{\varepsilon\to 0}\frac{1}{2\varepsilon}\mathrm{e}^{-\frac{|x|}{\varepsilon}}=\delta(x) \tag{附录Ⅱ-20}$$

$$\lim_{\varepsilon\to 0}\frac{\varepsilon}{x^2+\varepsilon^2}=\pi\delta(x) \tag{附录Ⅱ-21}$$

# 附录Ⅲ　厄 米 多 项 式

下面研究厄米方程

$$\frac{d^2}{d\xi^2}G(\xi)-2\xi\frac{d}{d\xi}G(\xi)+(\lambda-1)G(\xi)=0 \qquad (附录Ⅲ-1)$$

的解。

除了无限远点以外，方程的系数函数在全平面解析，因此按二阶线性齐次微分方程的解析性质，满足该方程的解可在原点将 $G$ 展开成泰勒级数，可得

$$G(\xi)=\sum_{k=0}^{\infty}a_k\xi^k$$

将其代入式（附录 Ⅲ - 1），整理后，令 $\xi^k$ 项的系数为零，得到

$$a_{k+2}=\frac{2k-(\lambda-1)}{(k+2)(k+1)}a_k \qquad (附录Ⅲ-2)$$

上式允许我们把所有的系数 $a_k(k>1)$ 用 $a_0$ 和 $a_1$ 表示。这样得到的解含有两个待定常数 $a_0$ 和 $a_1$，所以是式(附录Ⅲ- 1)的通解。

现在有两种情况：如果常数 $\lambda=2n+1$，$n$ 是 0 和正整数，则得到多项式的解。当 $n$ 为奇数时，令 $a_0=a_2=\cdots=0$，又因 $a_{n+2}=a_{n+4}=\cdots=0$，可得

$$G_n(\xi)=a_1\sum_{k=1}^{n}\frac{(k-2-n)(k-4-n)\cdots(1-n)}{k!}2^{\left(\frac{k-1}{2}\right)}\xi^k \qquad n\ 为奇数$$

（附录Ⅲ- 3）

当 $n$ 为偶数时，令 $a_1=a_3=\cdots=0$，可得

$$G_n(\xi)=a_0\sum_{k=0}^{n}\frac{(k-2-n)(k-4-n)\cdots(-n)\cdot 1}{k!}2^{\left(\frac{k}{2}\right)}\xi^k \qquad n\ 为偶数$$

（附录Ⅲ- 4）

另一种情况如下：如果 $\lambda\neq 2n+1$，$G(\xi)$ 将是一个无穷级数。但是相间项的系数比 $a_{k+2}/a_k\cong\frac{2}{k}$，当 $k\gg 1$ 时，与级数 $\exp(\xi^2)=\sum_{k=0}^{\infty}\xi^k/\left(\frac{k}{2}\right)!$ 对照，后者相

间项的系数比也是 $a_{k+2}/a_k \cong \dfrac{2}{k}$；当 $k \gg 1$，$\lambda \neq 2n+1$ 时，$G(\xi) \sim \exp(\xi^2)$（当 $\xi \to \infty$ 时）。这样的解使波函数 $\psi(\xi) = \exp\left(-\dfrac{1}{2}\xi^2\right) G(\xi)$ 不能满足边值条件 $\psi(\xi \to \pm\infty) \to 0$。因此，边值条件只允许有多项式解(附录Ⅲ-3)或(附录Ⅲ-4)，同时要求 $\lambda = 2n+1$。

下面我们利用生成函数来讨论上述多项式解(也称为厄米多项式)的性质。考虑函数

$$S(\xi, s) = e^{\xi^2-(\xi-s)^2} = e^{-s^2+2s\xi} \tag{附录Ⅲ-5}$$

把它展开成 $s$ 的幂级数，有

$$S(\xi, s) = \sum_{n=0}^{\infty} \frac{H_n(\xi)}{n!} s^n \tag{附录Ⅲ-6}$$

$H_n(\xi)$ 是第 $n$ 项的系数，容易看出，它是 $\xi$ 的 $n$ 次多项式。将式(附录Ⅲ-5)分别对 $\xi$ 和 $s$ 求导，再展开成 $s$ 的幂级数，同时直接对式(附录Ⅲ-6)右方逐项求导，将两个结果相比较，有

$$\frac{\partial S}{\partial \xi} = 2s e^{-s^2+2s\xi} = \sum_{n=0}^{\infty} \frac{2s^{n+1}}{n!} H_n(\xi) = \sum_{n=0}^{\infty} \frac{s^n}{n!} H'_n(\xi)$$

$$\begin{aligned}\frac{\partial S}{\partial s} &= (-2s+2\xi) e^{-s^2+2s\xi} = \sum_{n=0}^{\infty} \frac{(-2s+2\xi)s^n}{n!} H_n(\xi) \\ &= \sum_{n=1}^{\infty} \frac{s^{n-1}}{(n-1)!} H_n(\xi)\end{aligned}$$

得到

$$\frac{d}{d\xi} H_n = 2nH_{n-1}, \quad H_{n+1} = 2\xi H_n - 2nH_{n-1} \tag{附录Ⅲ-7}$$

合并以上两式，可得

$$\begin{aligned}H''_n &= 2nH'_{n-1} = 2n[2(n-1)H_{n-2}] = 2n[2\xi H_{n-1} - H_n] \\ &= 2\xi H'_n - 2nH_n\end{aligned}$$

这正是 $\lambda = 2n+1$ 的厄米方程式(附录Ⅲ-1)，所以，$H_n$ 就是厄米多项式，它与式(附录Ⅲ-3)和式(附录Ⅲ-4)至多只差常数因子。式(附录Ⅲ-5)是厄米多项式的生成函数。式(附录Ⅲ-7)是它们的递推公式。

由式(附录Ⅲ-6)，有

$$H_n(\xi) = \left[\frac{\partial^n S}{\partial s^n}\right]_{s=0}$$

但

$$\left[\frac{\partial^n S}{\partial s^n}\right]_{s=0}=\left[e^{\xi^2}\frac{\partial^n}{\partial s^n}e^{-(s-\xi)^n}\right]_{s=0}=\left[(-1)^n e^{\xi^2}\frac{\partial^n}{\partial \xi^n}e^{-(s-\xi)^2}\right]_{s=0}$$

因此

$$H_n(\xi)=(-1)^n e^{\xi^2}\frac{d^n}{d\xi^n}e^{-\xi^2}$$

这是厄米多项式的微分表达式,它把 $n$ 等于奇数和偶数的两种情形综合在一个统一的公式之中。考虑

$$\int_{-\infty}^{\infty}S(\xi,\ s)S(\xi,\ t)e^{-\xi^2}d\xi=\sum_{n=0}^{\infty}\sum_{m=0}^{\infty}\frac{s^n t^m}{n!\ m!}\int_{-\infty}^{\infty}H_n(\xi)H_m(\xi)e^{-\xi^2}d\xi$$

上式左边等于

$$\int_{-\infty}^{\infty}e^{-(s^2+t^2)+2(s+t)\xi-\xi^2}d\xi=e^{2st}\int_{-\infty}^{\infty}e^{-[\xi-(s+t)^2]}d\xi$$

$$=\sqrt{\pi}e^{2st}=\sqrt{\pi}\sum_{n=0}^{\infty}\frac{(2st)^n}{n!}$$

比较 $s$ 和 $t$ 的同次幂的系数,得

$$\int_{-\infty}^{\infty}H_n(\xi)H_m(\xi)e^{-\xi^2}d\xi=\sqrt{\pi}2^n n!\ \delta_{nm} \qquad (附录Ⅲ-8)$$

前几个厄米多项式为

$$H_0=1,\ H_1=2\xi,\ H_2=4\xi^2-2,\ H_3=8\xi^3-12\xi \qquad (附录Ⅲ-9)$$

最后来考察简谐振子的定态波函数。它们由式(2-74)给出,其中 $H_n(\xi)$ 是厄米多项式,利用式(附录Ⅲ-8),可得到正交归一公式,即式(2-77)。仍令 $\xi=x\sqrt{\mu\omega/\hbar}$,定态波函数为

$$\psi_n(x)=\psi_n(\xi)=\left(\frac{\mu\omega}{\pi\hbar}\right)^{1/4}\frac{1}{\sqrt{2^n n!}}e^{-\frac{1}{2}\xi^2}H_n(\xi) \qquad (附录Ⅲ-10)$$

我们来导出 $\psi_n(\xi)$ 的递推公式,在涉及简谐振子波函数的具体计算中,这些公式常常是有用的。首先,由式(附录Ⅲ-7)的第二式得

$$\sqrt{2}\xi\psi_n(\xi)=\sqrt{n+1}\psi_{n+1}(\xi)+\sqrt{n}\psi_{n-1}(\xi) \qquad (附录Ⅲ-11)$$

因为

$$\left(\xi+\frac{d}{d\xi}\right)\psi_n(\xi)=\left(\frac{\mu\omega}{\pi\hbar}\right)^{1/4}\frac{1}{\sqrt{2^n n!}}e^{-\frac{1}{2}\xi^2}\frac{d}{d\xi}H_n(\xi)$$

应用式(附录Ⅲ-7)的第一式,得到

$$\left(\xi+\frac{\mathrm{d}}{\mathrm{d}\xi}\right)\psi_n(\xi)=\sqrt{2n}\,\psi_{n-1}(\xi) \tag{附录Ⅲ-12}$$

又注意

$$\left(\xi-\frac{\mathrm{d}}{\mathrm{d}\xi}\right)\psi_n(\xi)=2\xi\psi_n(\xi)-\left(\xi+\frac{\mathrm{d}}{\mathrm{d}\xi}\right)\psi_n(\xi)$$

由式(附录Ⅲ-11)和式(附录Ⅲ-12)得到

$$\left(\xi-\frac{\mathrm{d}}{\mathrm{d}\xi}\right)\psi_n(\xi)=\sqrt{2(n+1)}\,\psi_{n+1}(\xi) \tag{附录Ⅲ-13}$$

式(附录Ⅲ-11)至式(附录Ⅲ-13) 是谐振子波函数满足的重要关系。

# 附录Ⅳ 球谐函数

球谐函数是方程

$$\frac{1}{\sin\theta}\frac{\partial}{\partial\theta}\left(\sin\theta\frac{\partial Y}{\partial\theta}\right)+\frac{1}{\sin^2\theta}\frac{\partial^2 Y}{\partial\varphi^2}-AY=0 \tag{附录Ⅳ-1}$$

的解，可以将上式分离变数而得

$$\begin{cases}Y=\Theta(\theta)\Phi(\varphi)\\ \dfrac{d^2\Phi}{d\varphi^2}+m^2\Phi=0\\ \dfrac{1}{\sin\theta}\dfrac{d}{d\theta}\left(\sin\theta\dfrac{d}{d\theta}\Theta\right)-\left(A+\dfrac{m^2}{\sin^2\theta}\right)\Theta=0\end{cases} \tag{附录Ⅳ-2}$$

上面第二式的解是

$$\Phi(\varphi)=\begin{cases}Ae^{im\varphi}+Be^{-im\varphi}, & m\neq 0\\ A+B\varphi, & m=0\end{cases}$$

根据波函数的单值性，$\Phi$ 必须是 $\varphi$ 的单值函数，因此 $m$ 应是整数，并且当 $m=0$ 时，$B=0$，于是

$$\Phi_m(\varphi)=\frac{1}{\sqrt{2\pi}}e^{im\varphi}\qquad m=0,\pm1,\pm2,\cdots \tag{附录Ⅳ-3}$$

式中，$\frac{1}{\sqrt{2\pi}}$ 是归一化常数。

$$\int_0^{2\pi}\Phi_m^*\Phi_{m'}d\varphi=\delta_{mm'} \tag{附录Ⅳ-4}$$

令 $u=\cos\theta$，化到变数 $u$，式(Ⅳ-2)的第三式成为

$$\frac{d}{du}\left[(1-u^2)\frac{dP}{du}\right]-\left(A+\frac{m^2}{1-u^2}\right)P=0 \tag{附录Ⅳ-5}$$

$$P(u)=P(\cos\theta)\equiv\Theta(\theta)$$

式中，$\theta$ 的变化范围是 $[0,\pi]$，所以 $u$ 的变化范围是 $[-1,1]$。式(附录Ⅳ-5)可

以用级数解法求解。能符合波函数条件的仍是多项式解。下面我们用生成函数来讨论式(附录Ⅳ-5)的这种解。

将生成函数

$$T(u, s) = (1 - 2su + s^2)^{-\frac{1}{2}} = \sum_{l=0}^{\infty} P_l(u) s^l \qquad s < 1 \qquad (附录Ⅳ-6)$$

对 $s$ 求导,再乘以 $(1 - 2su + s^2)$,得

$$(1 - 2us + s^2) \frac{\partial T}{\partial s} = (u - s) T$$

或

$$\sum_{l=0}^{\infty} (u - s) P_l s^l = \sum_{l=1}^{\infty} l P_l (1 - 2us + s^2) s^{l-1}$$

比较双方 $s^l$ 项的系数,得到关系式

$$(l+1) P_{l+1}(u) - (2l+1) u P_l(u) + l P_{l+1}(u) = 0 \qquad (附录Ⅳ-7)$$

同样,由

$$s \frac{\partial T}{\partial s} = (u - s) \frac{\partial T}{\partial u}$$

可得

$$u \frac{\mathrm{d}}{\mathrm{d}u} P_l(u) - \frac{\mathrm{d}}{\mathrm{d}u} P_{l-1}(u) = l P_l(u) \qquad (附录Ⅳ-8)$$

又由

$$2s^2 \frac{\partial T}{\partial s} + sT = (1 - s^2) \frac{\partial T}{\partial u}$$

得到

$$(2l+1) P_l(u) = \frac{\mathrm{d}}{\mathrm{d}u} P_{l+1}(u) - \frac{\mathrm{d}}{\mathrm{d}u} P_{l-1}(u) \qquad l > 0 \qquad (附录Ⅳ-9)$$

由式(附录Ⅳ-7)至式(附录Ⅳ-9)又可得

$$\frac{\mathrm{d}}{\mathrm{d}u} P_{l+1}(u) + \frac{\mathrm{d}}{\mathrm{d}u} P_{l-1}(u) = 2u \frac{\mathrm{d}}{\mathrm{d}u} P_l(u) + P_l(u) \qquad l > 0$$

(附录Ⅳ-10)

$$\frac{\mathrm{d}}{\mathrm{d}u} P_{l+1}(u) = (l+1) P_l(u) + u \frac{\mathrm{d}}{\mathrm{d}u} P_l(u) \qquad (附录Ⅳ-11)$$

$$(1-u^2)\frac{\mathrm{d}}{\mathrm{d}u}P_l(u)=lP_{l-1}(u)-luP_l(u) \qquad \text{(附录Ⅳ-12)}$$

将式(附录Ⅳ-12)对 $u$ 求导,再利用式(附录Ⅳ-8),得到

$$\frac{\mathrm{d}}{\mathrm{d}u}\left[(1-u^2)\frac{\mathrm{d}}{\mathrm{d}u}P_l(u)\right]+l(l+1)P_l(u)=0 \qquad \text{(附录Ⅳ-13)}$$

这是 $m=0$ 情形的式(附录Ⅳ-5),相应的

$$A=-l(l+1) \qquad l=0,\ 1,\ 2,\ \cdots$$

所以,$P_l(u)$ 是 $m=0$, $A=-l(l+1)$ 时式(附录Ⅳ-5)的解。

利用生成函数,可以证明

$$P_0(u)=1,\ P_l(u)=(-1)^l(2^l l!)^{-1}\frac{\mathrm{d}^l}{\mathrm{d}u^l}[(1-u^2)^l] \qquad \text{(附录Ⅳ-14)}$$

由此可以看出,$P_l$ 是一个 $l$ 次的多项式。将上式代入,得

$$\int_{-1}^{1}P_l(u)P_{l'}(u)\mathrm{d}u=\frac{(-1)^{l+l'}}{2^{(l+l')}l!\ l'!}\int_{-1}^{1}\frac{\mathrm{d}^l}{\mathrm{d}u^l}(1-u^2)^l\frac{\mathrm{d}l'}{\mathrm{d}u^{l'}}(1-u^2)^{l'}\mathrm{d}u$$

$l$ 和 $l'$ 之间总有一个较大的值,设 $l\geqslant l'$,分部积分 $l'$ 次,得

$$\int_{-1}^{1}P_l(u)P_{l'}(u)\mathrm{d}u=\frac{(-1)^{l}}{2^{(l+l')}l!\ l'!}\int_{-1}^{1}\frac{\mathrm{d}^{(l-l')}}{\mathrm{d}u^{(l-l')}}(1-u^2)\frac{\mathrm{d}^{2l'}}{\mathrm{d}u^{2l'}}(1-u^2)^{l'}\mathrm{d}u$$

$$=\begin{cases}\dfrac{(-1)^{l+l'}(2l')!}{2^{(l+l')}l!\ l'!}\displaystyle\int_{-1}^{1}\frac{\mathrm{d}^{(l-l')}}{\mathrm{d}u^{(l-l')}}(1-u^2)^l\mathrm{d}u=0, & l>l'\\ \dfrac{(2l)!}{2^{2l}(l!)^2}\displaystyle\int_{-1}^{1}(1-u^2)^l\mathrm{d}u=\frac{2}{2l+1}, & l=l'\end{cases}$$

(附录Ⅳ-15)

因此,不同 $l$ 的 $P_l$ 是正交的。$P_l(u)$ 称为勒让德多项式。函数

$$P_l^{|m|}=(1-u^2)^{\frac{|m|}{2}}\frac{\mathrm{d}^{|m|}}{\mathrm{d}u^{|m|}}P_l(u) \qquad \text{(附录Ⅳ-16)}$$

称为缔合勒让德多项式,其容易由直接微分验证

$$\frac{\mathrm{d}}{\mathrm{d}u}\left[(1-u^2)\frac{\mathrm{d}}{\mathrm{d}u}P_l^{|m|}\right]+l(l+1)P_l^{|m|}$$

$$=(1-u^2)^{|m|/2}\left\{(1-u^2)\frac{\mathrm{d}^{|m|+2}}{\mathrm{d}u^{|m|+2}}P_l-2(|m|+1)u\frac{\mathrm{d}^{|m|+1}}{\mathrm{d}u^{|m|+1}}P_l\right.$$

$$\left.+\left[l(l+1)-|m|+\frac{m^2u^2}{1-u^2}\right]\frac{\mathrm{d}^{|m|}}{\mathrm{d}u^{|m|}}P_l\right\}$$

将式(附录Ⅳ-13)对 $u$ 求导 $|m|$ 次,有

$$(1-u^2)\frac{\mathrm{d}^{|m|+2}}{\mathrm{d}u^{|m|+2}}P_l-2(|m|+1)u\frac{\mathrm{d}^{|m|+1}}{\mathrm{d}u^{|m|+1}}P_l$$
$$-[|m|(|m|+1)-l(l+1)]\frac{\mathrm{d}^{|m|}}{\mathrm{d}u^{|m|}}P_l=0 \qquad (附录Ⅳ-17)$$

因此,前式右方可以写成

$$(1-u^2)^{|m|/2}\left[|m|(|m|+1)-|m|+\frac{m^2u^2}{1-u^2}\right]\frac{\mathrm{d}^{|m|}}{\mathrm{d}u^{|m|}}P_l=\frac{m^2}{1-u^2}P_l^{|m|}$$

从而 $P_l^{|m|}$ 满足方程

$$\frac{\mathrm{d}}{\mathrm{d}u}\left[(1-u^2)\frac{\mathrm{d}}{\mathrm{d}u}P_l^{|m|}\right]+\left[l(l+1)-\frac{m^2}{1-u^2}\right]P_l^{|m|}=0$$

这是 $A=-l(l+1)$ 的式(附录Ⅳ-5),所以,$P_l^{|m|}$ 是它的 $l$ 次多项式解。

考虑积分

$$I(|m|)=\int_{-1}^{1}P_l^{|m|}P_{l'}^{|m|}\mathrm{d}u=\int_{-1}^{1}\mathrm{d}u(1-u^2)^{|m|}\frac{\mathrm{d}^{|m|}P_l}{\mathrm{d}u^{|m|}}\frac{\mathrm{d}^{|m|}P_{l'}}{\mathrm{d}u^{|m|}}$$

分部积分一次,得

$$I(|m|)=-\int_{-1}^{1}\frac{\mathrm{d}^{|m|-1}}{\mathrm{d}u^{|m|-1}}P_l\frac{\mathrm{d}}{\mathrm{d}u}\left[(1-u^2)^{|m|}\frac{\mathrm{d}^{|m|}}{\mathrm{d}u^{|m|}}P_{l'}\right]\mathrm{d}u$$

在式(附录Ⅳ-17)中以 $|m|-1$ 代 $|m|$,以 $l'$ 代 $l$,再乘以 $(1-u^2)^{|m|-1}$,可得

$$\frac{\mathrm{d}}{\mathrm{d}u}\left[(1-u^2)^{|m|}\frac{\mathrm{d}^{|m|}P_{l'}}{\mathrm{d}u^{|m|}}\right]=-(l'+|m|)(l'-|m|+1)(1-u^2)^{|m|-1}\frac{\mathrm{d}^{|m|-1}}{\mathrm{d}u^{|m|-1}}P_{l'}$$

因此

$$I(|m|)=(l'+|m|)(l'-|m|+1)I(|m|-1)$$

依次递推,得

$$I(|m|)=(l'+|m|)(l'-|m|+1)(l'+|m|-1)$$
$$\times(l'-|m|+2)I(|m|-2)=\cdots=\frac{(l'+|m|)!}{(l'-|m|)!}I(0)$$

但 $I(0)$ 就是式(附录Ⅳ-15)左边的积分,因此

$$\int_{-1}^{1}P_l^{|m|}P_{l'}^{|m|}\mathrm{d}u=\frac{2}{2l+1}\frac{(l+|m|)!}{(l-|m|)!}\delta_{ll'} \qquad (附录Ⅳ-18)$$

将生成函数 $T(u, s)$[式(附录Ⅳ-6)]对 $u$ 求导 $|m|$ 次,再乘以 $(1-u^2)^{|m|/2}$,即得 $P_l^{|m|}(u)$ 的生成函数 $T^{|m|}(u, s)$,为

$$T^{|m|}(u, s)=\frac{(2|m|)!\ (1-u^2)^{\frac{|m|}{2}} s^{|m|}}{2^{|m|}(|m|)!\ (1-2us+s^2)^{|m|+\frac{1}{2}}}=\sum_{l=|m|}^{\infty} P_l^{|m|}(u) s^l \tag{附录Ⅳ-19}$$

容易验证

$$(1-2us+s^2)s\frac{\partial T^{|m|}}{\partial s}=[|m|+us-(|m|+1)s^2]T^{|m|}$$

将 $T^{|m|}$ 的展开式代入,比较等式两边 $s^{l+1}$ 项的系数,得到

$$uP_l^{|m|}=\frac{l+|m|}{2l+1}P_{l-1}^{|m|}+\frac{l-|m|+1}{2l+1}P_{l+1}^{|m|} \tag{附录Ⅳ-20}$$

类似地,可证

$$\begin{aligned}(2l+1)(1-u^2)^{\frac{1}{2}}P_l^{|m|}&=P_{l+1}^{|m|+1}-P_{l-1}^{|m|+1}\\&=(l+|m|)(l+|m|-1)P_{l-1}^{|m|-1}\\&\quad-(l-|m|+1)(l-|m|+2)P_{l+1}^{|m|-1}\end{aligned} \tag{附录Ⅳ-21}$$

$$(1-u^2)\frac{\mathrm{d}}{\mathrm{d}u}P_l^{|m|}=(l+1)uP_l^{|m|}-(l-|m|+1)P_{l+1}^{|m|} \tag{附录Ⅳ-22}$$

$$\frac{\mathrm{d}}{\mathrm{d}u}[(1-u^2)^{\frac{|m|}{2}}P_l^{|m|}]=-(l-|m|+1)(l+|m|)(1-u^2)^{\frac{|m|-1}{2}}P_l^{|m|-1} \tag{附录Ⅳ-23}$$

综合起来,式(附录Ⅳ-1)的解是

$$Y_{lm}=P_l^{|m|}(\cos\theta)\mathrm{e}^{\mathrm{i}m\varphi}$$

称为球谐函数。由式(附录Ⅳ-3)和式(附录Ⅳ-18),归一化的球谐函数是

$$\left.\begin{aligned}&Y_{lm}(\theta, \varphi)=\left[\frac{2l+1}{4\pi}\frac{(l-|m|)!}{(l+|m|)!}\right]^{1/2}P_l^{|m|}(\cos\theta)\mathrm{e}^{\mathrm{i}m\varphi}\\&l=0, 1, 2, \cdots\qquad m=0, \pm1, \pm2, \cdots, \pm l\\&\int_0^{\pi}\int_0^{2\pi}Y_{lm}^*(\theta, \varphi)Y_{l'm'}(\theta, \varphi)\sin\theta\mathrm{d}\theta\mathrm{d}\varphi=\delta_{ll'}\delta_{mm'}\end{aligned}\right\} \tag{附录Ⅳ-24}$$

前几个正交归一化的球谐函数是

$$Y_{00}=\frac{1}{\sqrt{4\pi}}$$

$$Y_{10}=\sqrt{\frac{3}{4\pi}}\cos\theta$$

$$Y_{1,\pm1}=\sqrt{\frac{3}{8\pi}}\sin\theta e^{\pm i\varphi}$$

$$Y_{20}=\sqrt{\frac{5}{16\pi}}(3\cos^2\theta-1),$$

$$Y_{2,\pm1}=\sqrt{\frac{15}{8\pi}}\sin\theta\cos\theta e^{\pm i\varphi}$$

$$Y_{2,\pm2}=\sqrt{\frac{15}{32\pi}}\sin^2\theta e^{\pm 2i\varphi}$$

$$Y_{30}=\sqrt{\frac{7}{16\pi}}(5\cos^3\theta-3\cos\theta)$$

$$Y_{3,\pm1}=\sqrt{\frac{21}{64\pi}}\sin\theta(5\cos^2\theta-1)e^{\pm i\varphi}$$

$$Y_{3,\pm2}=\sqrt{\frac{105}{32\pi}}\sin^2\theta\cos\theta e^{\pm 2i\varphi}$$

$$Y_{3,\pm3}=\sqrt{\frac{35}{64\pi}}\sin^3\theta e^{\pm 3i\varphi}$$

# 附录Ⅴ 拉盖尔多项式

求解氢原子的径向方程，注意到$V(r \to \infty)=0$。我们考虑粒子处于束缚态情况。令

$$\alpha=\sqrt{-\frac{8m_e E}{\hbar^2}},\ \beta=\frac{Ze^2}{4\pi\varepsilon_0 \hbar}\sqrt{-\frac{m_e}{2E}},\ \rho=\alpha r$$

式(2-88)变为

$$\frac{d^2 u}{d\rho^2}+\left[\frac{\beta}{\rho}-\frac{1}{4}-\frac{l(l+1)}{\rho^2}\right]u=0$$

束缚态波函数满足归一化条件和标准条件，当$r \to \infty$，要求$u \to 0$；当$r \to 0$，还需要$u \to 0$。即初值条件$\rho \to 0$或$\rho \to \infty$，$u \to 0$。上述方程在$\rho \to \infty$时变为

$$\frac{d^2 u}{d\rho^2}-\frac{1}{4}u=0$$

方程的解是$\exp(\pm\rho/2)$，根据收敛性质，只能取$\exp(-\rho/2)$。令

$$\alpha u=\rho e^{-\frac{\rho}{2}}F(\rho)$$

径向方程化为

$$\frac{d^2 F}{d\rho^2}+\left(\frac{2}{\rho}-1\right)\frac{dF}{d\rho}+\left[\frac{\beta-1}{\rho}-\frac{l(l+1)}{\rho^2}\right]F=0 \qquad (附录Ⅴ-1)$$

$\rho=0$是一个正则奇点，指标方程是

$$s(s+1)-l(l+1)=0$$

它的两个根是$s=l$和$s=-(l+1)$。只能取$s=l$的根，否则$\rho \to 0$时，有

$$F(\rho)=\rho^s(a_0+a_1\rho+a_2\rho^2+\cdots)\equiv\rho^s L(\rho) \qquad (附录Ⅴ-2)$$

成为无限大，而违反初值条件。根据式(附录Ⅴ-2)，其中$s=l$，代入式(附录Ⅴ-1)，得到$L$的方程如下：

$$\rho\frac{d^2 L}{d\rho^2}+[2(l+1)-\rho]\frac{dL}{d\rho}+(\beta-l-1)L=0 \qquad (附录Ⅴ-3)$$

这是拉盖尔方程

$$\rho \frac{\mathrm{d}^2 L}{\mathrm{d}\rho^2} + (\mu + 1 - \rho) \frac{\mathrm{d}L}{\mathrm{d}\rho} + n_r L = 0 \qquad (附录Ⅴ-4)$$

的 $n_r = \beta - l - 1$，$\mu = 2l + 1$ 的情形。

以 $L = \sum_{j=0}^{\infty} a_j \rho^j$ 代入，并令 $\rho^j$ 项的系数为零，得

$$a_{j+1} = \frac{j + l + 1 - \beta}{(j+1)(j+2l+2)} a_j \qquad (附录Ⅴ-5)$$

如果 $\beta$ 不是正整数，$L$ 将是一个无穷级数。由于当 $j \gg 1$ 时，$a_{j+1}/a_j \cong \frac{1}{j+1}$，接近于指数级数 $\mathrm{e}^{\rho} = \sum_{j=0}^{\infty} \rho^j / j!$ 的相邻项的系数比，所以 $\rho$ 大时，$L(\rho)$ 的行为与 $\mathrm{e}^{\rho}$ 相同，因而将违反边值条件，除非 $n_r = \beta - l - 1$ 是正整数(包括零)，即

$$n_r = 0,\ 1,\ 2,\ \cdots \quad \beta = n_r + l + 1 = 1,\ 2,\ 3,\ \cdots \qquad (附录Ⅴ-6)$$

使得 $L(\rho)$ 成为一个 $n_r$ 次的多项式。因此，我们来研究式(附录Ⅴ-3)或式(附录Ⅴ-4)的多项式解。

仍用生成函数的方法，考虑下列展式

$$(1-t)^{-(\mu+1)} \exp\left(-\frac{\rho t}{1-t}\right) = \sum_{n_r=0}^{\infty} L_{n_r}^{\mu}(\rho) \frac{t^{n_r}}{(n_r+\mu)!} \qquad (附录Ⅴ-7)$$

双方对 $t$ 求导后，乘以 $(1-t)^2$，仍用上式来展开左方，比较双方 $t^{n_r}$ 项的系数，得到

$$\frac{n_r+1}{n_r+\mu+1} L_{n_r+1}^{\mu} + (\rho - \mu - 2n_r - 1) L_{n_r}^{\mu} + (\mu + n_r)^2 L_{n_r-1}^{\mu} = 0$$

(附录Ⅴ-8)

将式(附录Ⅴ-7)双方对 $\rho$ 求导后乘以 $(1-t)$，用式(附录Ⅴ-7)展开左方，又得

$$\frac{\mathrm{d}}{\mathrm{d}\rho} L_{n_r}^{\mu} - (n_r + \mu) \frac{\mathrm{d}}{\mathrm{d}\rho} L_{n_r-1}^{\mu} + (n_r + \mu) L_{n_r-1}^{\mu} = 0 \qquad (附录Ⅴ-9)$$

从式(附录Ⅴ-8)和式(附录Ⅴ-9)中消去 $L_{n_r-1}^{\mu}$，有

$$\begin{aligned}(n_r+1) \frac{\mathrm{d}}{\mathrm{d}\rho} L_{n_r+1}^{\mu} &+ (n_r + \mu + 1)(\rho - n_r - 1) \frac{\mathrm{d}}{\mathrm{d}\rho} L_{n_r}^{\mu} \\ &- (n_r+1) L_{n_r+1}^{\mu} + (n_r + \mu + 1)(\mu + 2n_r + 2 - \rho) L_{n_r}^{\mu} = 0\end{aligned}$$

(附录Ⅴ-10)

在式(附录Ⅴ-9)中把 $n_r$ 换成 $n_r+1$，利用式(附录Ⅴ-8)和式(附录Ⅴ-10)消去 $\frac{\mathrm{d}}{\mathrm{d}\rho}L^{\mu}_{n_r+1}$ 和 $L^{\mu}_{n_r+1}$，又有

$$\rho\frac{\mathrm{d}}{\mathrm{d}\rho}L^{\mu}_{n_r}=n_rL^{\mu}_{n_r}-(\mu+n_r)^2L^{\mu}_{n_r-1} \tag{附录Ⅴ-11}$$

在式(附录Ⅴ-7)中把 $\mu$ 换成 $\mu+1$，乘以 $1-t$ 后展开左方，可得

$$L^{\mu}_{n_r}=\frac{1}{n_r+\mu+1}L^{\mu+1}_{n_r}-L^{\mu+1}_{n_r-1} \tag{附录Ⅴ-12}$$

将式(附录Ⅴ-11)双方对 $\rho$ 求导，利用式(附录Ⅴ-9)消去 $\frac{\mathrm{d}}{\mathrm{d}\rho}L^{\mu}_{n_r-1}$，再用式(附录Ⅴ-11)消去 $L^{\mu}_{n_r-1}$，可得到

$$\rho\frac{\mathrm{d}^2}{\mathrm{d}\rho^2}L^{\mu}_{n_r}+(\mu+1-\rho)\frac{\mathrm{d}}{\mathrm{d}\rho}L^{\mu}_{n_r}+n_rL^{\mu}_{n_r}=0$$

所以，$L^{\mu}_{n_r}$ 是拉盖尔方程的解，而由式(附录Ⅴ-7)可知，它是 $\rho$ 的 $n_r$ 次多项式，正是我们所需要的。$L^{\mu}_{n_r}(\rho)$ 称为缔合拉盖尔多项式，式(附录Ⅴ-7)是它的生成函数，而式(附录Ⅴ-8)至式(附录Ⅴ-12)是递推公式。

按式(附录Ⅴ-7)，可得

$$\begin{aligned}&(1-t)^{-(\mu+1)}(1-s)^{-(\mu+1)}\exp\left[-\rho\left(\frac{t}{1-t}+\frac{s}{1-s}\right)\right]\\&=\sum_{n_r,\,n_r'=0}^{\infty}\frac{t^{n_r}s^{n_r'}}{(n_r+\mu)!\,(n_r'+\mu)!}L^{\mu}_{n_r}(\rho)L^{\mu}_{n_r'}(\rho)\end{aligned}$$

双方乘以 $\rho^{\mu}\mathrm{e}^{-\rho}$，对 $\rho$ 从 0 到 $\infty$ 积分后，比较 $t^{n_r}s^{n_r'}$ 项的系数，即得

$$\int_0^{\infty}\mathrm{d}\rho\rho^{\mu}\mathrm{e}^{-\rho}L^{\mu}_{n_r}(\rho)L^{\mu}_{n_r'}(\rho)=\frac{[(\mu+n_r)!\,]^3}{n_r!}\delta_{n_rn_r'} \tag{附录Ⅴ-13}$$

利用式(附录Ⅴ-8)，可由上式得到

$$\int_0^{\infty}\mathrm{d}\rho\rho^{\mu+1}\mathrm{e}^{-\rho}L^{\mu}_{n_r}(\rho)L^{\mu}_{n_r}(\rho)=(\mu+2n_r+1)\frac{[(\mu+n_r)!\,]^3}{n_r!} \tag{附录Ⅴ-14}$$

在 $n_r=n-l-1$，$\mu=2l+1$ 情形，上式成为

$$\int_0^{\infty}\mathrm{d}\rho\rho^{2l+2}\mathrm{e}^{-\rho}L^{2l+1}_{n-l-1}L^{2l+1}_{n-l-1}=(2n)\frac{[(n+l)!\,]^3}{(n-l-1)!} \tag{附录Ⅴ-15}$$

所以,归一化的氢原子定态波函数的径向部分是

$$R_{nl}(r)=\left\{\left(\frac{2m_{e}Pe^{2}}{n\hbar^{2}}\right)^{3}\frac{(n-l-1)!}{2n[(n+l)!]^{3}}\right\}^{\frac{1}{2}}\mathrm{e}^{-\frac{1}{2}\rho}\rho^{l}L_{n-l-1}^{2l+1}(\rho)$$

(附录Ⅴ-16)

其中

$$P=\frac{Z}{4\pi\varepsilon_{0}},\ a_{0}=\frac{4\pi\varepsilon_{0}\hbar^{2}}{m_{e}\mathrm{e}^{2}},\ \rho=\frac{2Z}{na_{0}}r$$

它们满足正交归一性

$$\int_{0}^{\infty}R_{nl}(r)R_{n'l}(r)r^{2}\mathrm{d}r=\delta_{nn'}$$

注意 $n=n'$ 时,上式是式(附录Ⅴ-14)的结果,但 $n\neq n'$ 时,上式并非直接来源于式(附录Ⅴ-13),因为按式(附录Ⅴ-17),在 $R_{nl}$ 和 $R_{n'l}$ 的表达式中,$\rho$ 的定义不同。

几个径向函数是

$$R_{10}(r)=\left(\frac{Z}{a_{0}}\right)^{3/2}2\mathrm{e}^{-Zr/a_{0}}$$

$$R_{20}(r)=\left(\frac{Z}{2a_{0}}\right)^{3/2}\left(2-\frac{Zr}{a_{0}}\right)\mathrm{e}^{-Zr/2a_{0}}$$

$$R_{21}(r)=\left(\frac{Z}{2a_{0}}\right)^{3/2}\frac{Zr}{\sqrt{3}a_{0}}\mathrm{e}^{-Zr/2a_{0}}$$

$$R_{30}(r)=\left(\frac{Z}{3a_{0}}\right)^{3/2}\frac{2}{27}\left[27-18\frac{Zr}{a_{0}}+2\left(\frac{Zr}{a_{0}}\right)^{2}\right]\mathrm{e}^{-Zr/3a_{0}}$$

$$R_{31}=\left(\frac{Z}{3a_{0}}\right)^{3/2}\frac{2\sqrt{2}}{27}\frac{Zr}{a_{0}}\left(6-\frac{Zr}{a_{0}}\right)\mathrm{e}^{-Zr/3a_{0}}$$

$$R_{32}=\left(\frac{Z}{3a_{0}}\right)^{3/2}\frac{2\sqrt{2}}{27\sqrt{5}}\left(\frac{Zr}{a_{0}}\right)^{2}\mathrm{e}^{-Zr/3a_{0}}$$

# 附录Ⅵ　氢原子定态波函数

氢原子及类氢离子定态薛定谔方程

$$-\frac{\hbar^2}{2m_e}\nabla^2\psi-\frac{Ze^2}{4\pi\varepsilon_0 r}\psi=E\psi$$

的完整的解是

$$\psi_{nlm}(r,\ \theta,\ \varphi)=R_{nl}(r)Y_{lm}(\theta,\ \varphi)$$

其中，$Y_{lm}(\theta,\ \varphi)$ 是球谐函数（见附录Ⅳ），而 $R_{nl}(r)$ 是径向函数（见附录Ⅴ）。本征函数 $\psi_{nlm}$ 有下列正交归一性；

$$\int_0^{\infty} r^2\mathrm{d}r\int_0^{\pi}\sin\theta\mathrm{d}\theta\int_0^{2\pi}\mathrm{d}\varphi\psi_{nlm}^*(\theta,\ \varphi)\psi_{n'l'm'}(\theta,\ \varphi)=\delta_{nn'}\delta_{ll'}\delta_{mm'}$$

为了便于查找使用，我们把 $n=1,\ 2,\ 3,\ 4$ 的氢原子定态波函数 $\psi_{nlm}$ 列在表Ⅵ-1中，关于函数 $R_{nl}$ 和 $Y_{lm}$ 可以分别在附录Ⅳ和附录Ⅴ中找到。表中 $Z$ 是原子核的电荷数，即原子序数，$a_0$ 是第一玻尔轨道半径，它的数值可以从附录Ⅰ中查到。

**表Ⅵ-1**

| $n$ | $l$ | $m$ | $\psi_{nlm}$ |
|---|---|---|---|
| 1 | 0 | 0 | $\frac{1}{\pi^{1/2}}\left(\frac{Z}{a_0}\right)^{3/2}\exp\left(-\frac{Zr}{a_0}\right)$ |
| 2 | 0 | 0 | $\frac{1}{\pi^{1/2}}\left(\frac{Z}{2a_0}\right)^{3/2}\left(1-\frac{Zr}{2a_0}\right)\exp\left(-\frac{Zr}{2a_0}\right)$ |
|  | 1 | 0 | $\frac{1}{\pi^{1/2}}\left(\frac{Z}{2a_0}\right)^{3/2}\left(\frac{Zr}{2a_0}\right)\exp\left(-\frac{Zr}{2a_0}\right)\cos\theta$ |
|  |  | $\pm 1$ | $\frac{1}{(2\pi)^{1/2}}\left(\frac{Z}{2a_0}\right)^{3/2}\left(\frac{Zr}{2a_0}\right)\exp\left(-\frac{Zr}{2a_0}\right)\sin\theta e^{\pm i\varphi}$ |
| 3 | 0 | 0 | $\frac{1}{\pi^{1/2}}\left(\frac{Z}{3a_0}\right)^{3/2}\left[1-2\frac{Zr}{3a_0}+\frac{2}{3}\left(\frac{Zr}{3a_0}\right)^2\right]\exp\left(-\frac{Zr}{3a_0}\right)$ |
|  | 1 | 0 | $\left(\frac{2}{3\pi}\right)^{1/2}\left(\frac{Z}{3a_0}\right)^{3/2}\left(2-\frac{Zr}{3a_0}\right)\left(\frac{Zr}{3a_0}\right)\exp\left(-\frac{Zr}{3a_0}\right)\cos\theta$ |

续 表

| $n$ | $l$ | $m$ | $\psi_{nlm}$ |
|---|---|---|---|
| 3 | 1 | $\pm 1$ | $\frac{1}{(3\pi)^{1/2}}\left(\frac{Z}{3a_0}\right)^{3/2}\left(2-\frac{Zr}{3a_0}\right)\left(\frac{Zr}{3a_0}\right)\exp\left(-\frac{Zr}{3a_0}\right)\sin\theta e^{\pm i\varphi}$ |
| | 2 | 0 | $\frac{1}{3(2\pi)^{1/2}}\left(\frac{Z}{3a_0}\right)^{3/2}\left(\frac{Zr}{3a_0}\right)^2\exp\left(-\frac{Zr}{3a_0}\right)(3\cos^2\theta-1)$ |
| | | $\pm 1$ | $\frac{1}{(3\pi)^{1/2}}\left(\frac{Z}{3a_0}\right)^{3/2}\left(\frac{Zr}{3a_0}\right)^3\exp\left(-\frac{Zr}{3a_0}\right)\sin\theta\cos\theta e^{\pm i\Phi}$ |
| | | $\pm 2$ | $\frac{1}{2(3\pi)^{1/2}}\left(\frac{Z}{3a_0}\right)^{3/2}\left(\frac{Zr}{3a_0}\right)^2\exp\left(-\frac{Zr}{3a_0}\right)\sin^2\theta e^{\pm 2i\varphi}$ |
| 4 | 0 | 0 | $\frac{1}{\pi^{1/2}}\left(\frac{Z}{4a_0}\right)^{3/2}\left[1-3\left(\frac{Zr}{4a_0}\right)+2\left(\frac{Zr}{4a_0}\right)^2-\frac{1}{3}\left(\frac{Zr}{4a_0}\right)^3\right]\exp\left(-\frac{Zr}{4a_0}\right)$ |
| | 1 | 0 | $\left(\frac{5}{\pi}\right)^{1/2}\left(\frac{Z}{4a_0}\right)^{3/2}\left(\frac{Zr}{4a_0}\right)\left[1-\frac{Zr}{4a_0}+\frac{1}{5}\left(\frac{Zr}{4a_0}\right)^2\right]\exp\left(-\frac{Zr}{4a_0}\right)\cos\theta$ |
| | | $\pm 1$ | $\left(\frac{5}{2\pi}\right)^{1/2}\left(\frac{Z}{4a_0}\right)^{3/2}\left(\frac{Zr}{4a_0}\right)\left[1-\frac{Zr}{4a_0}+\frac{1}{5}\left(\frac{Zr}{4a_0}\right)^2\right]\exp\left(-\frac{Zr}{4a_0}\right)\sin\theta e^{\pm i\varphi}$ |
| | 2 | 0 | $\frac{1}{2\pi^{1/2}}\left(\frac{Z}{4a_0}\right)^{3/2}\left(\frac{Zr}{4a_0}\right)^2\left[1-\frac{1}{3}\left(\frac{Zr}{4a_0}\right)\right]\exp\left(-\frac{Zr}{4a_0}\right)(3\cos^2\theta-1)$ |
| | | $\pm 1$ | $\left(\frac{3}{2\pi}\right)^{1/2}\left(\frac{Z}{4a_0}\right)^{3/2}\left(\frac{Zr}{4a_0}\right)^2\left[1-\frac{1}{3}\left(\frac{Zr}{4a_0}\right)\right]\exp\left(-\frac{Zr}{4a_0}\right)\sin\theta\cos\theta e^{\pm i\varphi}$ |
| | | $\pm 2$ | $\frac{1}{2}\left(\frac{3}{2\pi}\right)^{1/2}\left(\frac{Z}{4a_0}\right)^{3/2}\left(\frac{Zr}{4a_0}\right)^2\left[1-\frac{1}{3}\left(\frac{Zr}{4a_0}\right)\right]\exp\left(-\frac{Zr}{4a_0}\right)\sin^2\theta e^{\pm 2i\varphi}$ |
| | 3 | 0 | $\frac{1}{6(5\pi)^{1/2}}\left(\frac{Z}{4a_0}\right)^{3/2}\left(\frac{Zr}{4a_0}\right)^3\exp\left(-\frac{Zr}{4a_0}\right)(5cos^3\theta-3cos\theta)$ |
| | | $\pm 1$ | $\frac{1}{12}\left(\frac{3}{5\pi}\right)^{1/2}\left(\frac{Z}{4a_0}\right)^{3/2}\left(\frac{Zr}{4a_0}\right)^3\exp\left(-\frac{Zr}{4a_0}\right)\sin\theta(5\cos^2\theta-1)e^{\pm i\varphi}$ |
| | | $\pm 2$ | $\frac{1}{2(6\pi)^{1/2}}\left(\frac{Z}{4a_0}\right)^{3/2}\left(\frac{Zr}{4a_0}\right)^3\exp\left(-\frac{Zr}{4a_0}\right)\sin^2\theta\cos\theta e^{\pm 2i\varphi}$ |
| | | $\pm 3$ | $\frac{1}{12\pi^{1/2}}\left(\frac{Z}{4a_0}\right)^{3/2}\left(\frac{Zr}{4a_0}\right)^3\exp\left(-\frac{Zr}{4a_0}\right)\sin^3\theta e^{\pm 3i\varphi}$ |

本征函数 $\psi_{nlm}$ 相应的本征值有

$$E_n=-\frac{m_e Z^2 e^4}{2(4\pi\varepsilon_0)^2\hbar^2}\frac{1}{n^2} \qquad n=1,2,3,\cdots$$

$$L^2=l(l+1)\hbar^2 \qquad l=0,1,2,\cdots,n-1$$

$$L_z=m\hbar \qquad m=0,\pm 1,\pm 2,\cdots,\pm l$$